火电机组设备质量缺陷及控制

HUODIAN JIZU SHEBEI ZHILIANG QUEXIAN JI KONGZHI

西安热工研究院有限公司　杨百勋　李益民
曹剑峰　田　晓　高延忠　周　宁　孟永乐 ◎ 编著

中国电力出版社
CHINA ELECTRIC POWER PRESS

内容提要

本书基于作者多年来对火电机组设备制造、安装质量及运行状态的监控，以及对火电机组设备早期失效案例的分析研究，重点介绍了火电厂锅炉受热面管、集箱、钢结构、压力容器、汽水管道、汽轮机设备、发电机设备的原材料缺陷、制造及安装缺陷、性能缺欠（缺陷），简要分析了缺陷原因，提出了缺陷控制措施，适度提供了一些由缺陷导致的早期失效案例。为火电机组设备的制造质量监控提供借鉴，以期提高我国火电设备的制造质量，防止、减少火电设备的早期失效。

本书可供从事火电机组设备质量监控、火电机组设备制造、火电厂金属监督、火电厂设备运行安全管理的技术人员和相关专业的工程技术人员参考，也可供火电机组设计者参考。

图书在版编目（CIP）数据

火电机组设备质量缺陷及控制 / 杨百勋等编著. —北京：中国电力出版社，2019.5（2024.5重印）
ISBN 978-7-5198-3115-8

Ⅰ.①火… Ⅱ.①杨… Ⅲ.①火力发电－发电机组－发电设备－质量检查－缺陷－防治
Ⅳ.①TM621.3

中国版本图书馆 CIP 数据核字（2019）第 078949 号

出版发行：中国电力出版社
地　　址：北京市东城区北京站西街 19 号（邮政编码 100005）
网　　址：http://www.cepp.sgcc.com.cn
责任编辑：赵鸣志（010-63412385）
责任校对：黄　蓓　闫秀英
装帧设计：赵姗姗
责任印制：吴　迪

印　　刷：北京天宇星印刷厂
版　　次：2019 年 7 月第一版
印　　次：2024 年 5 月北京第三次印刷
开　　本：787 毫米 ×1092 毫米　16 开本
印　　张：14.5
字　　数：320 千字
印　　数：2501-3000 册
定　　价：98.00 元

前 言

火电机组设备部件的早期失效，80%是由于设备部件的原材料缺陷、制造及安装缺陷引起的。2000年以来，我国电力工业飞速发展，大量超（超）临界机组相继投运，随着节能减排要求的提高，蒸汽参数为29MPa/605℃/623℃的高效超超临界机组也于2015年投入运行。目前，600MW及以上的超超临界机组已成为我国火力发电的主力机组，设计、在建、投运的660MW、1000MW超超临界机组（再热温度620℃）已超过100台，2017年已开始进行再热温度630℃的高效超超临界机组的设计建造。由于火电机组建设的突飞猛进，大量超（超）临界机组在设计、制造等方面采用了诸多的新技术、新材料、新工艺，虽取得了大量成功的工程经验，也暴露了一些技术问题和设备质量缺陷。所以，了解、掌握、控制火电机组设备部件的缺陷，特别是原材料缺陷、制造缺陷及安装缺陷，对于保障火电机组的安全可靠运行、防止设备部件的早期失效，具有重要的技术意义和工程应用价值。

西安热工研究院自20世纪80年代就开展火电机组制造质量的监理，特别是近10多年来对超（超）临界机组制造、安装质量的监控实践，发现了火电机组设备部件大量的原材料缺陷，制造、安装及运行中产生的缺陷，并通过对这些缺陷的原因进行分析，提出了对这些缺陷的技术处理措施。根据多年来对火电机组设备制造、安装及运行中产生的缺陷的监控实践经验的，总结、整理，编写了《火电机组设备质量缺陷及控制》一书。目的在于为火电机组设备的制造质量监控提供借鉴，以期提高我国火电机组设备的制造质量，在新机组建造过程中避免和减少这些质量缺陷的重复发生，防止、减少火电设备的早期失效，为保障火电机组的安全可靠运行提供技术支持。

《火电机组设备质量缺陷及控制》一书涉及锅炉受热面管、集箱、钢结构、压力容器、汽水管道、汽轮机/发电机转子锻件、大型铸钢件、汽轮机设备、发电机及其他电器设备的质量缺陷、原因分析及控制措施，重点介绍了火电设备的原材料缺陷、制造及安装缺陷，适度提供了一些由缺陷导致的早期失效案例。对工程中的一些共性问题，例如金属部件的硬度检测与控制、发电机及电气设备清洁度不良及控制，也进行了专题介绍。

本书在编写过程中得到西安热工研究院电站建设技术部同仁及相关部门

的大力支持和帮助，在此表示诚挚的谢意。作者虽尽可能搜览国内外有关火电机组设备的缺陷案例，但难免有不尽完善之处。限于作者的水平和获得信息的局限，本书在内容及观点上可能存在疏漏和不足，敬希读者批评指正。

编　者

2018年11月于西安

目 录

绪　论

火电机组设备部件的早期失效，80% 与设备部件原材料缺陷、制造及安装缺陷相关。例如，2006 年 10 月 31 日某电厂 300MW 机组调试阶段锅炉严密性试验及安全门整定时，当主蒸汽压力 / 温度升至 13.36MPa/483℃时，P91 钢制主蒸汽管道（ID363.8×40mm）爆裂[见图 0-1（a）]，爆裂位置位于约 17m 标高汽机房内立管上，纵向开裂、长约 900mm。事故造成 2 人死亡、1 人重伤。事故分析表明：该管道为 SMANT TUBES 公司供货的假冒伪劣 P91 钢管，SMANT TUBES 公司无 P91 钢管制造许可证，该公司由辽宁抚顺特殊钢股份有限公司购进钢管坯料，委托国内一家钢管公司穿管加工，然后由 SMANT TUBES 公司对规格为 ϕ340×60mm 的荒管进行定径及表面加工，并在管端喷上 SMANT TUBES 公司，美国制造字样。失效分析表明主汽管管道爆裂前内壁侧存在着宏观裂纹，钢管的拉伸屈服强度低于标准规定的下限，抗拉强度略高于标准规定的下限。2006 年 6 月 22 日某电厂 300MW 亚临界机组 P91 钢制主蒸汽管道开裂，裂纹长 80mm[见图 0-1（b）]，该机组 2005 年 9 月 15 日投入运行，累计运行 4800h，管道为杜撰的美国“W.T 公司”的假冒伪劣钢管。

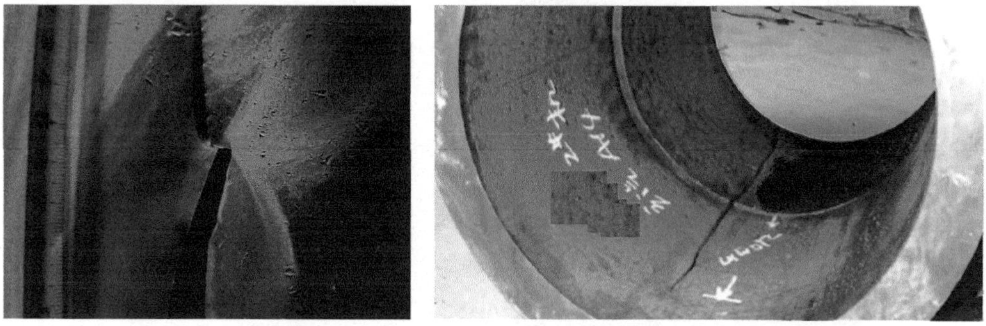

(a) SMANT TUBES 公司的爆裂钢管　　(b) 杜撰的美国W.T公司爆裂钢管

图 0-1　假冒伪劣 P91 钢制主蒸汽管道爆裂

图 0-2（a）为某电厂两台机组运行 31691h 后 P91 钢制主蒸汽母管联络管（三通两侧）距 1 道焊缝 50mm 处发现的母管表面上断续整圈环向裂纹，周长约 330mm。主蒸汽管道的设计压力 / 温度为 13.72MPa/565℃。微观分析表明：在裂纹处管子近表面有明显的较浅的角焊缝，裂纹沿焊缝热影响区的粗晶区开裂并向内壁扩展[见图 0-2（b）]。焊缝热影响区粗晶区硬度高达 310HBW。管段的裂纹由主蒸汽母管表面的非正常焊接产生。分析为管道安装完后为了吹管，在管道上焊接套管。由于不是对接焊缝，加之该管道为国内最早使用的 P91 钢制管道，对 P91 的焊接特性尚未很好掌握，套管施焊过程

中未能严格执行焊前预热和焊后热处理，致使焊缝处应力过大、硬度过高、材料脆性增大引起早期开裂。

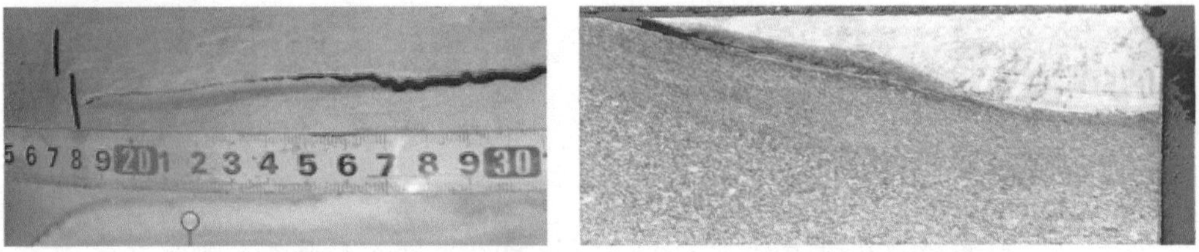

(a) 管段表面开裂形貌　　(b) 裂纹沿角焊缝熔合线开裂

图 0-2　P91 钢制主蒸汽母管环向裂纹

某电厂 500MW 亚临界机组在运行中 CSN417134 钢（9Cr 型马氏体耐热钢，与 P91 成分、性能相当）制主蒸汽管道（ϕ420×40mm）爆裂（见图 0-3），主蒸汽管道的压力 / 温度为 17.46MPa/540℃，累计运行 96282 小时。失效分析表明：管材的室温屈服强度严重低于标准规定的最低值（标准规定屈服强度≥490MPa，实测值分别为 260MPa、265MPa，约为标准规定最低值的 53.6%），属于供货钢管强度性能严重偏低质量缺陷，爆口对面管材的金相组织为粒状珠光体 + 铁素体 + 碳化物，根据金相组织和拉伸强度，主蒸汽管道钢管的供货状态为退火状态，而非标准规定的正火 + 回火状态。

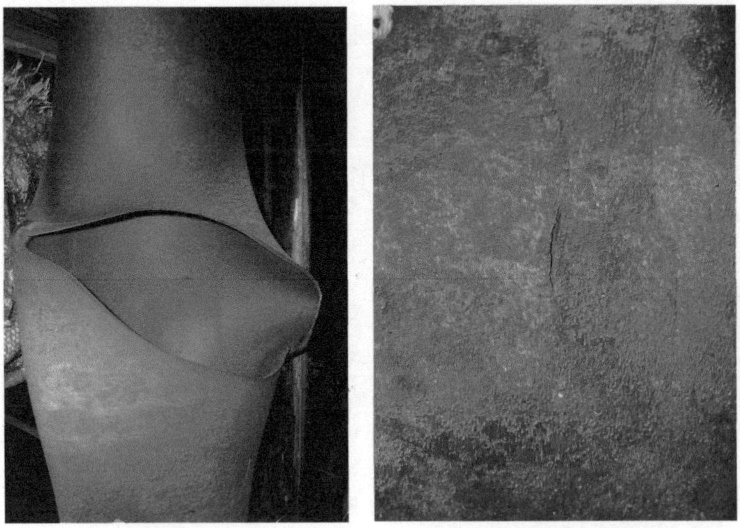

(a) 爆口形貌　　(b) 主汽管外壁的纵向裂缝

图 0-3　主蒸汽管道爆裂及裂纹形貌

2016 年 8 月 11 日，某地方电厂 2 号炉主蒸汽管道爆裂（见图 0-4），导致 22 人死亡、4 人重伤。事故原因主要为主蒸汽管道上事故喷嘴为严重不合格品。事故喷嘴制造商无生产事故喷嘴许可证，生产场地为一民宅楼下的一间两层铺面，第一层为制造场地，使用面积约 48m^2，生产场地狭小，生产设备落后，实际固定员工仅 1 人，为作坊式生产经营。

2017 年 12 月 23 日，浙江某热电厂一台高温高压锅炉运行 4251h 后主蒸汽管道旁通蒸汽回收支管（ϕ133×10mm）爆裂（见图 0-5），造成 6 人死亡、3 人重伤。该管道设计温度 540℃，设计为 12Cr1MoVG，但错用为碳钢。

图 0-4　主蒸汽管道爆裂现场

图 0-5　主蒸汽旁通蒸汽回收支管爆裂形貌

某电厂 600MW 超临界机组运行约 5 万 h 后，P91 钢制主蒸汽管道热挤压三通（ϕ575.1×540mm，壁厚 78×74mm）两侧肩部过渡区内壁出现 2 条裂纹（见图 0-6 和图 0-7），一侧裂纹长 150mm，宽约 5mm，裂纹已贯通三通内外壁，主蒸汽温度 / 压力为 572℃/25.65MPa。宏观检查发现三通两侧肩部过渡区内壁有明显的内凹，主裂纹均在内凹带底部形成。分析表明：三通两侧肩部过渡区内壁凹陷处在三通加工过程中即已产生小裂纹，在运行中高温高压长期作用下，裂纹扩展直至裂透。

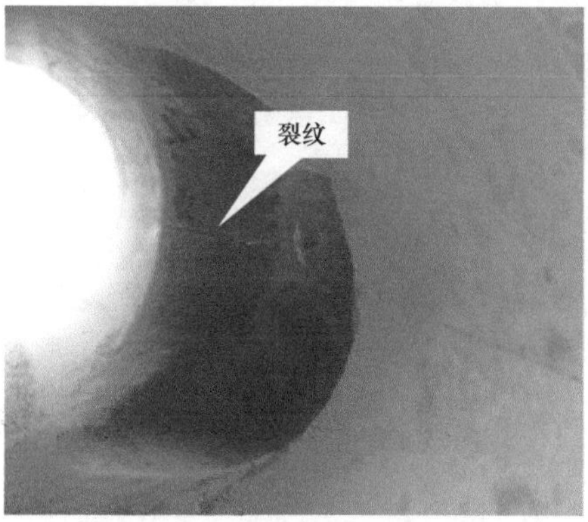

图 0-6　三通肩部内壁裂纹

图 0-7　三通肩部内壁裂纹取样后的局部形貌

锅炉受热面管由于原材料缺陷、焊接缺陷导致的早期失效在火电机组设备中更为常见，某电力集团公司 2009 年电厂锅炉受热面管泄漏统计，表明原材料缺陷和焊接质量不良各占 40%，飞灰磨损 20%（见图 0-8）。

某电厂 1 号炉在进行 168h 试运行前，二级过热器出口连接管（T92，ϕ48.3×9.5mm）发生泄漏。停炉检查发现连接管弯管背弧侧开裂（见图 0-9），裂纹长 60mm，宽 1mm，解剖发现管子内壁有不连续分布的多条纵向裂纹。根据开裂形貌和连接管运行历程推断，原始管内壁就存裂纹，在运行压力、温度作用下很短时间开裂。

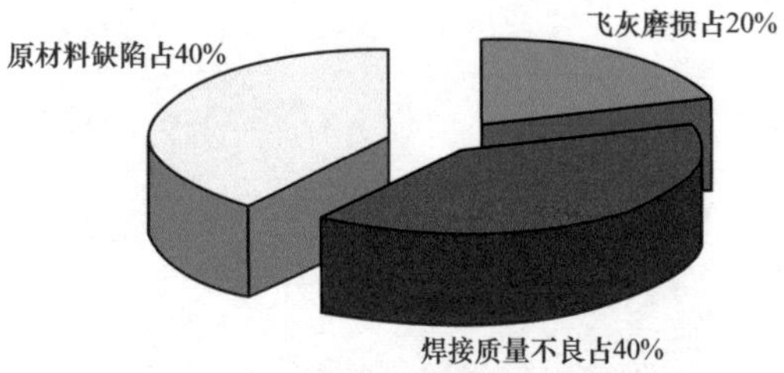

图 0-8　锅炉受热面管泄漏原因分布

图 0-9　T92 弯管背弧侧开裂

某电厂一台 1000MW 机组超超临锅炉投运一年多，连续发生主蒸汽管道、高温再热蒸汽管道上的压力取样管、温度测点管、排空管第一道对接焊缝的开裂泄漏（见图 0-10），焊缝周向开裂 4 次，轴向开裂 2 次。主蒸汽管道接管材料为 T92，高温再热蒸汽管道接管材料为 T91，外直径 28～35mm，壁厚 4～6mm。对 6 次开裂泄露管样进行解剖试验分析表明：主要为焊接接头缺陷所致。随后对主蒸汽管道、高温再热蒸汽管道上压力取样管、温度测点管、排空管计 46 根接管第一道对接焊缝进行检查，发现 8 道焊缝存在裂纹、未熔合、未焊透等超标缺陷。

图 0-10　管道上接管对接焊缝开裂泄漏

某电厂一台 300MW 亚临界机组锅炉运行 10674h，启停 129 次后水冷壁管（20G，ϕ60×7.5mm）鳍片（厚度 5mm）焊缝开裂（见图 0-11），该焊缝为锅炉一次检修中更换的管段。分析表明：水冷壁管鳍片焊缝开裂是由于焊缝存在根部未焊透、严重咬边所致。图 0-12 所示为某电厂 1000MW 机组在试运行期间锅炉高温过热器管 T92-HR3C 异种钢焊缝开裂泄漏形貌，开裂部位位于 T92 侧的熔合线，扩大检查发现 T92-HR3C 焊缝多处存在裂纹类缺陷。

新建超（超）临界机组锅炉试运行或短期内的受热面爆管，多与集箱、受热面管内由于制造、安装遗留的异物有关，特别对设计有节流孔圈的集箱或管子。某电厂 1000MW 超超临界机组累计运行 2.8 万 h 后，高温再热器出口大包内管段（T91，ϕ50.8×4.2mm）爆裂。管子胀粗明显，爆口不大，外表面有较厚的氧化皮，呈长期过热特征。检查发现爆裂管对应的高温再热器入口集箱内有一根长约 700mm 的钢管（见图 0-13）。

图 0-11　水冷壁管鳍片焊缝开裂

图 0-12　T92-HR3C 异种钢焊缝开裂

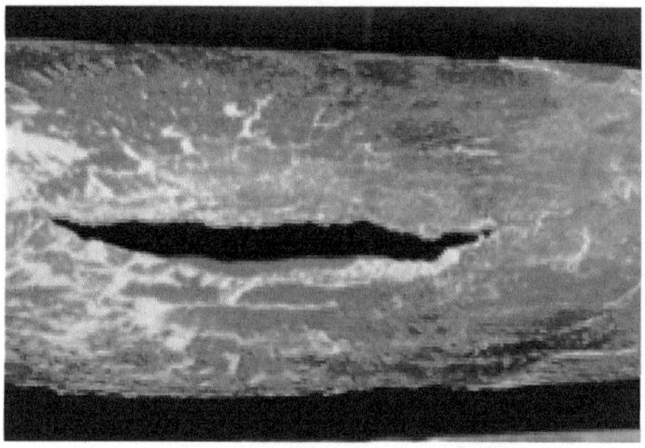

(a) 爆口形貌

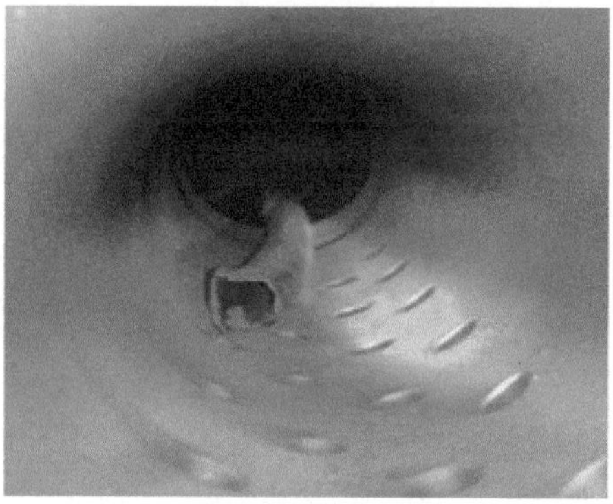

(b) 入口集箱内的钢管

图 0-13　高温再热器出口大包内管段爆破

除了汽水管道、锅炉集箱、受热面管部件由于原材料缺陷、制造及安装缺陷导致的早期失效外，汽轮机转子也发生过由于锻件缺陷导致的早期断裂、开裂、弯曲以及由缺陷引起的高速动平衡试验及超速试验等性能试验不满足相关标准等。这一方面的案例在“第四章 大型铸钢件、锻件缺陷”中予以简要介绍。另外还有汽轮机设备在加工制造、装配过程中汽缸中分面及通流间隙的超差导致机组热效率的降低，叶片、螺栓由于材质缺陷引起早期断裂等。

发电机和其他电气设备质量缺陷主要表现为部件几何尺寸超差和性能不满足设计要求。例如定子铁芯、转子轴颈尺寸超差，轴颈严重划伤等；转子匝间短路、绕组接地、转子气密性不满足要求、氢冷发电机漏氢、定子铁芯片间短路、定子铁芯发热超标、定子气密性不满足要求以及发电机其他电气设备清洁度不良等。

鉴于诸多的火电机组设备部件由于原材料缺陷、制造及安装缺陷导致早期失效，所以，了解、监控、减少和杜绝火电机组设备部件的原材料缺陷、制造及安装缺陷，对防止、减少火电设备的早期失效，保障机组的安全可靠运行具有重要的技术意义和工程应用价值。

第一章

锅炉设备、压力容器缺陷

锅炉、压力容器由钢管或钢板焊接而成，其制造质量主要取决于原材料质量和焊接质量，另外，制造过程中也存在诸如错用材料、部件表面磨损、几何尺寸偏差等方面的质量缺陷。锅炉设备，例如受热面管、集箱、钢结构以及压力容器等部件常出现焊缝裂纹、咬边、凹坑、漏焊、焊高不够等缺陷，特别是受热面管、钢结构表现突出。而这些缺陷往往成为部件早期失效的诱因，据统计，锅炉设备、压力容器85%以上的早期失效为制造缺陷所致。下面简述锅炉受热面管、集箱、钢结构、压力容器常见的一些材料质量缺陷、焊接缺陷、错用材料、几何尺寸偏差及其他缺陷，简要分析缺陷原因，提出控制措施。

第一节　锅炉受热面管缺陷

火电机组锅炉水冷壁、过热器、再热器、省煤器（简称“四管”）的爆漏失效一直是影响火电机组安全、经济运行的主要因素之一。据近年来统计，我国大型火电机组因“四管”爆漏引起的停机事故，占机组非计划停用时间的40%，占锅炉设备非计划停用时间的70%，占金属部件失效的70%～90%。其中很大一部分是由于焊接缺陷所致。随着机组参数的提高和投运新机组的增加，这类事故还有上升的趋势。锅炉“四管”的制造质量缺陷主要表现为管材质量缺陷和管屏制造焊接缺陷。

一、受热面管管材缺陷

锅炉受热面管的管材缺陷主要表现为以下几方面：①管材表面裂纹、折叠、结疤、轧折和离层等表面缺陷；②管子壁厚中间存在严重的非金属夹杂；③有些管材的拉伸强度或硬度低于（或高于）标准规定，压扁、弯曲或扩孔等工艺性能试验不满足标准规定。对于奥氏体耐热钢管来说，除上述缺陷外，有时还会出现：未进行固溶处理或固溶处理不佳，从而导致管子服役期间的早期破裂；细晶奥氏体钢管晶粒不均或粗大，导致管子服役期间蒸汽侧抗氧化性能降低。

1. 管材裂纹和表面缺陷

在锅炉受热面制造质量监造中，常发现管材裂纹。有的为表面裂纹，有的深度大于等于管子壁厚的1/3，有的裂纹穿透管壁。管材裂纹是轧制或拉拔过程中拉裂，或铸锭表面气泡被烧穿，因而在轧制时不能被焊合，形成裂纹，裂纹是所有工程部件最危险的缺陷，一旦发现，必须消除修复或更换部件，同时要扩大检查范围，最大限度地杜绝此类缺陷。

图 1-1 示出了某电厂 1、2 号炉末级再热器左、右侧出口集箱接管（T92，ϕ76.2×13.8mm）纵向裂纹，其中 1 号炉末级再热器右侧出口集箱 8 根，2 号炉末级再热器集箱 24 根存在裂纹。裂纹长度为 13～75mm，有的裂纹穿透壁厚，有的裂纹深度达管壁厚的 2/3。

(a) 穿透性裂纹

(b) 占壁厚2/3的裂纹

图 1-1　T92 钢管表面裂纹

图 1-2 所示为 SA210C（38.1×4.57mm）、12Cr1MoVG、T92、15CrMoG 管的开裂形貌。其中 12Cr1MoVG 管的硬度偏高（190～230HBW），正常值为（135～195HBW）。

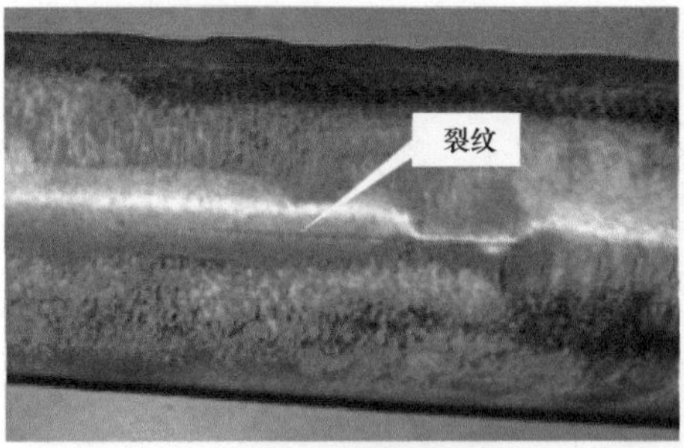

(a) SA210C 管纵向裂纹

(b) 12Cr1MoVG 管纵向裂纹

(c) T92 管端部显示的裂纹

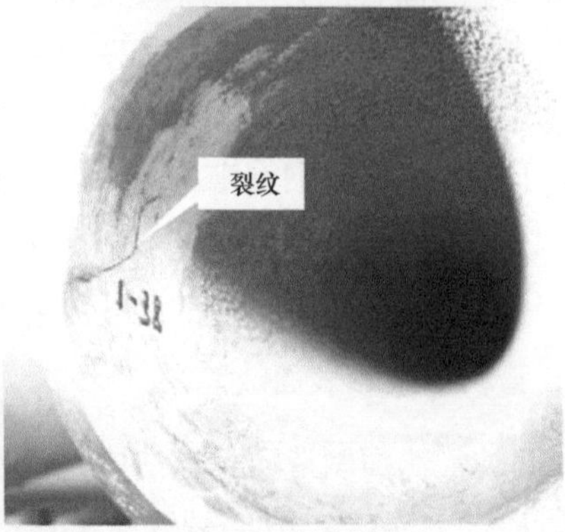

(d) 15CrMoG 管内壁裂纹

图 1-2　管子开裂形貌

图 1-3 所示为某电厂循环流化床锅炉 12Cr1MoVG 钢制高温过热器蛇形弯管（ϕ38×5mm）开裂形貌。该锅炉 2005 年安装完毕后于 8 月 8 日进行整体水压试验，水压试验压力为 13.49MPa，水压试验合格。之后经 8 个月的充氮保养，至 2006 年 4 月 7 日～4 月 14 日完成低温烘煮炉（温度 370℃），2006 年 5 月 21 日高温烘煮炉重新上水时发现高温过热器蛇形弯管泄漏。2006 年 6 月 18 日，现场再次进行水压试验，水压试验后检查确认弯管泄漏的管子有高温过热器 27 个、低温过热器 2 个、屏式过热器 20 个。失效分析表明：弯管开裂的主要原因为蛇形弯管是冷弯加工，弯后未进行热处理，所以在弯管部位存在较大的残余应力和冷作硬化，弯管部位的硬度高达 235HBW，明显高于直段。材料的冷作硬化会导致塑性、韧性的下降，脆性增加。加之该台炉 8 个月的充氮保养期在自然环境中经过了一个冬天（原电力部颁发的《中小型锅炉运行规程》要求停炉后锅炉车间的温度应保持在 10℃以上），在北方冬天气温较低的环境下，材料的韧性下降，促进了开裂。

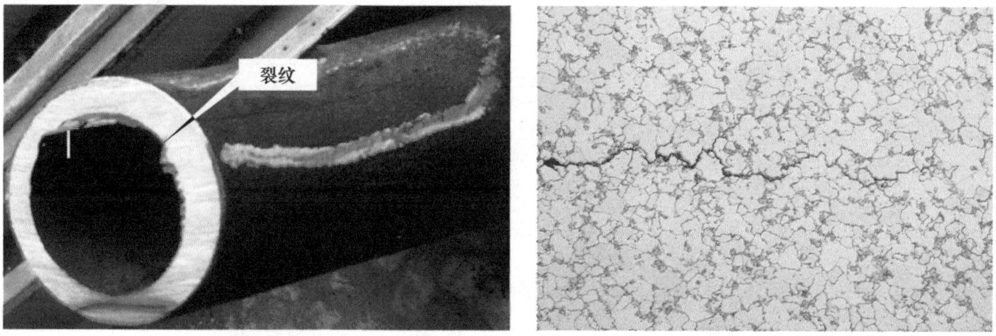

(a) 弯管纵向裂纹　　(b) 弯管横截面观察到的沿晶扩展裂纹

图 1-3　12Cr1MoVG 弯管裂纹形貌

管子有穿透性裂纹根本无法使用，表面裂纹极易引起运行中开裂。图 1-2（a）所示的 SA210C（38.1×4.57mm）管为 330MW 循环流化床锅炉省煤器管，在水压试验过程中 6MPa 时泄漏（设计压力 20.69MPa）。某电厂 1000MW 超超临界机组 2 号炉运行 1694 小时，启停 18 次，锅炉过热器出口段管子紧邻弯管一侧的直段（T92，ϕ48.3×7.3mm）开裂（见图 1-4），开裂部位位于炉顶大包内。过热器出口压力 27.56MPa，温度为 605℃。对裂纹的形貌观察分析表明，运行前管内壁已经存在较深的纵向裂纹［见图 1-4（b）］。取样分析表明，与裂纹在一条轴线邻近区域的硬度高达 400HBW，远远超过 DL/T 438—2016《火力发电厂金属技术监督规程》规定的上限 250HBW。浸蚀后宏观可见高硬度区域与硬度值正常区域有明显的颜色差异（见图 1-5）。如此高的硬度导致管材脆性增大，极易引起管材开裂。且压扁试验后管样内壁出现肉眼可见的具有金属光泽的轴向微裂纹（见图 1-6）。

除了裂纹缺陷，管材表面也常发现折叠、划痕、拉痕、直道或离层等表面缺陷。图 1-7 示出了管子这类表面缺陷。折叠缺陷在钢管表面呈微小厚度的舌状隆起，一般呈皱纹状，是轧制材料被褶皱压向表层所形成［见图 1-7（a）］。划痕、拉痕是钢管轧制或拉拔过

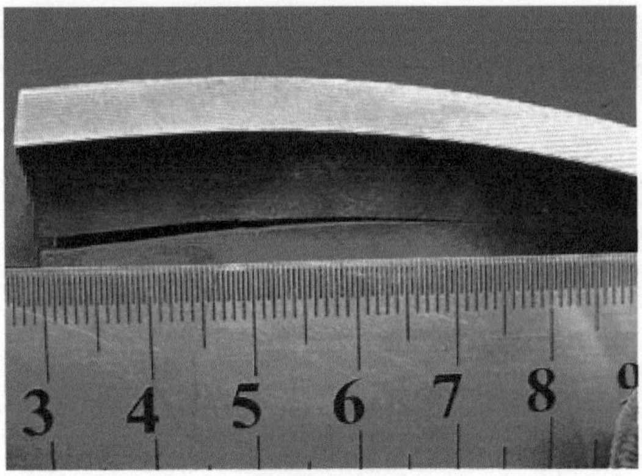

(a) 裂纹宏观形貌

(b) 裂纹断面形貌

图 1-4　T92 管开裂的宏观形貌

图 1-5　管子横截面的高硬度区域（浸蚀后）

图 1-6　管子压扁后的微裂纹

程中在管子表面形成的线性擦伤或沟状痕［见图 1-7（b）］。直道缺陷是管子轧制或拉拔过程中，由于模具不光滑，在管子表面形成的类裂纹线形缺陷，冷拔管比热轧管更易出现直道［见图 1-7（c）］，图 1-7（d）示出了直道缺陷的微观形貌。离层是钢管轧制时，由于坯料中存在气泡、大块的非金属夹杂物或未完全切除的残余缩孔而引起的与钢管表面平行或基本平行的分层［见图 1-7（e）］，图 1-7（f）所示为某电厂 1 号炉低温再热器用 T91 钢管（ϕ50.8×11mm）内表面存在的类裂纹缺陷。

这类表面缺陷一方面破坏了管子表面的连续性，使管子的有效壁厚减小，更危险的是在缺陷处会产生应力集中，往往成为管子在运行中的裂纹源。当这些缺陷较细且底部较尖锐时，在运行中易发展成为裂纹，甚至在锅炉水压试验期间就开裂泄漏。例如，某电厂 680MW 超临界机组 4 号炉分隔屏过热器进口集箱过渡段管（12Cr1MoVG，ϕ43×6.5mm）在锅炉启动前的水压试验中多根管子开裂泄露（见图 1-8），其原因就在于管子内壁存在如图 1-7（c）所示的严重的纵向短直道缺陷，深度为 0.3～1.0mm，不符合 GB/T 5310—2017《高压锅炉用无缝钢管标准》对钢管表面质量的要求。GB/T 5310—2017 规定“冷拔（轧）钢管内壁直道缺陷不大于壁厚的 4%，且最大深度不大于 0.2mm；热轧（挤）钢管不大于壁厚的 5%，且最大深度不大于 0.4mm”。该管为冷拔钢

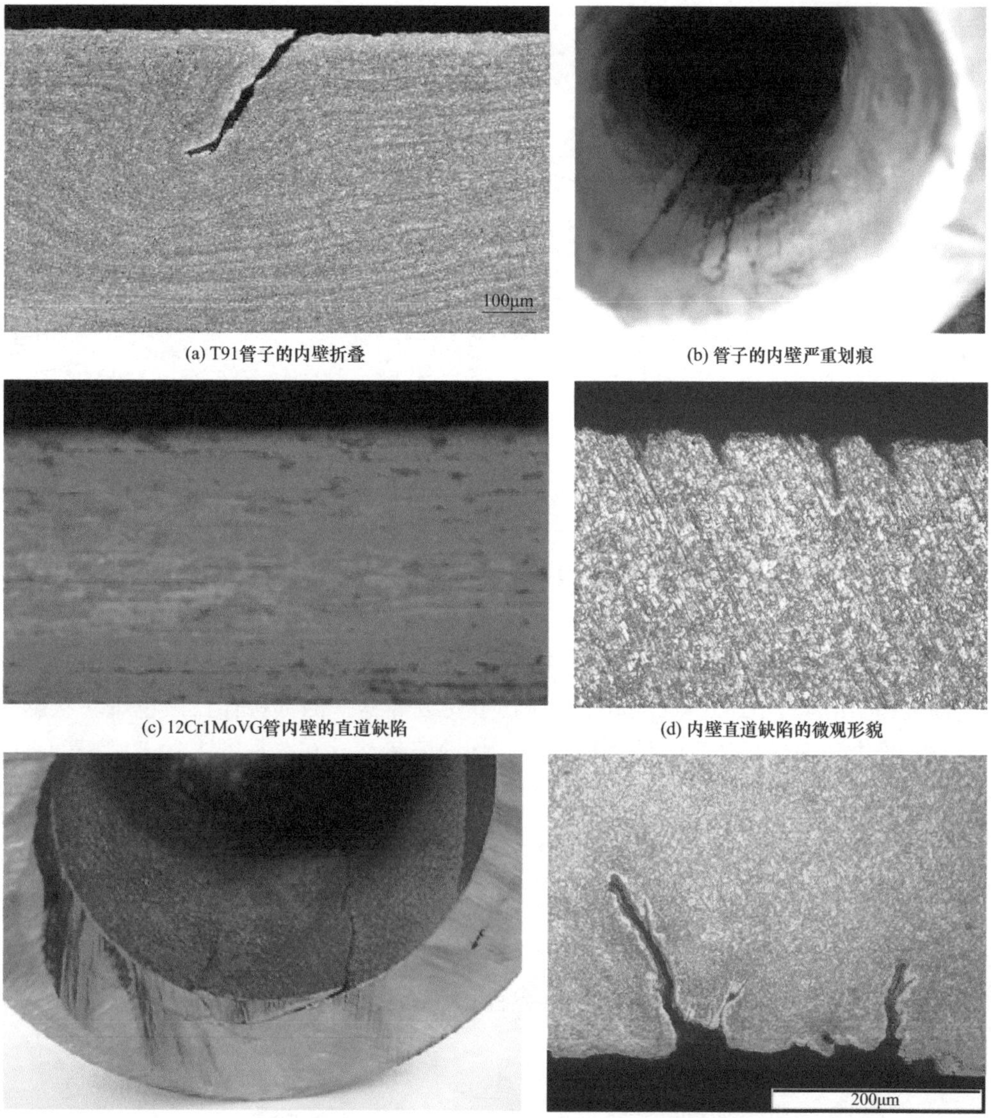

(a) T91管子的内壁折叠　(b) 管子的内壁严重划痕

(c) 12Cr1MoVG管内壁的直道缺陷　(d) 内壁直道缺陷的微观形貌

(e) T91钢管的离层　(f) T91管内壁缺陷(深约0.18mm)

图 1-7　钢管的表面缺陷

管，取样进行压扁试验，管样内壁直道开裂。虽然该锅炉分隔屏过热器进口集箱过渡段管由两个钢管厂供货，其中一个钢管厂的管子有缺陷，另一个钢管厂的管子无此类缺陷，但锅炉制造厂无法分辨已安装的钢管属于哪个钢管厂的产品，故只能对过渡段管整体更换。由于该管段数量较多，对机组的建设工期、质量控制造成很大影响。

管材表面的折叠会引起管子的早期失效。例如，某电厂 300MW 亚临界机组锅炉高温过热器服役温度 / 压力为 540℃/18.2MPa，过热器由 TP347H、12Cr2MoWVTiB（G102）和 12Cr1MoVG 组屏。运行 9099h 后第 35 排一根 12Cr2MoWVTiB 炉管（ϕ51×9mm）背火侧爆裂。割取爆裂管检查发现，裂纹起源于钢管内壁的折叠处（见图 1-9）。对爆管样和割取的正常管样进行拉伸试验，正常管样的拉伸屈服强度、抗拉强度

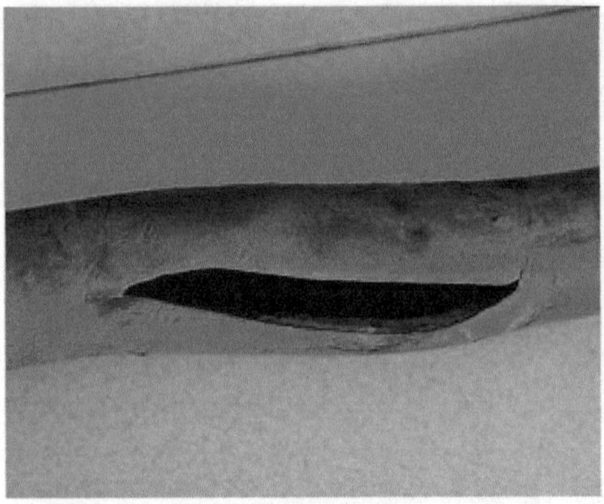

图 1-8　12Cr1MoVG 管开裂形貌

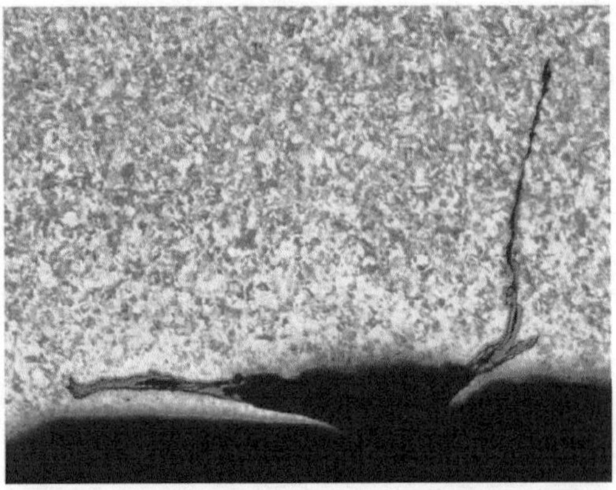

图 1-9　裂纹在管子内壁折叠处开裂并扩展

为 455MPa、615MPa，爆管样的拉伸屈服强度、抗拉强度为 575MPa、705MPa，且爆管样的拉伸延伸率低于正常管样。由于该管子强度高、塑性低、脆性大。在运行条件下，在管子内壁折叠处产生应力集中，裂纹缓慢扩展，随着介质的渗入浓缩和应力的逐渐增加，裂纹加速扩展，最终导致爆管。

某电厂新建 1 号 1000MW 超超临界机组锅炉安装过程中，射线探伤发现左侧水冷壁上部（15CrMoG，ϕ28.6×5.8mm）1 根管子安装焊缝一侧母材存在黑色斑块状影像，随后对管子内表面进行清理，清理后射线探伤缺陷依然存在（见图 1-10）。割管取样后发现管子存在较厚垢层，垢层呈黄色，清除垢层后表面呈张口状龟裂（见图 1-11）。此类缺陷在某电厂 600MW 超临界机组锅炉上部前墙水冷壁（15CrMoG，ϕ31.8×9mm）也曾发现，裂纹最大深度 1.6mm（见图 1-12）。

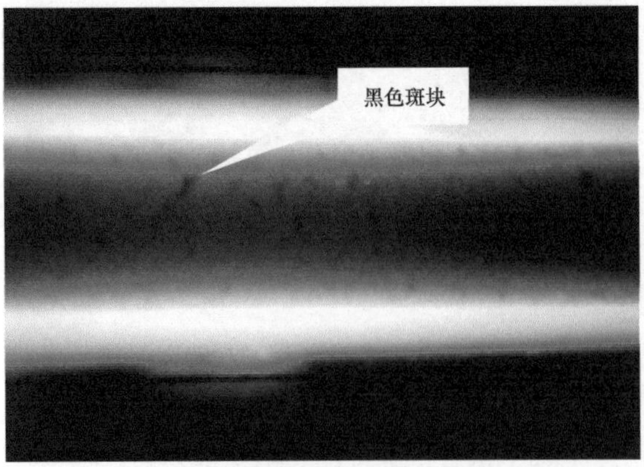

图 1-10　15CrMoG 水冷壁管子射线检测形貌

图 1-11　15CrMoG 管子剖开后的张口状龟裂

这种腐蚀开裂与钢管内部曾进入过某种介质（不洁净的水）有关，另一方面，钢管轧制过程中模具拉毛导致管子内表面微裂，使管材的腐蚀抗力下降。

钢管的裂纹、折叠、划痕、拉痕、直道或离层等表面缺陷多出现于管子端部，这与管子在轧制或拉拔过程中端部的不稳定性有关，也可能与坯料穿孔时芯棒偏斜有关。钢管的生产工艺流程为：准备钢坯→环形炉加热→两辊斜轧穿孔→三辊轧管→步进炉再加热→定径→冷却→矫直→切毛头→人工检验→正火→回火→矫直→取样→内外表面氧化皮处理→切头→探伤→人工检验→喷标入库。生产工艺流程中的穿孔过程分为钢坯咬入、稳定轧制和抛钢三个阶段。在钢坯咬入阶段，钢坯头部与轧辊接触时属于一个不稳定阶段，钢坯在旋转过程中会出现左右摆动，可能会造成钢坯在咬入时与左右导板发生碰撞，形成划伤，这种划伤经过穿孔机轧制被压在毛管表面形成线状缺陷，通过三辊轧管机轧制形成折叠、严重划痕等缺陷。

(a) 管子端部内表面张开形裂纹形貌

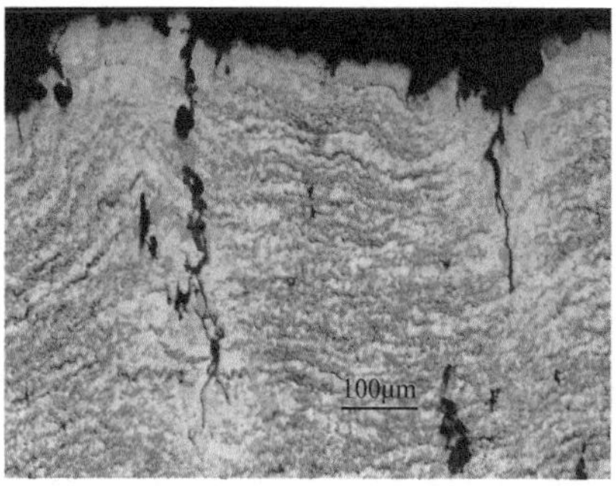

(b) 裂纹腐蚀后微观形貌

图 1-12　15CrMoG 管子端部内表面的张开形裂纹形貌

另外，超超临界锅炉压力高达 30MPa，管子壁厚较厚，轧管难度增加，若轧管及热处理过程中温度偏低，管子硬度偏高，则易产生裂纹。

有时还发现管子表面有严重的凹坑、甚至穿孔。图 1-13 所示的 15CrMoG 管子（ϕ51×6mm）表面左侧凹坑深 4～5mm、直径约 5mm，右侧穿孔直径近 10mm。

T91 钢制过热器、再热器如果在安装前管子内外壁粘有不同程度的污物，这些受污染的管子没有得到及时清洗或清洗不干净，在潮湿环境或遇到积水情况下，往往会引起管子表面腐蚀。例如，某电厂一台 2028t/h 的“W”形亚临界自然循环汽包炉，在首次并网发电 6 个月后高温再热器发生爆管，检查发现 T91 钢制高温再热器管内壁存在严重的腐蚀坑（见图 1-14）。分析表明：再热器安装后，管内的污物大部分会沉降到 U 形管的下弯头处和水平段。锅炉水压试验后放掉试验用水，但高温再热管内的水不可能完全放尽，就在 U 形管下部产生不同程度的积水，而锅炉酸洗后过热器、再热器没有进行化学清洗，管内会有一些污染物残留。锅炉放水时，由于排气门打开，空气进入管子

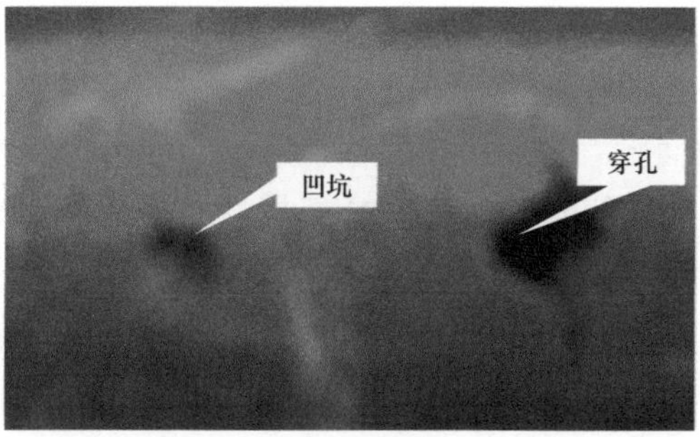

图 1-13　管子表面凹坑、穿孔

图 1-14　T91 钢管内壁腐蚀形貌

内部，空气中的CO_2会使水的pH下降，而水中的氨还会不断地向空间挥发，再加上污物的影响，因此本来碱性的水可能会变为中性或弱酸性水，水的腐蚀性就会变强。由此导致管内产生了腐蚀，而垂直管段由于表面不易沉积污物，腐蚀程度较轻。

图1-15所示为某电厂T91（ϕ57×4.5mm）钢制低温再热器四级管组管外表面局部点状腐蚀形貌，坑底部圆钝，无扩展迹象。对坑底的能谱分析表明，坑底附着物中存在O、C、Si、S、Cl、Cr、Fe、Ba等元素，且S元素含量明显高于基体。S元素主要来源于潮湿的空气或雨水，SO_2等硫化物是非电解质，本身不能直接电离，但溶于水后形成弱电解质H_2SO_3，并在雷电的作用下，可进一步氧化成强电解质H_2SO_4，H_2SO_3和H_2SO_4均可直接电离出H^+使雨水显酸性。电离生成H^+的宏观表现就是pH值明显下降，pH值越低，酸性越强，相应的腐蚀性也增强。被腐蚀介质飞溅、酸雨淋湿或低温结露都会引起腐蚀，尤其在酸雨飞溅处，腐蚀介质易于在水平放置管材的下侧区域凝结，进而形成腐蚀坑。一则此处背阳温度偏低，液体气化慢；二则此处是液体沿外表面下流后脱离管壁处，易形成腐蚀性液滴悬挂状态。上述区域内腐蚀性介质浓度相对较高且浸润时间较长，再者Cl^-加剧了点蚀坑的形成。因为含Cl^-盐膜下形成的氧化膜疏松，无法阻止腐蚀介质向基体深处的扩散，进而促进腐蚀坑的形成和扩展。另外，表面附着的尘埃粒子也可以促进腐蚀的萌生和发展。当表面存在灰尘粒子时，在灰尘粒子沉积处形成缝隙，容易保持含Cl^-的水膜，阻碍氧的补充，导致钝化膜破坏，更容易发生腐蚀。所以T91管材的存储环境一定要通风、干燥、清洁。

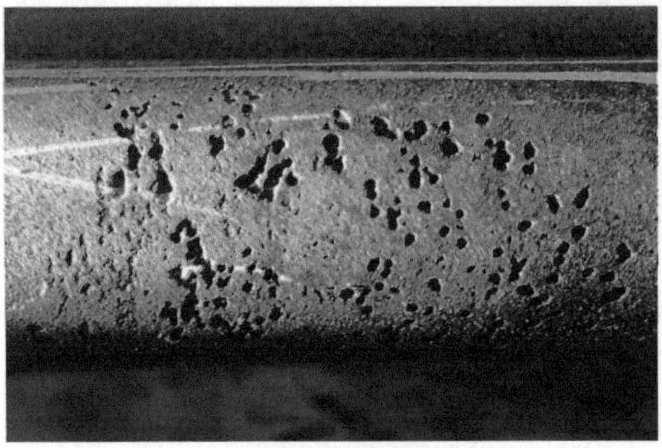

(a) 外壁腐蚀宏观形貌

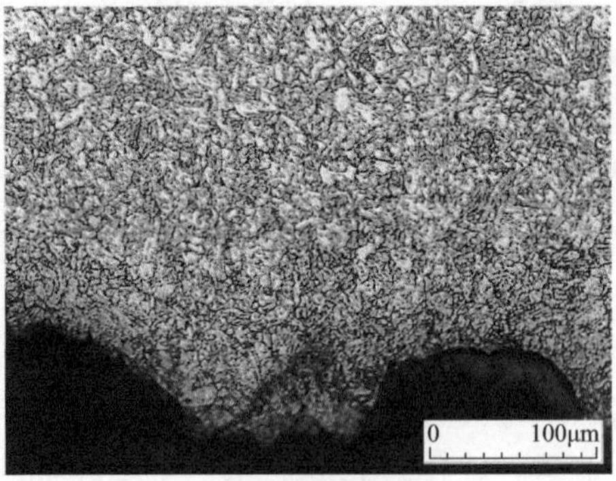

(b) 外壁腐蚀微观形貌

图1-15 T91钢管外壁的腐蚀

2. 管材内部缺陷

在机组安装前检验中，常发现有些受热面管管材壁厚中间存在严重的夹杂，导致管壁厚度测量中显示壁厚与公称壁厚差距较大。某电厂1000MW超超临界机组2号炉15CrMoG钢制水冷壁管（ϕ38×7.3mm）中部管排，测厚发现多根管子壁厚严重小于公称壁厚（1.78～ 3.0mm）。割管取样检查发现，管壁中间夹杂物比较严重，有的近乎呈裂纹状（见图1-16）。

在役机组检修中，有时也会发现受热面管管壁中的严重夹杂。某电厂一台300MW

亚临界机组2006年1月投运，2014年9月1日A级检修，检查发现锅炉12Cr1MoVG钢制二级过热器直管、弯管（ϕ51×7.5mm）多处壁厚仅2～3mm，割管检验表明管子并未减薄，管内壁氧化不严重。对管样纵、横截面进行金相组织观察，发现管壁中存在如图1-17所示的夹杂物。

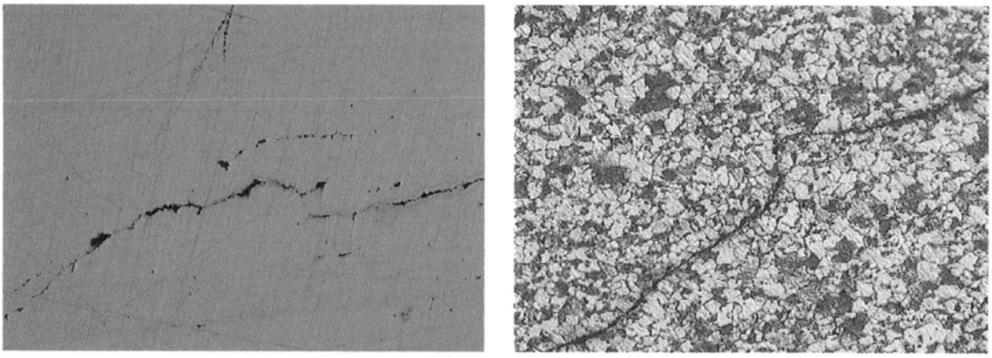

图1-16　15CrMoG管壁中的夹杂物

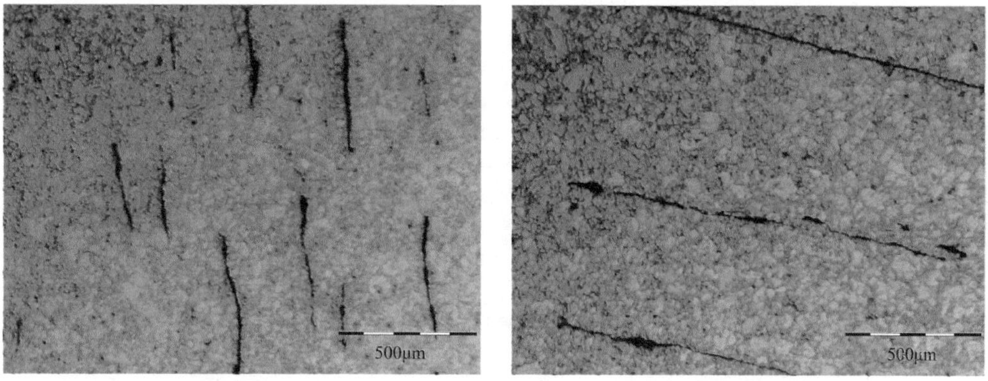

(a) 样管横截面　　　(b) 样管纵截面

图1-17　12Cr1MoVG管壁中的夹杂物

图1-16、1-17所示的夹杂物长度、数量远超出GB/T 5310—2017《高压锅炉用无缝钢管标准》中规定的用钢锭和连铸原坯直接轧制的钢管夹杂物不超过2.5级的规定。而在钢管检测中随机抽查发现，此类缺陷沿管子轴向、周向分布无规律，对已组屏的管排几乎无法检测。若在安装前检验发现，通常予以更换；若在机组检修中发现，应扩大检查，对发现壁厚严重小于公称壁厚的管段予以更换。

根据夹杂物形貌和尺度，此类缺陷应是细系硫化物夹杂。15CrMoG、12Cr1MoVG钢中的锰含量为0.40%～0.70%，在钢的冶炼凝固中，钢中的硫与锰易形成高熔点的MnS（1620℃），MnS结晶后呈粒状分布于晶内。钢管在高温下轧制，具有足够塑性的MnS沿着轧制方向被拉长而平行排列，合金钢中的硫化物很少以单相MnS存在，而是形成复合硫化物。MnS或复合硫化物可消除硫与铁形成FeS的不利影响。钢在液态时Fe与FeS互溶，但在固态时几乎不溶（γ-Fe中Fe-FeS共晶温度988℃时只能固溶 0.013% 的硫），因此，含 S 钢液在结晶时其初生的晶体几乎不含 S，而剩余的钢液中 S 含量则越来越高，一直到 Fe-FeS 共晶温度，这些钢液在已结晶的晶粒边界上成为一层很薄的液体层进行共晶结晶，便在钢内晶界上形成一层网状 FeS，使得钢坯在 1000～1200℃轧制或锻造时，由于温度超过 Fe-FeS 共晶温度或 FeS 的熔点（约 1190℃），造成晶界脱开，导致加工时工件开裂，这种现象称之为“热脆性”。

3. 管材化学成分、性能不满足相关标准规定

某电厂 300MW 机组 4 号炉检修中更换末级再热器出口侧 TP304H 钢管，光谱检验发现 83 段直管（总计 121 段）和 19 个弯管（总计 20 个）的 Cr 含量 16%、Ni 含量 1.2% 左右，不符合 TP304H 钢管 Cr 含量（18%～20%）、Ni 含量（8%～11%）的规定，全部更换。

在锅炉制造中，有时发现管材的拉伸性能，硬度、压扁或弯曲、扩孔工艺性能试验不满足 GB/T5310—2017《高压锅炉用无缝钢管标准》规定。某电厂一台锅炉 T91 钢制高温再热器管屏弯管过程中有 3 根钢管断裂，图 1-18 显示了一根断裂的管子（ϕ51×4mm）形貌，分析表明钢管回火温度低于标准规定，导致管子强度、硬度远高出 GB/T 5310—2017 规定，脆性增大。

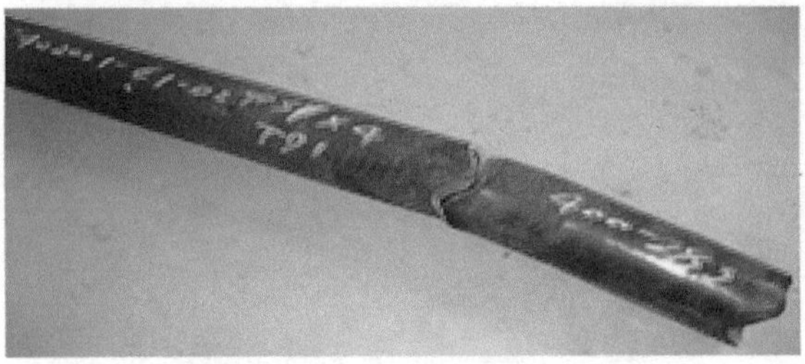

图 1-18　T91 弯管过程中断裂

图 1-19　15CrMoG 压扁开裂

某电厂 300MW 亚临界机组 1 号炉、2 号炉 15CrMoG 钢制低温过热器（出口压力 / 温度 18.37MPa/543℃）分别累计运行约 16000h 和 13000h、启停 32 次和 27 次后，分别发生 3 次、2 次开裂泄漏。割取 6 根管样（ϕ51×7mm）检查，其化学成分、拉伸性能、冲击吸收能量、非金属夹杂物、显微组织、脱碳层均符合 GB/T 5310—2017 规定，但 6 根管样的压扁均不合格，内壁有肉眼可见裂口（见图 1-19）。内外表面检验发现管样直段和弯管部位均存在大量微裂纹。由此可见，存在表面微裂纹的管子，在运行中易引起早期失效，同时进行压扁试验可有效地检验管材质量。

4. 管材的其他类缺陷

在锅炉受热面管屏制造中，有时发现管子内壁存在熔渣类缺陷（见图 1-20）和管内异物（见图 1-21）。管内的熔渣类缺陷，很可能是钢管热处理后对内壁氧化层喷砂后对管内清洁不佳，进入或残留一些低熔点杂物，其在管子焊接及焊后热处理过程加热时熔化，进而附着在管子内壁，对于熔渣类缺陷管段一般通球检测可发现，但需更换；对于

存在的异物，应予以清除。

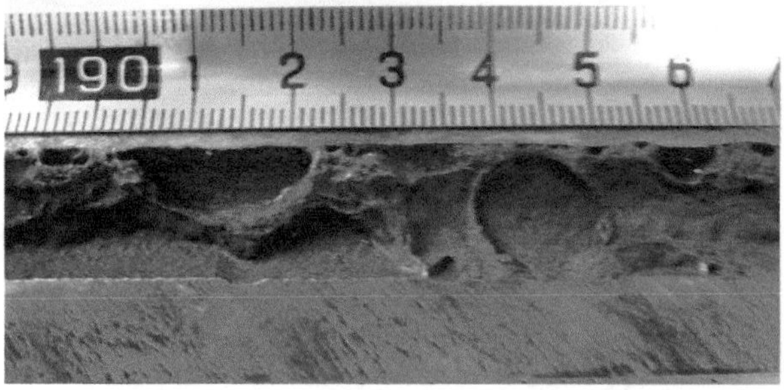

图 1-20　15CrMoG 管子内壁的熔渣类缺陷

图 1-21　15CrMoG 管子内部的铁片

5. 奥氏体耐热钢管固溶处理状态不佳和晶粒度不均

奥氏体耐热钢管通常采用冷轧或冷拔成型，在每一道冷轧或冷拔工序后要进行一次固溶处理，以消除加工硬化效应，便于下道工序冷轧或冷拔，钢管最终成型后的供货状态为固溶处理状态。奥氏体耐热钢管固溶处理是将钢加热到 1050～1150℃，保温一段时间后水淬，主要目的是使碳化物溶于奥氏体中，并将此状态保留到室温，这样可保证钢的力学性能，提高改善钢的抗氧化性、耐蚀性。奥氏体耐热钢管固溶处理后的微观组织为奥氏体 + 孪晶 + 细小弥散分布的第二相（见图 1-22）。

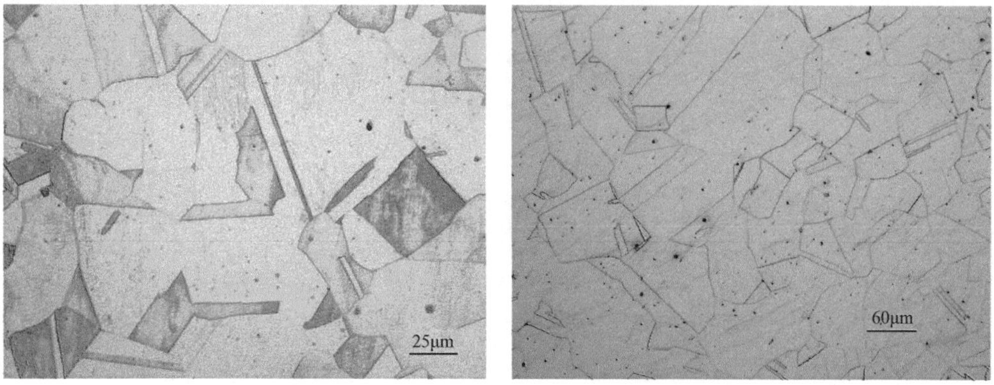

(a) 07Cr19Ni10(TP304H)　　(b) 07Cr19Ni11Ti(TP321H)

图 1-22　奥氏体耐热钢管固溶处理后的微观组织

工程中有时发现由于奥氏体耐热钢管冷变形后未进行固溶处理或固溶处理不佳而导致管子服役期间的早期破裂。例如，某电厂 300MW 亚临界机组锅炉后屏过热器管（TP347H，$\phi 60 \times 8.5$mm）运行 10 天后破裂（见图 1-23），后屏过热器的进 / 出口温度为 459℃/511℃。检查发现管子硬度高达 310HBW，远高于 GB/T 5310—2017 规定的（140～192HBW）上限，微观组织中有大量的滑移线（见图 1-24）。由图 1-24 可见：破裂管和库存管的奥氏体晶粒内部均存在大量的滑移线，这些滑移线是钢管在冷轧或冷拔（产生塑性变形）过程中产生的（奥氏体是面心立方晶体结构，滑移系较多，所以变形后晶内滑移线明显）。若冷轧或冷拔后钢管进行了固溶处理，其晶内的滑移线会消失。由此可见，破裂管和库存管冷拔后未进行固溶处理或固溶处理不佳，未能消除冷变形产生的加工硬化和残余应力，导致材料的强度、硬度升高、塑性和韧性降低，引起管子的早期破裂。

图 1-23　TP347H 钢制后屏过热器管破裂形貌

(a) 破裂管　　(b) 库存管

图 1-24　TP347H 破裂管和库存管的微观组织

Super304H 为细晶奥氏体钢，但常发现晶粒不均或较粗大，导致管子服役期间抗蒸汽氧化性能降低。图 1-25 显示了细晶 Super304H 钢管不同部位的晶粒度，由图 1-25 可见，管子内外壁和壁厚中部的晶粒度有明显的差异。图 1-26 显示了 TP347H 钢管晶粒度与氧化层厚度的关系，由图 1-26 可见：晶粒度对奥氏体耐热钢的氧化层厚度有明显的影响，即对钢的抗氧化性能影响显著[1]。

对一台运行 2 万 h 的 660MW 超超临界机组 TP347H 钢制高温再热器、高温过热器管的晶粒度与内壁氧化层检测发现：晶粒度 4.5～6.5 级，蒸汽侧氧化皮厚度约为 0.08mm；晶粒度 6～8 级，氧化皮厚度约为 0.02mm。所以，对于奥氏体钢制锅炉管屏，要注意对奥氏体钢管晶粒度的检测。GB/T 5310—2017《高压锅炉用无缝钢管标准》中规定，奥氏体耐热钢管两个试样上晶粒度最大级别与最小级别差不超过 3 级。

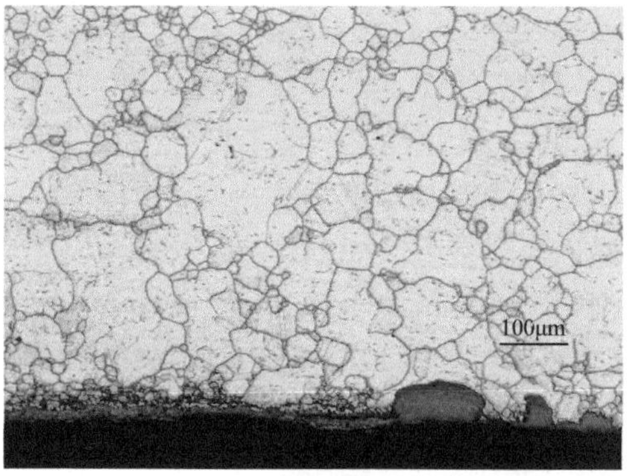

(a) 内壁晶粒度

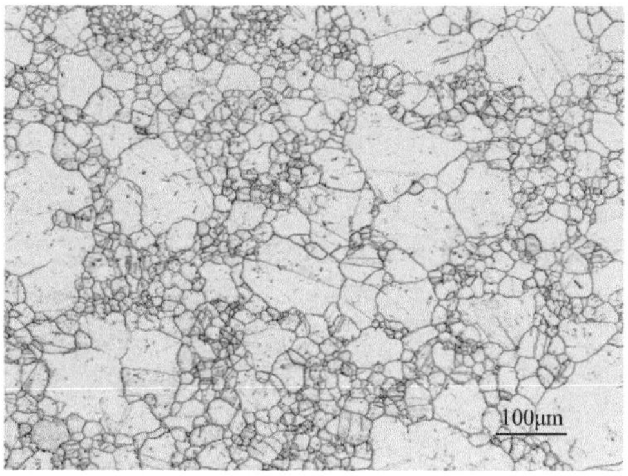

(b) 中部晶粒度

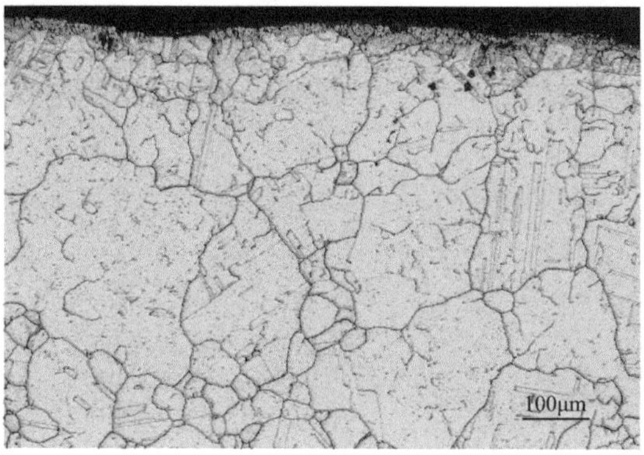

(c) 外壁晶粒度

图 1-25 Super304H 钢管不同部位的晶粒度

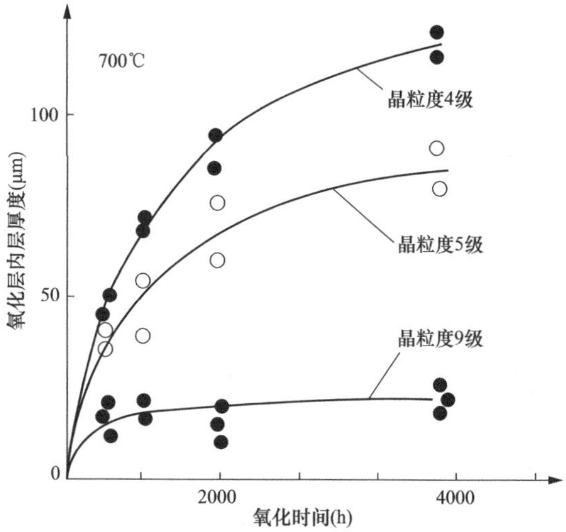

图 1-26 TP347H 的晶粒度与氧化层厚度的关系

GB/T 5310—2017《高压锅炉用无缝钢管标准》中规定 10Cr18Ni9NbCu3BN（Super304H）的晶粒度为 7～10 级，为细晶粒钢；ASME SA-213《锅炉、过热器和热交换器用无缝铁素体、奥氏体合金钢管技术条件》（*Specification for seamless ferritic and austenitic alloy-*

steel boiler, superheater, and heat-exchanger tubes）中 S30432（Super304H）未规定晶粒度，所以订购国外 Super304H 钢管时要强调细晶粒钢。

奥氏体耐热钢管内壁喷丸能显著增强管内壁的抗氧化性能，图 1-27 显示了奥氏体耐热钢管喷丸层的形貌。DL/T 1603—2016《奥氏体不锈钢锅炉管内壁喷丸层质量检验及验收技术条件》中规定了喷丸层的检验方法、验收依据。DL/T 438—2016 关于受热面管的金属监督中规定：要见证奥氏体耐热钢管喷丸厂的喷丸层深度、喷丸层硬度检验报告。若对钢管厂、锅炉制造厂关于奥氏体耐热钢管的晶粒度、内壁喷丸层的检验有疑，可对奥氏体耐热钢管的晶粒度、内壁喷丸层随机抽检。喷丸层距内壁的有效深度应≥60μm，距内壁 60μm 的硬度应高于基体硬度 100HV。

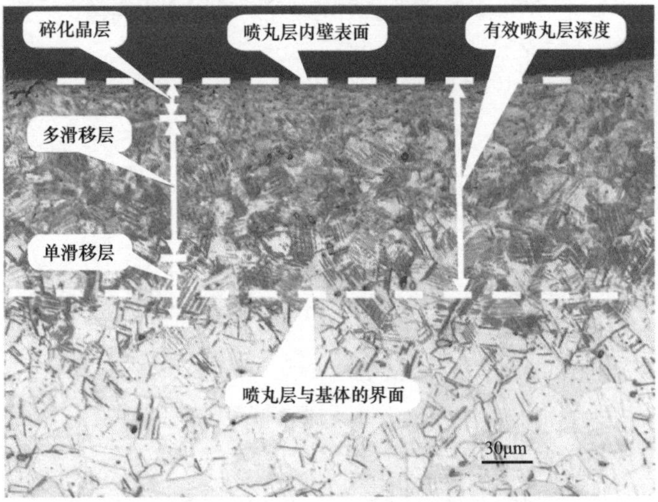

图 1-27　奥氏体耐热钢管喷丸层的形貌

6. 奥氏体耐热钢管的晶间腐蚀检验

关于奥氏体耐热钢管的晶间腐蚀检验，在相关的国标、行业标准及国外标准中均为协商条款，不是强制性条文。GB/T 5310—2017《高压锅炉用无缝钢管标准》6.12 中规定，对奥氏体不锈钢管的晶间腐蚀试验，“根据需方要求，经供需双方协商，并在合同中注明，不锈（耐热）钢钢管可做晶间腐蚀试验，晶间腐蚀试验方法由供需双方协商确定。”GB/T 13296—2013《锅炉、热交换器用不锈钢无缝钢管》6.7 中规定，对“牌号 07Cr19Ni10、16Cr23Ni13、20Cr25Ni20、07Cr17Ni12Mo2、07Cr19Ni11Ti、07Cr18Ni11Nb 钢管可不做晶间腐蚀试验”，其中的 07Cr19Ni10、07Cr19Ni11Ti、07Cr18Ni11Nb 也包含在 GB/T 5310—2017 中，20Cr25Ni20 与 GB/T 5310—2017 中的 07Cr25Ni21 成分几乎完全相同。

NB/T 47019.3—2011《锅炉、热交换器用管订货技术条件》5.10 中规定，“根据买方要求，奥氏体耐热钢钢管可按 GB/T 4334 的要求进行晶间腐蚀试验，晶间腐蚀试验方法由买卖双方协商确定”。GB/T 4334 是一个采用不同腐蚀试验方法进行不锈钢腐蚀试验的系列标准，2000 年和 1984 年的版本包括：

GB/T 4334.1—2000 不锈钢 10% 草酸浸蚀试验方法

GB/T 4334.2—2000 不锈钢硫酸 – 硫酸铁腐蚀试验方法

GB/T 4334.3—2000 不锈钢 65% 硝酸腐蚀试验方法

GB/T 4334.4—2000 不锈钢硝酸 – 氢氟酸腐蚀试验方法

GB/T 4334.5—2000 不锈钢硫酸 – 硫酸铜腐蚀试验方法

GB/T 4334.6—2000 不锈钢 5% 硫酸腐蚀试验方法

GB 4334.7—1984 不锈钢三氯化铁腐蚀试验方法

GB 4334.8—1984 不锈钢 42% 氯化镁应力腐蚀试验方法

GB 4334.9—1984 不锈钢点蚀电位测量方法

2008 年对 2000 年版本进行了修订，新修订的 GB/T 4334—2008《金属和合金的腐蚀　不锈钢晶间腐蚀试验方法》代替了 GB/T 4334.1—2000～GB/T 4334.5—2000。5% 硫酸腐蚀试验方法 2015 年进行了修订，GB/T 4334.6—2015《不锈钢 5% 硫酸腐蚀试验方法》。

根据 GB/T 5310—2017 和 NB/T 47019.3—2011，奥氏体耐热钢管的晶间腐蚀试验为协商条款，且晶间腐蚀试验方法由供需双方协商确定。目前电力行业通常采用 GB/T 4334—2008 中的 E 法进行奥氏体耐热钢管晶间腐蚀试验（GB/T 4334.5—2000）。试样在 650℃保温 2h 空冷进行敏化处理，然后置于硫酸–硫酸铜溶液中（100g$CuSO_4 \cdot 5H_2O$+700ml H_2O+100ml H_2SO_4，用去离子水定容至 1000ml），在容器底部铺满纯度为 99.5% 的铜屑且保证试样与铜屑接触。将溶液连续加热并保持微沸状态 16h 后，取出试样，依次经过洗净、干燥、采用弯曲法进行检验，弯头直径为 5mm，弯曲 180°，用 10 倍放大镜观察表面有无晶间腐蚀裂纹。

目前，中国超（超）临界锅炉用奥氏体耐热钢管 HR3C 和 Super304H 多采用国外钢管，少量为国产管。国外制造厂商为日本的新日铁住金公司（NIPP0N STEEL & SUMITPMO METAL）、西班牙的吐巴塞克斯（TUBACEX）公司、德国的沙士基达–曼内斯曼钢管公司（SALZGITTER MANNESMANN GROUP），沙士基达–曼内斯曼钢管公司 2008 年之前为 DMV（达尔明–曼内斯曼–瓦鲁瑞克，DALMINE MANNESMANN VALLOUREC GROUP）公司。图 1-28 显示了西班牙的吐巴塞克斯公司生产的 HR3C 供货态钢管晶间腐蚀试验裂纹的形貌。

奥氏体不锈钢管的晶间腐蚀试验是在特定试验条件下进行的，GB/T 4334—2008 中的 E 法可用于检验奥氏体不锈钢的晶间腐蚀倾向，对于 HR3C、Super304H、TP304H，不论国产钢管还是国外钢管，均发现过试样晶间腐蚀试验后弯曲出现裂纹的情况，但这与钢管在运行中是否产生晶间腐蚀裂纹无必然联系。

TSG G0001—2012《锅炉安全技术监察规程》2.5 中规定，“采用没有列入本规程的材料时，试制前材料研制单位应进行系统的试验研究，并且应按照本规程 1.6 的规定通过技术评审和核准。评审应包括材料的化学成分、物理性能、力学性能、组织稳定性、高温性能、抗腐蚀性能、工艺性能等内容。”而电站锅炉受热面用的管材，已在 TSG G0001 中包括。所以可不进行系统的试验研究，意味着按相关管材技术标准执行即可。

美国 ASME SA213 中关于奥氏体耐热钢管的晶间腐蚀试验也是在补充技术条款中

S4 条规定，“当订货约定时，由钢管厂进行晶间腐蚀试验”。

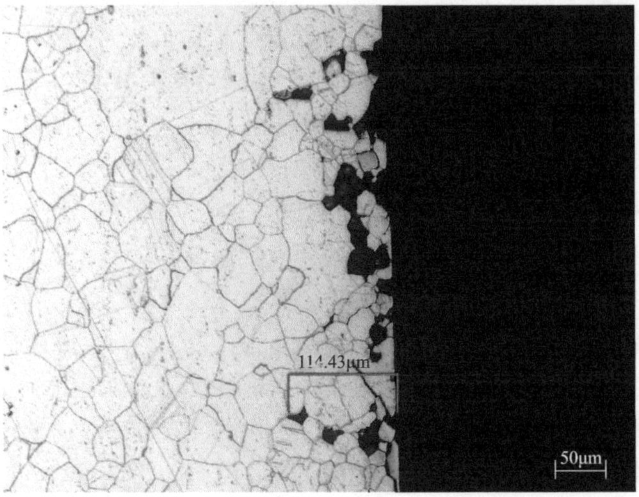

图 1-28　HR3C 供货态钢管晶间腐蚀试验裂纹形貌

对运行过的奥氏体耐热钢管，即使运行时间很短，若按 GB/T 4334—2008 中的 E 法进行晶间腐蚀试验，试样弯曲后几乎百分之百出现晶间腐蚀裂纹。这是由于炉管的外壁处于 900℃左右的烟气环境中，高温下炉管表面的元素扩散迁移速度较快，Cr 与 C 元素易结合成 $Cr_{23}C_6$，导致炉管外表面铬元素的较大量损耗，降低了表面的抗腐蚀性，所以进行晶间腐蚀试验几乎百分之百出现晶间腐蚀裂纹。图 1-29 为某电厂 1000MW 超超临界机组服役 4 个月后 HR3C 钢制高温再热器管的晶间腐蚀弯曲试样的裂纹形貌（高温再热器设计进口 / 出口段烟温分别为 946℃/816℃），该批钢管为日本住友生产。由图 1-29 可见，在同样的晶间腐蚀试验条件下，备品管样试验后弯曲 180°，试样表面未见晶间腐蚀裂纹，运行管背烟侧和迎烟侧管样试验后弯曲 90°和 120°时，试样表面就出现了严重的裂纹，试样表面金属剥落。由晶间腐蚀试样非弯曲部位取样，对备品管和运行管经晶间腐蚀试验后的试样用金相法检查，表明备用管未发生晶间腐蚀。图 1-30 示出了运行管迎烟侧、背烟侧试样晶间腐蚀试验后腐蚀形貌和深度，迎烟侧、背烟侧试样晶间腐蚀的深度分别达 600μm 和 450μm。

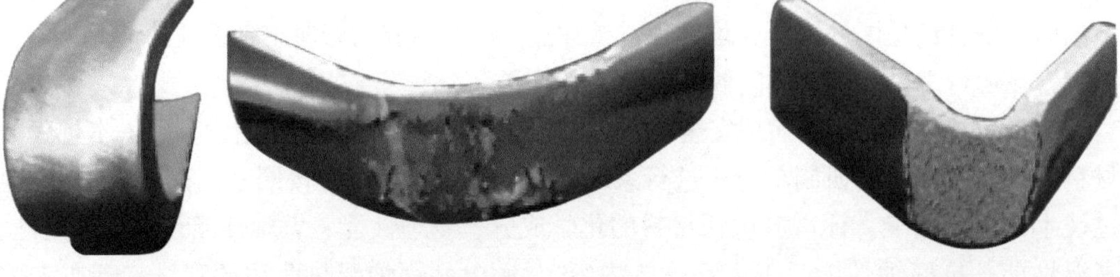

(a) 备用管　　(b) 背烟侧　　(c) 迎烟侧

图 1-29　HR3C 钢管晶间腐蚀试验后的宏观形貌

若以晶间腐蚀试样弯曲后是否产生裂纹作为钢管能否使用的判据，即运行4个月的钢管就会产生晶间腐蚀试验裂纹，但对实际炉管的检查并未发现晶间腐蚀裂纹，所以，按GB/T 4334—2008中E法进行的奥氏体不锈钢管的晶间腐蚀试验结果，仅表明钢管的晶间腐蚀倾向大小，与钢管在运行中是否产生晶间腐蚀裂纹无必然联系，故DL/T 438—2016中取消了DL/T 438—2009版中关于奥氏体不锈钢管应做晶间应力腐蚀试验的条款。

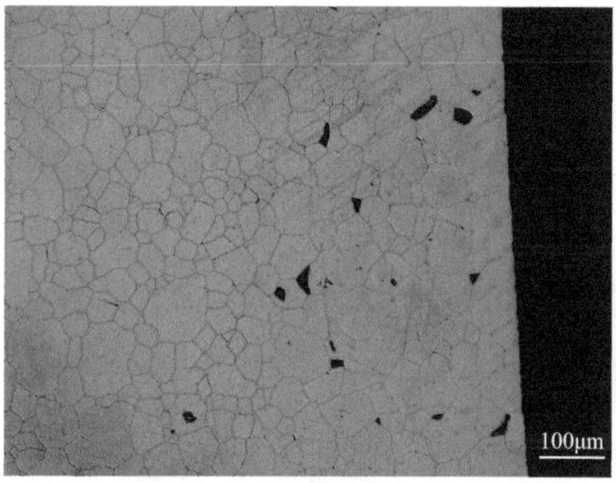

(a) 迎烟侧

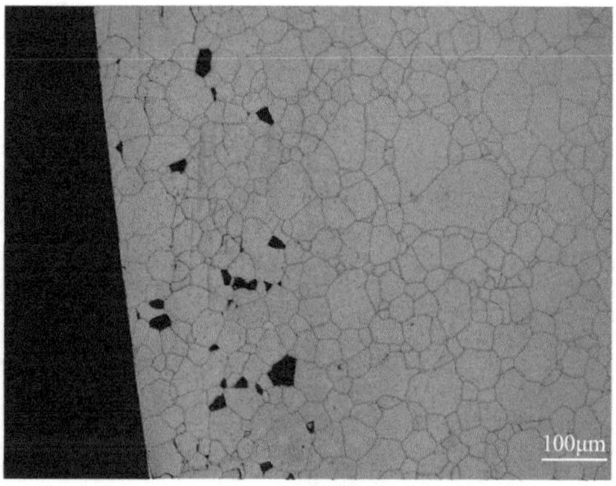

(b) 背烟侧

图1-30 HR3C运行管晶间腐蚀试验后的微观形貌

1987年，上海锅炉厂最先引入T91钢管，并用于制作300MW机组的锅炉高温过热器管。2006年，T92钢管用于国内超超临界机组锅炉屏式过热器管。2010年前，超（超）临界机组锅炉用T91、T92多为日本住友、JFE和欧洲的DMV（DALMINE MANNESMANN VALLOUREC）公司生产。2010年之后，T91钢管基本为国内钢管厂供货，不少超超临界锅炉也开始采用国产T92钢管。自2008年开始，国内一些超超临界锅炉已经采用国产Super304H以及HR3C。

关于锅炉受热面钢管国产化现状及发展见附录A。

二、锅炉受热面管屏缺陷

锅炉受热面管屏的制造缺陷主要表现为以下几个方面：①焊接缺陷：裂纹、咬边、凹坑、未填满、气孔、漏焊和内部缺陷；②几何尺寸超差：包括管子变形、焊缝错口等；③管子表面机械损伤：严重的机械划伤、凹坑、气割熔坑或焊接修补后不平整；④材质缺陷或错材：管子内壁裂纹、使用材料与设计不符；⑤管内或管口异物：管内存在熔渣或异物、管口加工毛刺。

1. 焊接缺陷

焊接缺陷是受热面管屏制造、安装中最常见的质量缺陷。某电厂1000MW超超临界机组后水冷壁上部（15CrMoG，ϕ28.6×5.8mm）10组管屏鳍片上发现多处裂纹、鳍片与管子角焊缝未熔合，现场打磨后发现部分裂纹已扩展至管子母材，图1-31示出了1000MW机组锅炉膜式水冷壁鳍片焊缝裂纹和冷灰斗螺旋水冷壁管排焊缝开裂形貌。

在水冷壁的人孔门、喷燃器、三叉管等附近的手工焊缝更易出现裂纹。某电厂 1000MW 超超临界机组锅炉垂直水冷壁上部（12Cr1MoVG，ϕ51×12.5mm）与下部 Y 形三通管（ϕ51mm→ϕ38mm，接管 ϕ38×9mm）两侧鳍片的手工焊缝出现裂纹计 203 处，右侧垂直水冷壁下部最为严重，有 62 处开裂（见图 1-32）。该区域管子壁厚较厚，三通管处拘束度较大，加之又为手工施焊，若焊接工艺控制不佳，极易在鳍片焊缝产生收弧微裂纹或缺陷。图 1-33 示出了某电厂 660MW 超超临界机组 5 号炉中部水冷壁管屏大面积漏焊。

(a) 母材与鳍片焊逢裂纹　　(b) 冷灰斗螺旋水冷壁管排焊缝裂纹

图 1-31　水冷壁焊缝裂纹

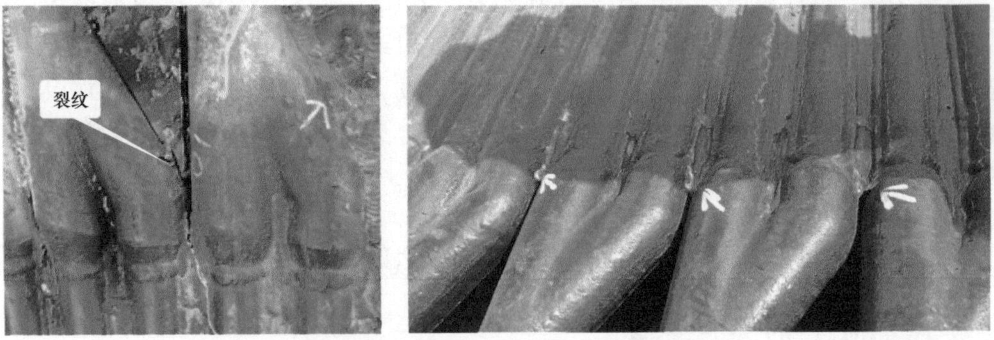

图 1-32　水冷壁 Y 形三通管两侧鳍片焊缝裂纹

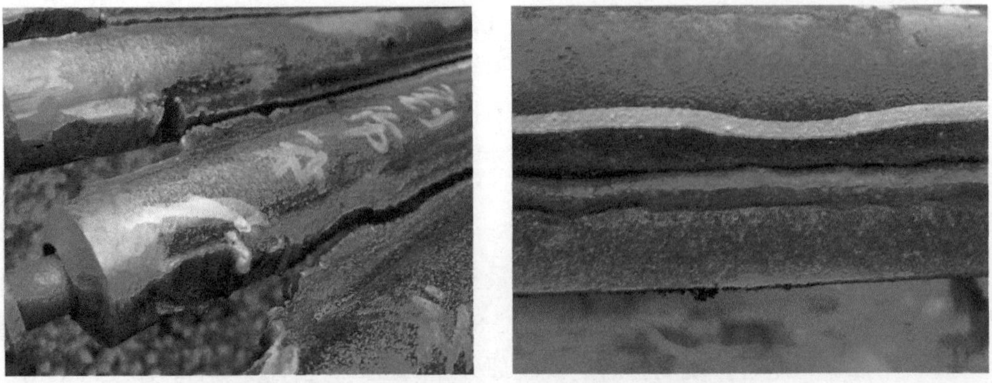

图 1-33　15CrMoG 钢制中部水冷壁散管管屏漏焊

图 1-34 示出了某电厂 1000MW 机组锅炉冷灰斗螺旋水冷壁角焊缝未焊满形貌，图 1-35 所示为 660MW 机组锅炉吹灰器孔鳍片焊缝裂纹延伸到管子。

图 1-34 冷灰斗螺旋水冷壁角焊缝未焊满

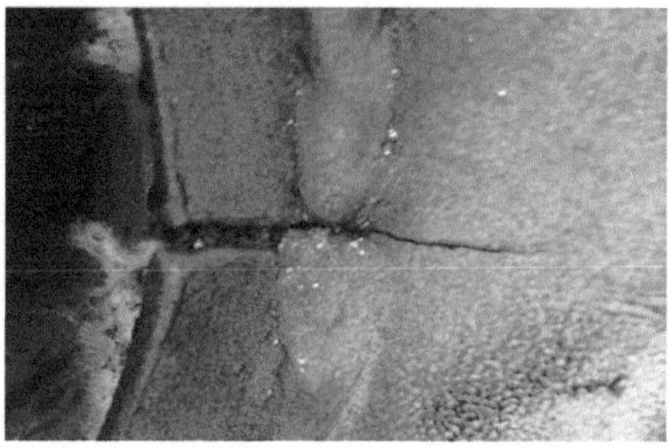

图 1-35 吹灰器孔鳍片焊缝裂纹

图 1-36 所示为某电厂 660MW 机组锅炉水冷壁管母材的严重烧伤，图 1-37 所示为末级再热器（HR3C，ϕ63×4mm）管子与夹块焊缝存在严重咬边。

图 1-36 水冷壁管母材严重烧伤

图 1-37 末级再热器管与夹块焊缝严重咬边

图 1-38 示出了某电厂 ΠΠ-1000-25-545KT 型超临界直流锅炉低温再热器和顶棚过

热器管（12Cr1MoVG，ϕ32×6mm）焊缝未熔合缺陷。图 1-39 所示为某电厂 2 号炉水平低温过热器管（15CrMoG，ϕ57×7mm）焊缝的针孔状缺陷，这些缺陷均导致锅炉运行中管子的早期开裂。

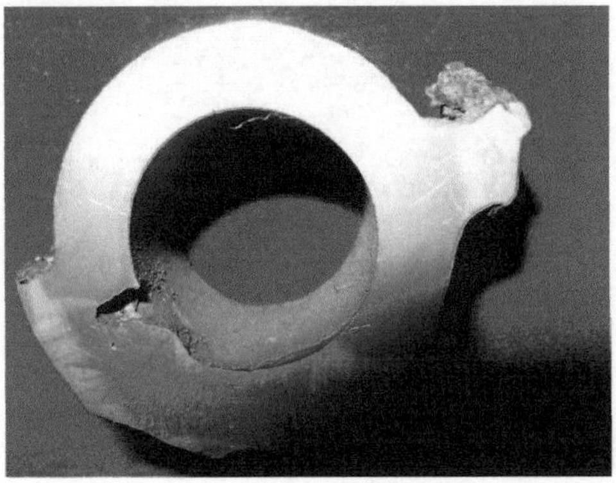

图 1-38　12Cr1MoVG 钢管对接焊缝未熔合

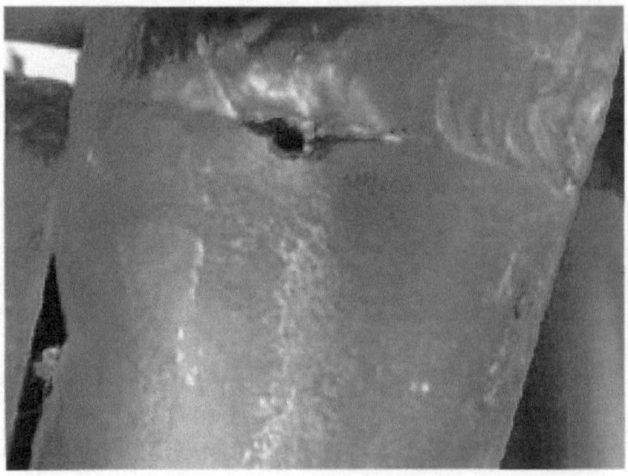

图 1-39　15CrMoG 钢管对接焊缝的针孔状缺陷

工程中还常发现受热面管对接焊缝根部凸出超出 DL/T 869—2012《火力发电厂焊接技术规程》规定的 2mm，如 ϕ31.8×9.5 mm 规格的管子，内径为 12.8 mm，若根部凸出 2 mm，则内径为 8.8 mm，相当于在焊缝根部凸出部位增加了截流环，运行中必然增大汽水流动的阻力，长期运行导致管壁超温，引发早期失效。

某电厂在 2 台 1000MW 机组安装过程中发现 1 号炉 T92 钢制屏式过热器焊接接头出现大量焊缝根部横向裂纹（见图 1-40），裂纹与环焊缝垂直，由管子内表面向内部扩展，深度约 3mm。同时可见焊接接头环焊缝根部整周余高分布不均匀，特别是收弧处焊缝余高明显不足。微观分析表明：焊缝内存在微裂纹，长度在 300～500μm，微裂纹细直尖锐以穿晶开裂扩展，微裂纹周围马氏体组织非常粗大，晶粒度 1.0 级（见图 1-41）。开裂原因为打底焊工艺执行不当，根部打底焊时焊接速度不均匀，收弧时速度过快，收弧熔池不饱满就收弧，停止焊接。收弧过快，熔池金属填充不充分，由于收弧后不再有熔化的金属补充熔池，熔池温度发生骤降，金属快速结晶，金属收缩引起拉应

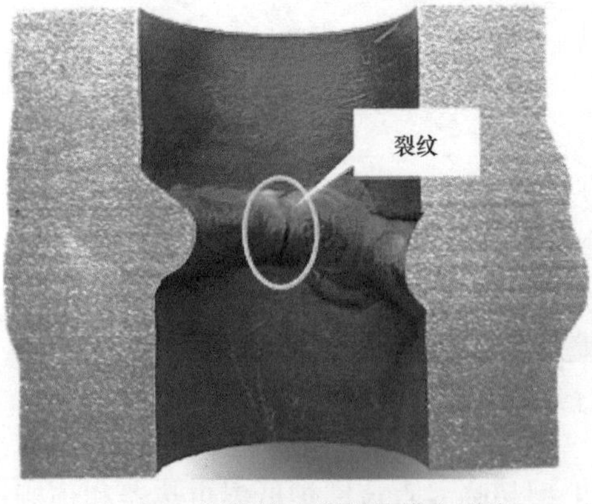

图 1-40　焊接接头根部的横向裂纹

图 1-41　焊缝粗大的马氏体及微裂纹

力，同时 T92 钢焊缝熔敷金属的快速冷却发生马氏体转变产生较大的相变应力，在收缩拉应力和相变应力作用下将打底焊处拉裂。

通常在低合金钢制厚壁集箱角焊缝中易出现焊接再热裂纹，但在受热面管焊缝中有时也会发现再热裂纹。图 1-42 示出了 600MW 机组锅炉 T23 钢制高温再热器（ϕ50.8×4mm）入口管现场安装焊缝的再热裂纹微观形貌。该焊缝安装期间存在严重的强力对口，在热处理前取消约束，大的拘束应力和焊后热处理的热应力导致焊缝开裂。

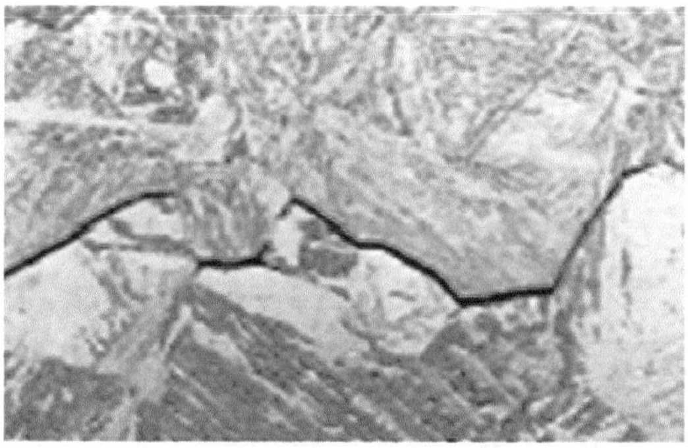

(a) 熔合线附近的沿晶开裂

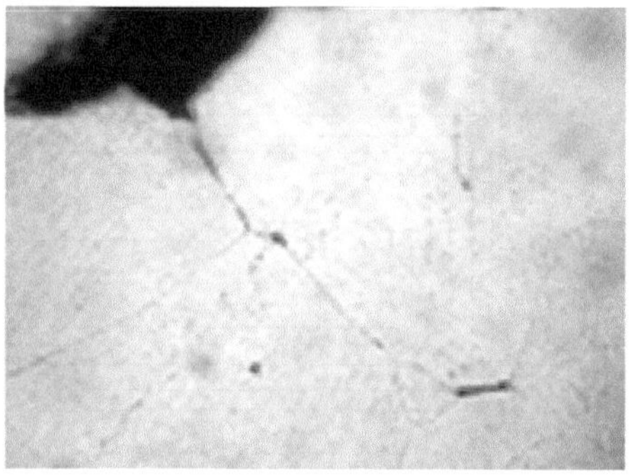

(b) 粗晶区微裂纹

图 1-42　T23 钢焊缝再热裂纹形貌

引起焊缝裂纹、未熔合、咬边等缺陷的原因除对部件材料的焊接特性不熟悉、或结构拘束度过大等客观原因之外，有时表现为对质量的极不负责任。有的焊接应该预热的不预热、该充氩的不充氩，甚至弄虚作假。图 1-43 示出了 1000MW 机组锅炉高温再热蒸汽管道热控仪表管未按焊接工艺要求充氩施焊，引起未焊透、内凹。图 1-44 所示为焊缝未填满用口香糖黏糊。

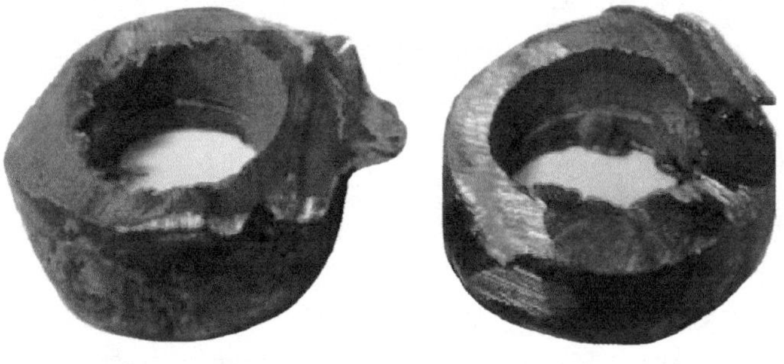

图 1-43　热控仪表管未充氩施焊引起未焊透、内凹

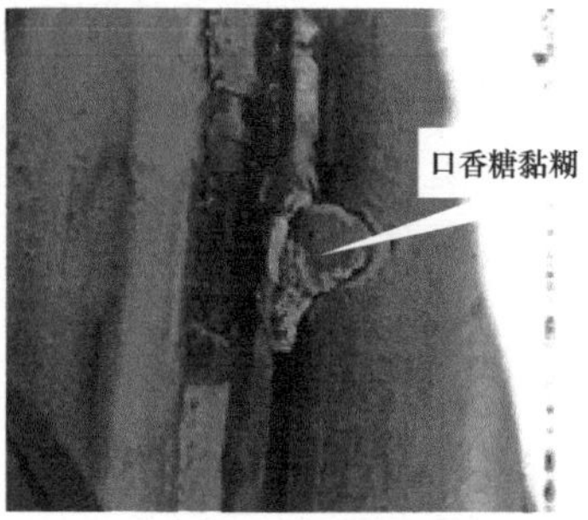

图 1-44　口香糖黏糊焊缝

2. 错用材料

管屏制作中有时会出现错用材料的情况。例如，工程中对管屏进行光谱抽检，发现某电厂 3 号炉低温再热器四级管组设计材质为 T23 和 12Cr1MoVG，但 91 根 12Cr1MoVG 管错用为碳钢管；某电厂 1 号炉末级过热器出口管屏设计管材为 T92，但错用为 T91；某电厂 5 号炉上部前墙水冷壁经光谱检验，发现 9 屏共 35 片鳍片为碳钢

（设计为 15CrMoG），2 屏上部侧墙水冷壁管屏 5 个密封块为碳钢（设计为 15CrMoG）；某电厂 1 号炉末级再热器设计为 T91，光谱检验发现 1 根为 12Cr1MoVG；某电厂 15CrMoG 钢制水冷壁管某些区段错用 20G。某电厂 2×1000MW 机组锅炉屏式过热器进口管排上一段长 500mm 的管子（ϕ45×7mm），设计材质为 T23，经光谱复检无 W 元素；给水进口连接管接管头（ϕ33.4×7.1mm）设计材质 15CrMoG，经光谱复检其中 1 件为碳钢。某电厂 2 号锅炉一级低温再热器水平段管屏设计为 15CrMoG（ϕ63.5×4mm），光谱检验发现焊缝右侧均为碳钢管（见图 1-45）。

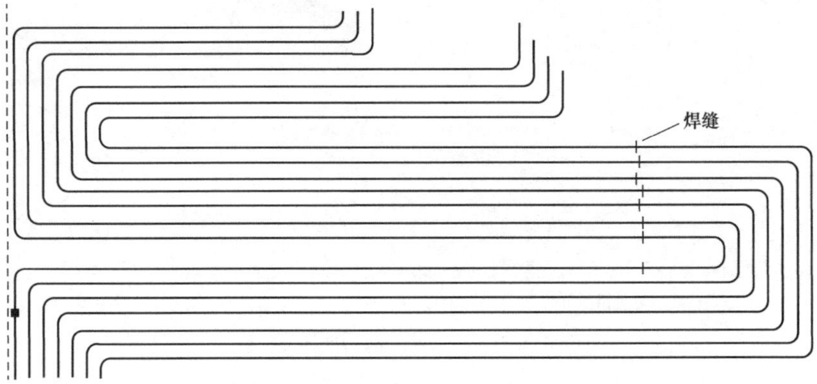

图 1-45　低温再热器水平段管屏错材

管屏制造错用材料主要是由于制造厂管理不善。例如，某管屏制造厂同期生产超临界、亚临界锅炉水冷壁管屏，超临界锅炉水冷壁鳍片材料为 15CrMoG，亚临界锅炉水冷壁鳍片材料为碳钢。由于鳍片材料管理不善，导致鳍片错材。管屏错材有时是因为设计上不尽合理。例如，某电厂 300MW 亚临界机组锅炉末级过热器管材为 T91（ϕ51×8mm），固定块选 TP347H，管子与固定块焊接用 E9018-B9 焊条。锅炉运行时间不长固定块处开裂（见图 1-46）。分析表明：固定块不宜采用 TP347H，焊材选用也不合理。奥氏体耐热钢 TP347H 的线膨胀系数约为 T91 的 1.5 倍，在高温下由于 TP347H 与 T91 的线膨胀系数差异会引起固定块处的变形不协调，产生应力应变集中。DL/T 752—2010《火力发电厂异种钢焊接技术规程》中明确规定，异种钢焊接接头的焊材选用宜采用低匹配原则，即焊材选用按低强度侧钢材考虑，DL/T 869—2012《火力发电厂焊接技术规程》中推荐采用镍基的 ENiCrFe-3 焊材，但开裂固定块却选用与 T91 匹配的 E9018-B9 焊条。另外，固定块结构不合理，金属部件之间没有足够的膨胀空间；部件连接尺寸差异及焊接质量较差，在锅炉启、停过程中固定块与管子膨胀不均，热应力过大导致固定块早期拉裂。

受热面管材料若错用为低等级管材，运行中很容易引起早期失效。对管屏错用材料，只进行设备监造很难发现，因为设备监造对管屏制造材料的选用主要见证设计图纸（文件见证），若要发现错材，则必须进行光谱抽检，即进行安装前的检验。对发现的错材应予以更换，同时扩大光谱检验范围，受热面管屏制造厂应加强用材管理。

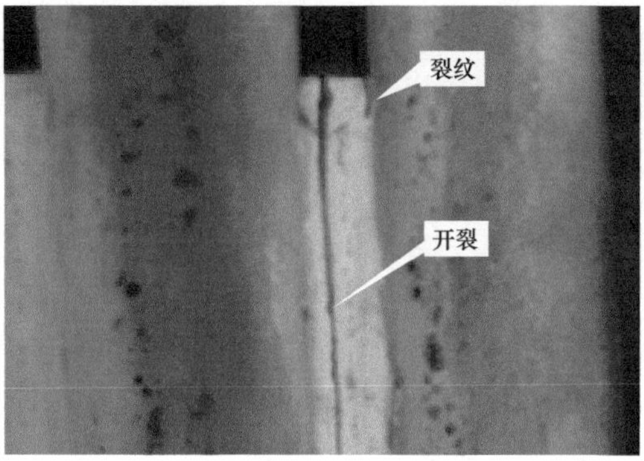

图 1-46 固定块处开裂形貌

3. 管屏弯管裂纹

管屏制作过程中，往往对某些管段或管排要进行弯管。弯管成型通常根据材料、规格、弯曲半径、弯管形状和弯管设备选用热弯（包括中频感应加热弯管）或冷弯，采用热弯时严格控制热弯加热规范和加热范围，奥氏体耐热钢管采用热弯时应避开引起晶间腐蚀的敏化温度。

文献［2］介绍了国外相关规范对合金钢管冷弯及热处理的规定，当应变小于 5%（壁厚减薄）时，冷变形后可不进行热处理。表 1-1 提供了相关标准关于合金钢管容许的应变，表 1-2 为欧洲规范关于合金钢管冷弯工艺的规定。

表 1-1　　合金钢管相关标准容许的冷变形度

规范	容许的应变（壁厚减薄）
ASME V Ⅲ（美国）	＜5%
AD-Merkblatt（德国）	＜5%
BS5500（英国）	＜3.5%
CODAP（法国）	＜5%
ANCC（意大利）	＜3%

表 1-2　　合金钢管冷弯工艺规定（欧洲规范）

参数	合金钢管冷弯工艺
外径≤76.1mm，R/D≥1.5	不需热处理
外径≤76.1mm，R/D＜1.5	应在 650～750℃，范围内进行去应力热处理（2min/mm），空冷
外径＞76.1mm，R/D≥3	不需热处理
外径＞76.1mm，R/D＜3	应进行正火＋回火处理

注　R 为弯管曲率半径（距管子中心）；D 为管子外直径。

GBT 16507.5—2013《水管锅炉　第 5 部分：制造》中规定，低合金、马氏体耐热钢冷弯后的热处理，根据设计温度、弯管应变量按表 1-3 执行。

07Cr2MoWVNbB（T23）、10Cr9Mo1VNbN（T91）、10Cr9MoW2VNbBN（T92）钢管热弯后应进行正火＋回火处理，其他合金钢管热弯后进行去应力处理。

表 1-3　　低合金、马氏体耐热钢冷弯后的热处理

材料牌号	较低温度限制范围		较高温度限制范围		热处理要求
	设计温度 T（℃）	应变量（%）	设计温度（℃）	应变量（%）	
07Cr2MoW2VNbB	≤480	不强制进行热处理	＞480	＞20	整体正火＋回火
				＞5～20	消除应力热处理
10Cr9Mo1VNbN、10Cr9MoW2VNbBN	540＜T≤600	＞25	＞600	＞20	整体正火＋回火
		＞5～25		＞5～20	消除应力热处理

管子或管排弯曲后若不进行热处理，则变形残余应力水平较高，且存在加工硬化，弯曲区段硬度升高，易产生裂纹。所以对弯管应测量弯曲段及邻近直管段的硬度，若弯曲段硬度明显高于直管段，建议进行弯后热处理。图 1-47 所示为某电厂再热温度 620℃的高效超超临界二次再热机组（660MW）1 号炉后水冷壁上部弯管（ϕ28.6×6.6mm）部位的裂纹，管材、鳍片均为 12Cr1MoVG。分析表明：由于管屏弯曲应力较大，加之鳍片焊接后，管子母材、鳍片母材、焊缝三者硬度差异较大，在管屏弯曲时首先在管屏弯曲背弧面上硬度最高的角焊缝处萌生裂纹，然后裂纹向硬度较高、塑性相对低的管子母材上扩展。图 1-48 所示为某电厂 660MW 机组锅炉吹灰器口炉前弯管（15CrMoG，ϕ63.5×10mm）的周向裂纹，裂纹从内弧鳍片沿周向扩展至管子的三分之二周。

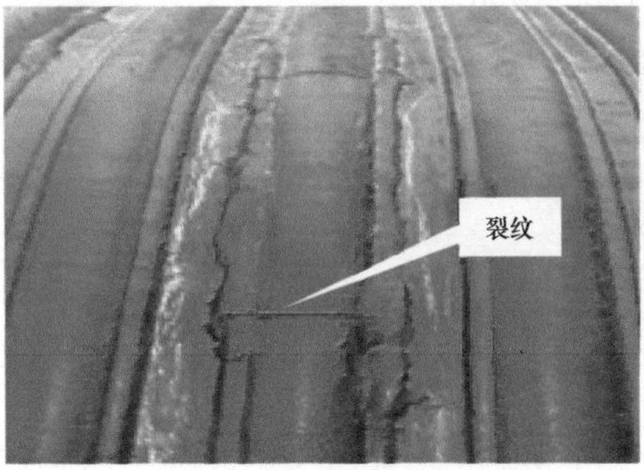

图 1-47　水冷壁弯管宏观裂纹

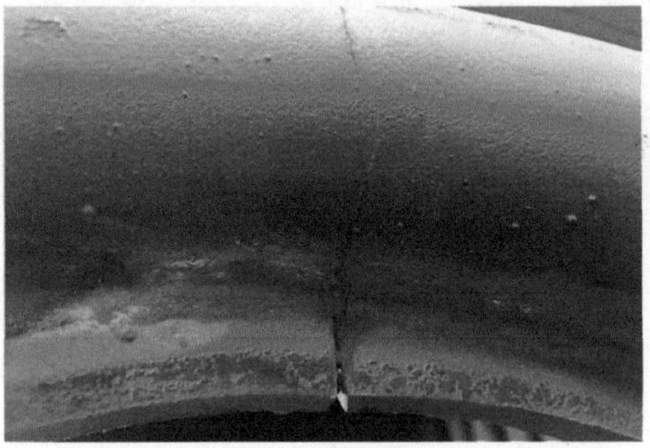

图 1-48　15CrMoG 钢制弯管的周向裂纹

图 1-49 所示为某电厂 660MW 机组锅炉 P91 钢制屏式过热器出口至高温过热器入口连接管（ϕ168×25mm）弯管的轴向断续裂纹，总长达 675mm，单条裂纹最长 80mm，弯管部位最小壁厚 22.67mm。

在奥氏体耐热钢锅炉管屏制造中经常要进行钢管冷弯。美国 ASME《锅炉压力容器规范　第Ⅰ部分：动力锅炉建造规程》（*Boiler and Pressure Vessel Code*，*Section I Rules for Construction of Power Boilers*）PG-19 条款“奥氏体材料的冷加工成型”中，根据奥氏体钢管的使用温度，对冷加工的奥氏体耐热钢管不同应变范围给出了固溶处理的条件和温度（见表 1-4）。根据表 1-4，对设计温度在 540～675℃的 TP347H 或 TP347HFG，当应变量[应变（%）=100r/R，r 和 R 分别为管子外半径和弯管弯曲半径]不超过 15% 时就可免做固溶处理；对设计温度在 540～675℃的 TP304H、TP316H，当应变

(a) 裂纹宏观照片　　(b) 裂纹放大照片

图 1-49　P91 弯管外弧侧的轴向断续裂纹

表 1-4　　几种牌号奥氏体耐热钢管冷加工变形范围和热处理要求

钢号	较低温度范围		较高温度范围		超过设计温度和成型应变的最低热处理温度
	设计温度	成型应变	设计温度	成型应变	
TP304H	＞580℃，≤675℃	＞20%	＞675℃	＞10%	1040℃
TP347H	＞540℃，≤675℃	＞15%	＞675℃	＞10%	1095℃
TP316H	＞580℃，≤675℃	＞20%	＞675℃	＞10%	1040℃
TP347HFG	＞540℃，≤675℃	＞15%	＞675℃	＞10%	1095℃

量不超过 20% 时可免做固溶处理。实际上，无论钢管应变量多少，只要冷加工后不进行固溶处理，均会残留冷加工应力和冷作硬化，只是这些冷加工效应的程度随应变量的大小而不同。所以对按 ASME 规范需要进行固溶处理的冷弯奥氏体弯管一定要进行固溶处理，对处于临界应变状态的冷弯钢管，最好也进行固溶处理。

奥氏体耐热钢管冷弯后未进行固溶处理或固溶处理不佳，常导致管子服役期间的早期破裂，其典型的特征为裂纹在弯管最大变形处横断。图 1-50 显示了某电厂 5 号超临界锅炉运行 1946h 后 TP347H 钢制高温过热器管（ϕ45×7.8mm）弯管破裂形貌，高温过热器的压力 / 温度为 25.4MPa/571℃。图 1-51 显示某电厂 2 号超超临界锅炉运行 3840h 后 TP347H 钢制分隔屏过热器管（ϕ45×7.8mm）弯管断裂形貌。

图 1-50　TP347H 钢制弯管破裂形貌

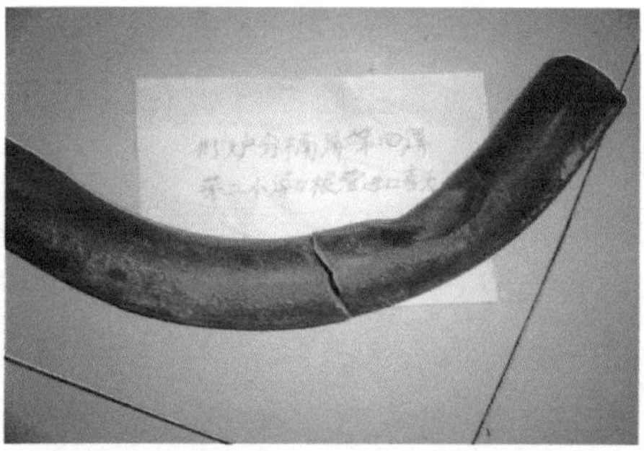

图 1-51　TP347H 钢制弯管破裂形貌

某电厂3号超临界直流锅炉累计运行656h，启停19次后TP347H钢制高温再热器B数第22屏内向外数第4根出口管（$\phi51\times4.5mm$）弯管开裂（见图1-52），高温再热器的压力/温度为3.93MPa/569℃。某电厂3号机组2006年3月31日通过168h试运行，5月30日以来高温过热器（TP347H）发生四次泄漏，图1-53显示了裂纹起源于内弧侧外壁，呈横向开裂，无明显塑性变形和胀粗。

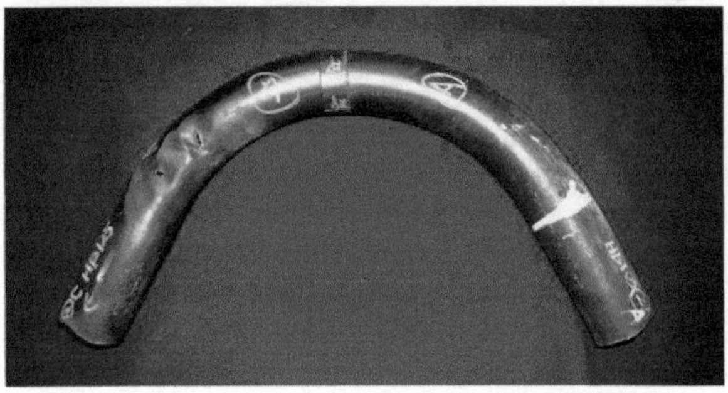

图1-52　TP347H钢制弯管开裂形貌

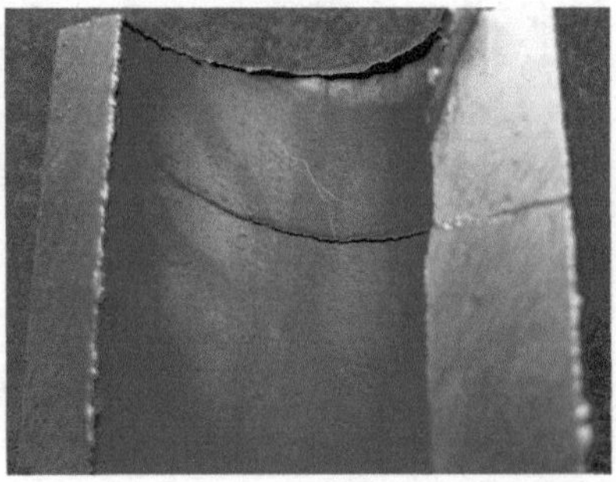

图1-53　TP347H钢制弯管开裂形貌

图1-50～1-53所示的奥氏体耐热钢管的宏观开裂，其微观开裂机制均呈沿晶开裂，有明显的冷变形产生的滑移线（见图1-54），表明冷弯后未进行固溶处理或固溶处理效果不佳。锅炉制造厂提供的更换弯管均进行了固溶处理，更换后的弯管未再出现类似的失效。

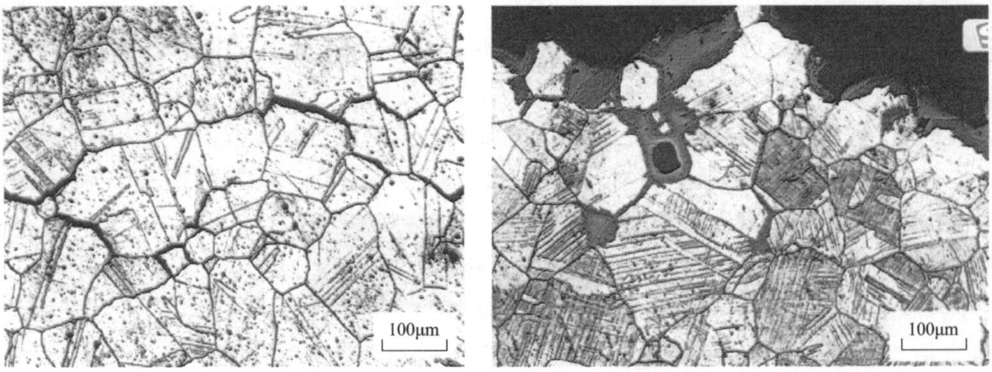

图1-54　TP347H钢制弯管开裂的微观形貌

超超临界机组高温过热器、高温再热器管屏，根据不同区段的温度多由HR3C、Super304H、T92、T91组成（见图1-55），有的锅炉制造厂对焊制完成后的管屏进行整屏焊后热处理，有的锅炉制造厂仅对奥氏体耐热钢与T92或T91相接的焊缝进行焊缝局部热处理，而对奥氏体管焊缝不进行热处理。不同的制造厂选取的焊后热处理温度有差异，有的为755±15℃，有的为745±15℃，有的为730±10℃，有的为735～760℃。

Super304H钢管通常内壁进行喷丸以提高内壁的抗蒸汽氧化能力，若焊后热处理温度过高，会降低内壁喷丸变形层的内应力和硬度，减弱或消除喷丸效果。文献［3］研究了加热温度对奥氏体不锈钢管内壁喷丸处理效果的影响，试验结果表明，当加热温度超过 750℃时，喷丸形变层的微观组织会发生明显退化，且碎化晶层组织退化速度高于多滑移层组织，导致 Cr 元素向表面扩散迁移的能力降低，故 Super304H 钢管冷弯或焊后热处理温度不宜超过 730℃。

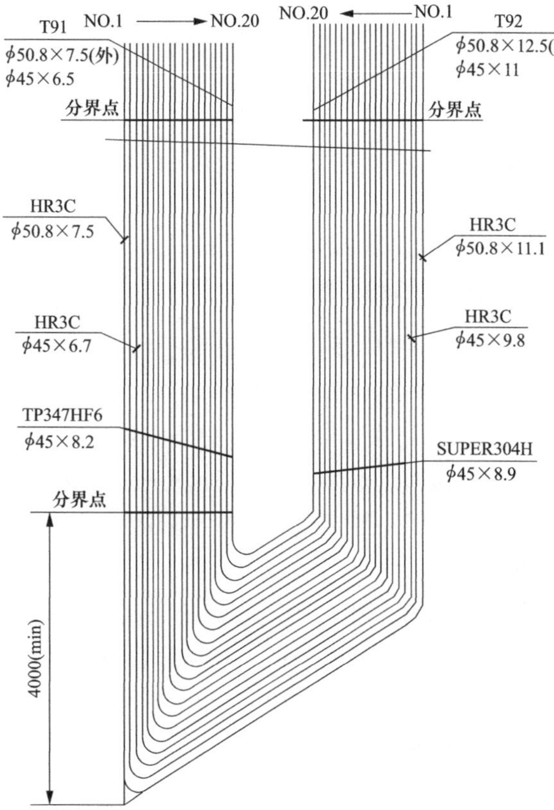

图 1-55　660MW 超超临界锅炉高温过热器管屏

另外，奥氏体耐热钢管焊后进行热处理，相当于进行了一次敏化处理，故会降低奥氏体耐热钢管的抗腐蚀能力，焊缝处母材的抗腐蚀能力下降更多。某电厂 1000MW 超超临界机组 2 号炉 Super304H 钢制高温再热器（ϕ51×3.5mm+ϕ51×4mm）在水压试验中发现 3 根管子焊缝处泄漏（见图 1-56），微观分析表明为晶间腐蚀开裂（见图 1-57），裂纹位于焊缝两侧的粗晶区，为沿晶开裂。检查母材未见腐蚀。从材料角度分析，焊缝及热影响区经受焊接高温，晶粒粗化，且内壁喷丸效应消失，其抗腐蚀性能会明显低于母材。加之管屏焊后进行整体回火（回火温度约 740℃），相当于对管屏不锈钢管进行了一次敏化处理，若炉水品质有些许污染，极易产生晶间腐蚀。故对有奥氏体不锈钢同种钢焊缝、奥氏体不锈钢与 T91 或 T92 钢焊缝的管屏，最好对异种钢焊缝进行局部热处理，奥氏体不锈钢同种钢焊缝最好不进行焊后热处理。

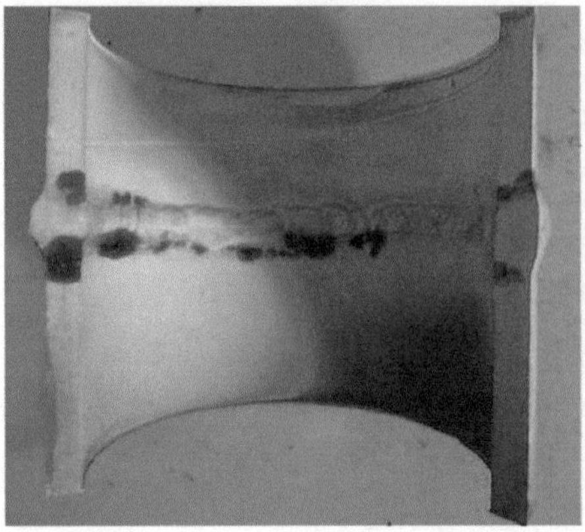

图 1-56　泄漏管的焊缝内壁形貌

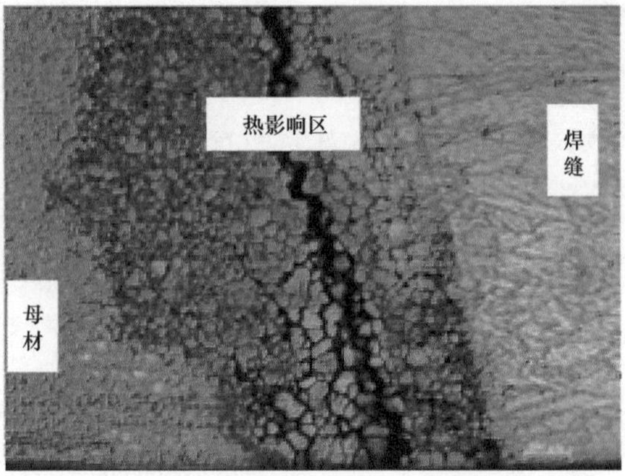

图 1-57　泄漏管焊缝裂纹微观形貌

4. 管屏制造安装中的表面缺陷和变形

锅炉管屏在制造、安装过程中往往要对不平整的管排进行热校，热校通常采用火焰加热，由于加热温度不均且不易控制，有时在加热部位出现鼓包，甚至金相组织发生变化。图 1-58 示出了 350MW 机组超临界机组锅炉 15CrMoG 钢制水冷壁由于热校引起的鼓包。试验分析表明：有的鼓包部位硬度高于正常区段,出现贝氏体组织（见图 1-59）；有的鼓包部位硬度略低于正常管段，微观组织仍为铁素体 + 珠光体，晶粒度与正常管段一致，但珠光体球化级别较正常管段高。这表明，由于火焰加热温度不均，较高温度部位发生了奥氏体相变，较快的冷却产生了硬度较高的贝氏体，有的部位未超过相变线，较高的温度加速了珠光体球化，导致硬度降低。受热面管的鼓包，一方面会导致鼓包部位材质劣化，环向应力水平的增加，另一方面会在鼓包处引起汽水流动特性的改变，引起管子早期失效，通常应予更换。

图 1-58　15CrMoG 钢制水冷壁鼓包

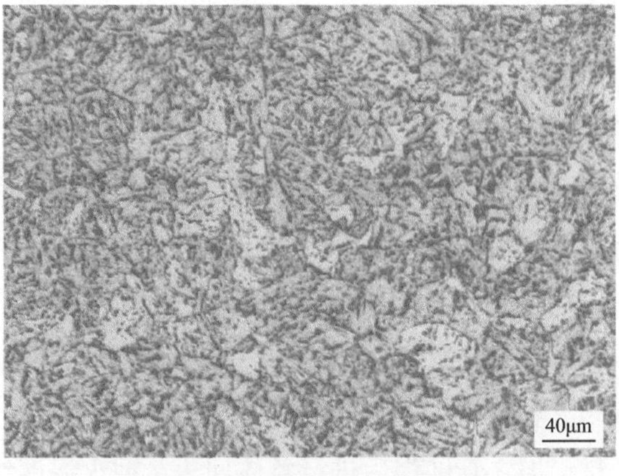

图 1-59　鼓包部位的贝氏体组织

锅炉管屏在制造、运输或安装过程中由于操作失误或不规范，常出现管子表面损伤。图 1-60 显示了螺旋水冷壁、高温再热器蛇形管、低温再热器管和冷灰斗螺旋水冷壁管管屏的机械磨损和火焰切割对管材的损伤。图 1-61 所示为某电厂 1 号炉前墙水冷壁中部管排（15CrMoG，$\phi38\times7.3$mm）一根管表面的严重划伤，长度达 100mm，最宽 8mm，最大深度 2.0mm。图 1-62 所示为某电厂 5 号炉右侧水冷壁下部管屏（15CrMoG，$\phi42\times6.5$mm）第 4、7、13 根管的磨损，其中第 4 根管剩余壁厚最小为 5.98mm（正常壁厚为 7.28mm）。

(a) 前墙螺旋水冷壁管磨损

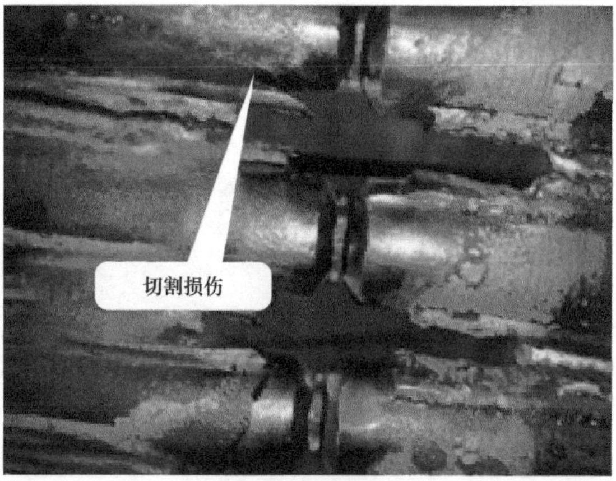

(b) 火焰切割损伤管子

(c) 低温再热器管磨损

(d) 再热器热段蛇形管磨损

图 1-60　受热面管表面的严重损伤

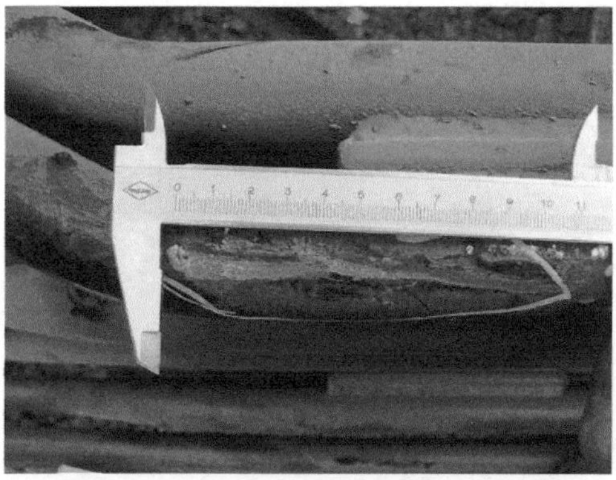

图 1-61　前墙水冷壁管表面严重划伤

图 1-62　右侧水冷壁下部管屏管子磨损

图 1-63 所示为某电厂 15CrMoG 钢制冷灰斗水冷壁鳍片和管子的开裂形貌。其中第 17、25 根管子发现两处裂纹，长度分别为 30mm 和 25mm，有的裂纹在氧气切割多余鳍片形成的直角缺口根部起裂并延伸到管子母材［见图 1-63（a）］，有的在未割除的多余鳍片与管子的焊缝处［见图 1-63（b）］。裂纹原因分析表明：①鳍片与管子焊接质量较差，用氧气切割多余的鳍片产生热应力，加之氧气切割的缺口为粗糙的直角缺口，形成应力集中，导致鳍片缺口处开裂；②裂纹产生后，在吊装搬运及运输过程中附加机械应力导致的振动冲击使裂纹扩展，当在起裂部位产生弯矩和扭矩时，裂纹沿着管子近 45° 开裂。

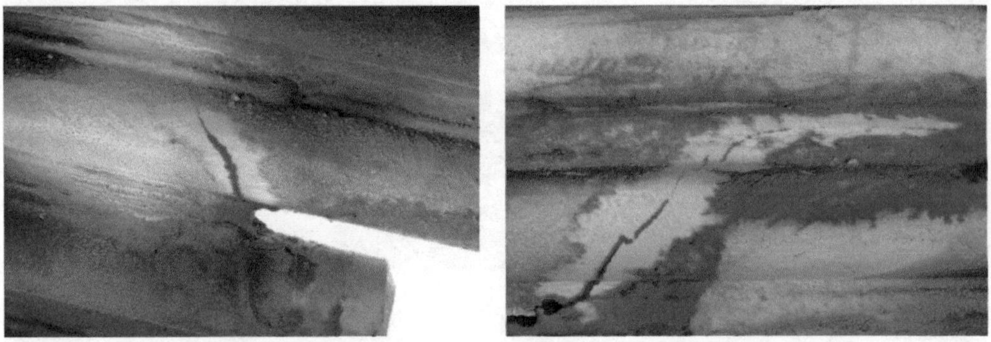

(a) 氧气切割形成的缺口根部开裂　(b) 鳍片与管子的焊缝处开裂

图 1-63　冷灰斗水冷壁管子开裂形貌

图 1-64 示出了某电厂 3 号炉后烟井前墙水冷壁管屏（15CrMoG，ϕ63.5×9mm）一根管子外表面的一处凹坑（深约 3mm）及一处电弧灼伤。对于一些磨穿的管子表面，甚至发现采用胶泥填充后抹平，然后涂刷油漆［某电厂 1 号炉再热器热段蛇形管（T91，ϕ42×3.5mm）（见图 1-65）］。

管子的表面损伤极易引起管子早期失效。工程中常出现由于锅炉安装或检修期间管子表面意外受到损伤引起早期泄漏、爆管。某电厂一台 660MW 超临界空冷燃煤机组，运行 15600h、启停机约 15 次后 12Cr1MoVG 钢制低温再热器管（ϕ50.8×4.5mm）泄漏（见图 1-66），泄漏管的蒸汽温度约 490℃，压力 4.82MPa。检查发现穿孔泄漏管子外表面

图 1-64　后烟井前墙水冷壁管凹坑、灼伤

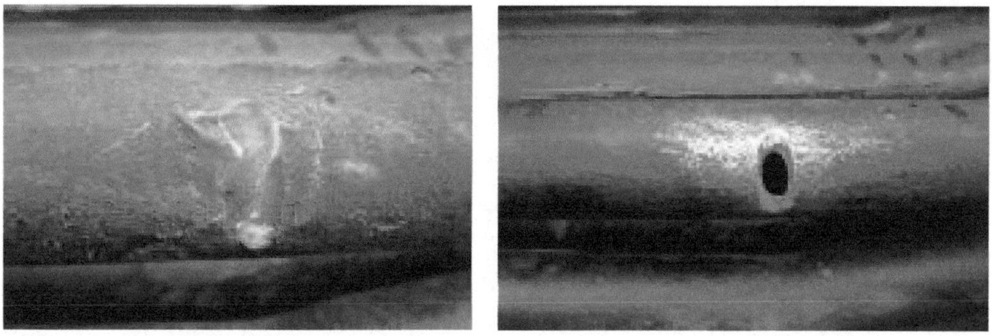

(a) 清理前　　(b) 清理后

图 1-65　再热器热段蛇形管磨穿

(a) 泄漏管内壁宏观形貌　　(b) 泄漏管外壁宏观形貌　　(c) 泄漏孔处的微观组织

图 1-66　低温再热器管泄漏

有明显的凹坑，微观分析表明，穿孔凹坑处的金相组织存在焊缝组织［见图 1-66（c）]，表明管子的泄漏是由于锅炉安装或检修期间管子外表面意外受到点焊，导致管子表面损伤、管壁减薄引起早期泄漏。

某电厂一台 600MW 超临界机组锅炉后屏过热器管（T91，$\phi60\times8$mm）运行 13000h 检修，检查发现直段母材上有微裂纹，微观分析发现裂纹启裂于点焊热影响区并沿热影响区扩展（见图 1-67）。

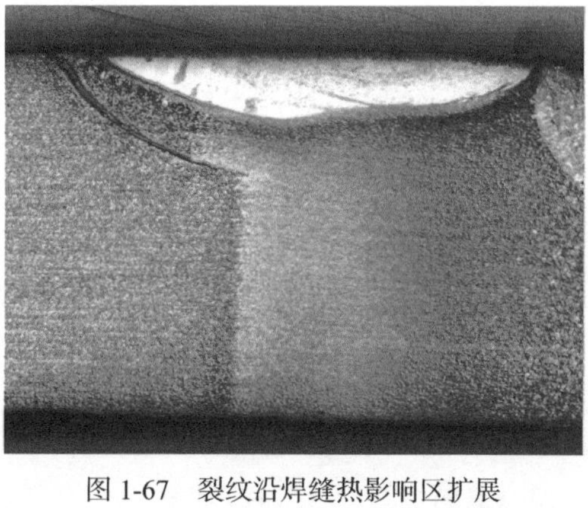

图 1-67　裂纹沿焊缝热影响区扩展

由于管屏制造、运输或吊装不当，常出现管屏变形，图 1-68 示出了一些管屏的变形情况。

(a) 螺旋水冷壁管变形

(b) “H”形省煤器肋片管偏斜

(c) 对接焊缝折口

图 1-68　一些管屏的变形形貌

5. 管屏制造中弯管的几何尺寸

锅炉管屏制造中常需要弯管，弯管由于其形状复杂，往往成为管屏的薄弱区段。管屏制造中常发现弯管圆度、外弧侧壁厚减薄、内弧侧波纹和角度偏差不满足 GB/T 16507.5—2013《水管锅炉　第 5 部分：制造》中的规定，所有弯管成型后应检测弯曲半径、平面度、弯曲角、圆度和壁厚减薄率及内弧波纹。对某电厂一台锅炉前屏过热器管（12Cr1MoVG，$\phi 42\times 5$mm）圆度抽查，发现部分弯管的圆度达 14%（工艺要求圆度≤10%）。某电厂一台 660MW 高效超超临界机组锅炉下部水平低温过热器(12Cr1MoVG，$\phi 51\times 10$mm）153 个弯管外弧侧壁厚测量，其中 42 个弯管壁厚为（7.55～8.25mm），不满足企业标准“管子弯曲后的最薄处应不小于直管最小公称壁厚（直管名义壁厚减去负偏差）90%”的规定。图 1-69 所示为某电厂 1 号炉中 / 下部水平低温再热器圆度超标。

弯管的圆度按式（1-1）计算

$$圆度=\frac{2(D_{max}-D_{min})}{D_{max}+D_{min}}\times 100\% \tag{1-1}$$

式中　D_{max}——弯管顶点上测得的最大外径，mm；

D_{min}——在 D_{max} 同一截面上测得的最小外径，mm。

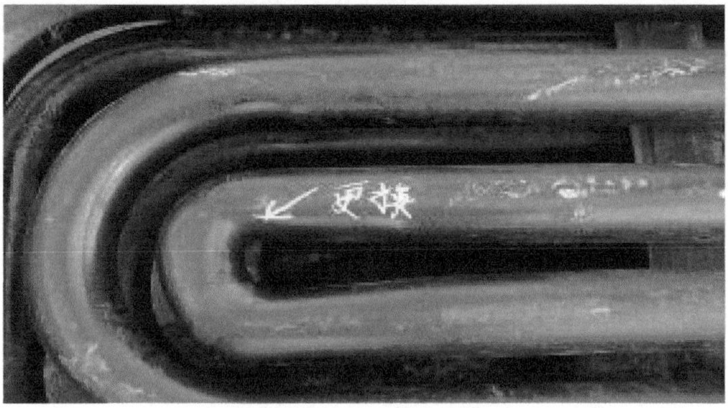

图 1-69　低温再热器圆度超标

成排弯管子的圆度≤12%。其他管子，当 R/D_0≤1.4 时，圆度≤14%；当 1.4<R/D_0<2.5 时，圆度≤12%；当 R/D_0≥2.5 时，圆度≤10%（R、D_0 的意义见图 1-70）。

弯管内弧侧若有明显的波纹，应按图 1-70 测量，也可用模板测量，波纹应同时满足：波纹幅度 $h=(d_1+d_3)/2-d_2 \leqslant 3\% \times D_0$；波距 $A>12h$；任何弯管沿管子中心线方向不应有宽度超过 12mm 的瘪痕。

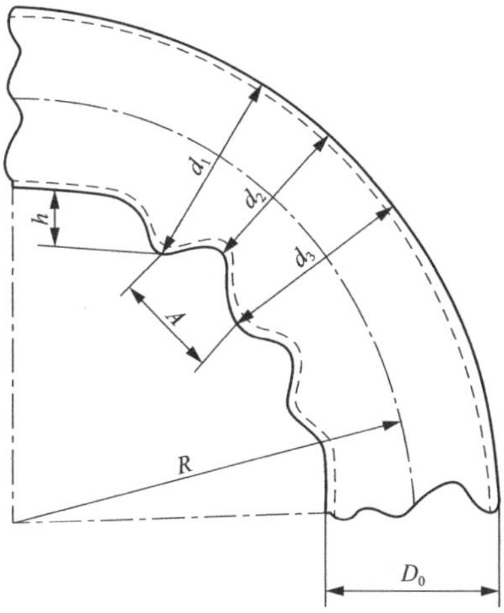

图 1-70　弯管内弧侧波纹

弯管的角度偏差应符合以下要求：公称外径 D_0≤108mm 的管子，弯管平面弯曲角度偏差不超过 ±1°；公称外径 D_0>108mm 的管子，弯管平面弯曲角度偏差不超过 ±30′；当管子公称外径 D_0≥108mm 时，还应测两端间的距离，偏差不超过 ±4mm。

弯管外弧侧任一点的壁厚不得小于式（1-2）的计算值

$$\delta_a \geqslant \delta_{min} \times \left(1-\frac{1}{4R/D_0+2}\right) \tag{1-2}$$

$$\delta_{min}=\delta_t+C_1 \tag{1-3}$$

$$\delta_t = \frac{pD_0}{2\varphi_{\min}[\sigma] + p} \qquad (1\text{-}4)$$

式中 δ_a——弯管外弧侧壁厚，mm；

D_0——管子公称外径，mm；

R——弯管平均弯曲半径，mm；

$\delta_{\min}$——直管最小需要壁厚，mm，按 GB/T 16507.4——2013《水管锅炉　第 4 部分：受压元件强度计算》；

δ_t——直管计算壁厚，mm，按 GB/T 16507.4—2013 计算；

C_1——根据燃煤确定的腐蚀裕量，一般取 0.5mm；

p——计算压力，MPa；

［σ］——设计温度下材料的许用应力，MPa；

$\varphi_{\min}$——最小减弱系数，对于无缝管取 1。

当钢管外直径 D_o 与内直径 D_i 之比小于等于 1.7 时，GB/T 50764—2012《电厂动力管道设计规范》和 DL/T 5054—2016《火力发电厂汽水管道设计规范》中关于弯管外弧侧最小壁厚 S_{om} 计算见式（1-5）、式（1-6）。锅炉受热面管的外直径 D_o 与内直径 D_i 之比通常小于等于 1.7，故也按式（1-5）、式（1-6）计算了锅炉受热面管弯管外 / 内弧侧的最小壁厚。

$$S_{om} = \frac{pD_o}{(2[\sigma]^t\eta / I + 2Yp)} + C \qquad (1\text{-}5)$$

$$I = \frac{4(R/D_o)+1}{4(R/D_o)+2} \qquad (1\text{-}6)$$

式中 D_o——管子外直径，mm；

η——许用应力修正系数，对无缝钢管取 1.0；

Y——修正系数，对铁素体钢，482℃及以下时 Y=0.4，510℃时 Y=0.5，538℃及以上时 Y=0.7；对奥氏体钢，566℃及以下时 Y=0.4，593℃时 Y=0.5，621℃及以上时 Y=0.7 中间温度的 Y 值可按内插法计算；

C——腐蚀、磨损和机械强度要求的附加厚度，对于存在汽水两相流介质管道及超超临界参数机组的主蒸汽管道和高温再热蒸汽管道，可取 1.6～2mm。

表 1-5 示出了采用不同标准计算的锅炉受热面管弯管外弧侧最小壁厚。比较可见：GB/T 50764—2012 计算的弯管外弧侧最小需用壁厚大于 GB/T 16507.4—2013 的计算值，其差异主要是附加壁厚的选取。按 GB/T 50764—2012 附加壁厚 C 选 1.6mm，GB/T 16507.4—2013 中选 0.5mm；若选取相同的附加壁厚，则三个标准（包括 DL/T 5054—2016）对弯管外弧侧的壁厚控制基本一致。

对受热面弯管，可按照式（1-5）计算弯管内弧侧壁厚，其中的弯管或弯头的修正系数 I 按式（1-7）计算。

$$I = \frac{4(R/D_o)-1}{4(R/D_o)-2} \qquad (1\text{-}7)$$

表 1-5　　采用不同标准计算的锅炉受热面管弯管外 / 内弧侧最小壁厚

管种	弯管规格（mm）	设计参数	材料 /[σ]	R/D_0	D_o/D_i	弯管外 / 内弧侧最小壁厚（mm）	
						GB/T 16507.5	GB/T 50764
高温过热器	ϕ50.8×7.5 R=150	549℃ p=28MPa	T91/105.6MPa	2.95	1.42	6.0/6.7	6.9/7.8
	ϕ45×8.2 R=150	588℃ p=28MPa	TP347HFG/88.5MPa	3.33	1.57	6.2/7.3	7.4/8.4
屏式过热器	ϕ45×9.8 R=170	588℃ p=28.6MPa	T92/86MPa	3.78	1.77	6.5/6.9	7.4/8.0
过渡段前墙水冷壁	ϕ31.8×6.5 R=57	495℃ p=32.9MPa	15CrMoG/104MPa	1.79	1.79	4.4/5.2	5.6/6.4

计算结果在表 1-5 中列出，由表可见，按强度考虑弯管内弧侧的壁厚明显应厚于外弧侧。所以，对受热面弯管和汽水管道弯管，不光要检查外弧侧的壁厚，还应重视内弧侧的壁厚检查。图 1-71 示出了 12Cr1MoVG（ϕ38×4mm）钢制弯头内弧侧的爆裂形貌。

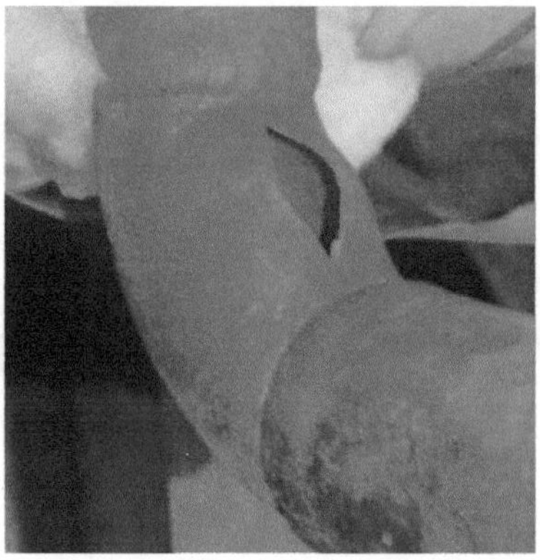

图 1-71　弯头内弧侧爆裂形貌

6. 受热面管焊缝硬度及控制

DL/T 869—2012《火力发电厂焊接技术规程》规定：低合金钢制受热面管同种钢焊接接头热处理后焊缝的硬度，不超过母材布氏硬度值加 100HBW，且不超过下列规定：合金总含量小于或等于 3%，布氏硬度值不大于 270HBW；合金总含量小于 10%，且不小于 3%，布氏硬度值不大于 300HBW。焊缝硬度不应低于母材硬度的 90%。9%～12%Cr 钢的焊缝硬度按 DL/T 438—2016 执行。DL/T 438—2016《火力发电厂金属技术监督规程》中规定 T91、T92 钢制受热面管焊缝硬度为 185～290HBW；异种钢或奥氏体耐热钢焊缝的硬度按 DL/T 752—2010《火力发电厂异种钢焊接技术规程》执行：焊缝的布氏硬度不应超过两侧母材硬度平均值的 30% 或低于较低侧母材硬度的 90%，对不进行焊后热处理和采用奥氏体或镍基焊材的焊接接头，可不进行硬度检验。

《金属材料焊接工艺规程及评定——焊接工艺评定试验　第 1 部分：钢的氩弧焊、气体保护焊和镍及镍基合金氩弧焊》(ISO 15614-1：2017)(*Specification and qualification of welding procedures for metallic materials-Welding procedure test Part 1: Arc and gas welding of steels and arc welding of nickel and nickel alloys*)中规定：9Cr1MoV 钢焊缝的硬度低于等于 350HV10(333HBW)，但该规程同时要求焊缝的冲击吸收能量 KV_2 不低于母材，焊接接头弯曲无裂纹。

工程中有时出现 T91 或 T92 钢焊缝硬度高于 290HB 的情况，例如，某电厂 1000MW 机组锅炉 T91 钢制二级过热器上部管屏不少焊缝硬度超过 290HB，尽管有的硬度没超出 ISO 15614-1：2017 的规定，现场随机割取 6 根管样(309～369HBW)，对焊接接头进行弯曲试验，硬度为 309HBW、322HBW 的焊接接头面弯、背弯无裂纹，硬度 330HBW、340HBW、350HBW 和 369HBW 的 4 根管样，弯曲试验后均出现裂纹或断裂(见图 1-72)，断裂试样焊缝的马氏体组织粗大(见图 1-73)。

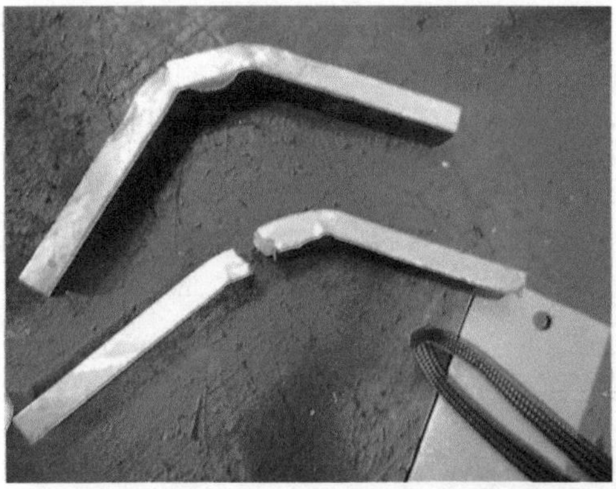

图 1-72 T91 管焊接接头弯曲试验断裂

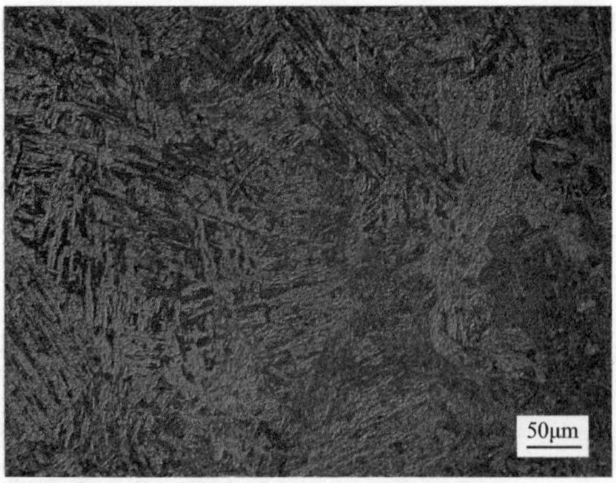

图 1-73 焊缝粗大的马氏体组织

工程中常发现受热面管硬度不满足 DL/T 438—2016《火力发电厂金属技术监督规程》中的规定，一般多低于硬度下限。这其中确有一些管段硬度偏低，但也有不少属于现场硬度检测的不准确所致。所以，准确的硬度检测可为锅炉受热面管的质量评估提供必要的技术支持。例如，某电厂 350MW 超临界机组锅炉 T91 钢制高温过热器出口集箱散管，安装公司现场采用里氏硬度计检测的硬度 145HBW 左右，第三方检验为 170HBW 左右，不满足 DL/T 438—2016 中 T91 钢管硬度 180～250HBW 的规定，为此电厂割取一根带 2 个弯管的“S”形管样又委托另一检测机构检测，该检测机构采用里氏硬度计检测的硬度 190HBW 左右。里氏硬度计是用规定质量的冲击体在弹力作用下以一定的速度冲击试样表面，用冲头在距试样表面 1mm 处的回弹速度与冲击速度的比值间接地换算硬度值。由于锅炉管壁厚较薄、质量较轻、刚性低必然会降低里氏硬度计冲头的回弹速度，所以检测的硬度值偏低。另一方面，由于采用的里氏硬度计的产地、型号不同，工件表面粗糙度、检测场地环境、检验人员的经验等，也会对检测结果带来较大的误差。DL/T 438—2016 规定：钢管的硬度检验，可采用便携式里氏硬度计按照 GB/T 17394.1—2014《金属材料里氏硬度试验　第 1 部分：试验方法》测量；一旦出现硬度偏离 DL/T 438 的规定值，应在硬度异常点附近扩大检查区域，检查出硬度异常的区域、程度，同时采用便携式布氏硬度计测量校核。同一位置 5 个布氏硬度测量点的平均值应处于 DL/T 438—2016 中的规定范围，但允许其中一个点不超出规定范围的 5HB。

关于受热面管的硬度控制与测量，参见附录 B 火电机组金属部件的硬度检测与控制。

第二节　锅炉集箱缺陷

集箱是锅炉的重要部件，高温过热器集箱在高温高压下运行。水冷壁集箱相对于高温过热器集箱温度较低，但压力略高于高温过热器集箱。高温再热器集箱相对于高温过热器集箱压力较低，但温度却略高于高温过热器集箱。集箱的缺陷主要表现为筒体原材料缺陷和制造焊接缺陷，这些缺陷均会导致集箱的早期失效，所以，控制集箱的原材料缺陷和制造焊接缺陷，可为集箱的安全运行提供重要的技术支持。

一、原材料缺陷

集箱筒体原材料缺陷主要为：①筒体材料表面缺陷，筒体壁厚差超标；②筒体材料硬度偏低或不均匀，力学性能不满足相关标准规定。

图 1-74 示出了某电厂 1000MW 机组二级过热器入口集箱筒体表面的折叠（P12，ϕ356×72mm）。DL/T 438—2016《火力发电厂金属技术监督规程》规定：集箱筒体母材不允许有裂纹、折叠、轧折、结疤、离层、腐蚀坑等缺陷，筒体表面的裂纹、尖锐划痕、擦伤和凹陷以及深度大于 1.5mm 的缺陷应完全清除，清除处的实际壁厚不应小于壁厚偏差所允许的最小值，且不应小于按 GB/T 16507.4—2013《水管锅炉　第 4 部分：受压元件强度计算》计算的最小需要厚度。

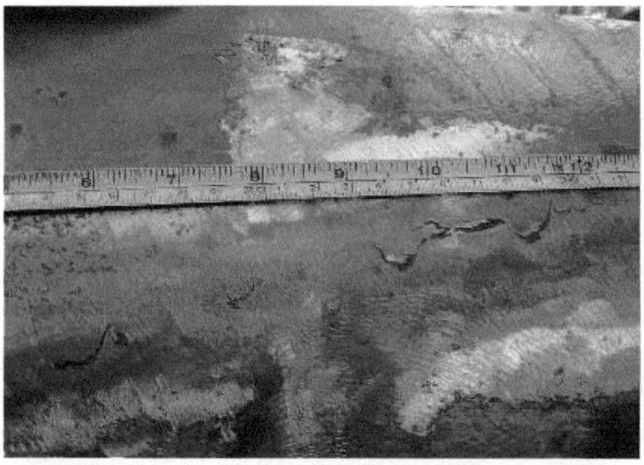

图 1-74　二级过热器入口集箱筒体表面折叠

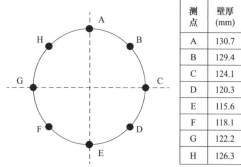

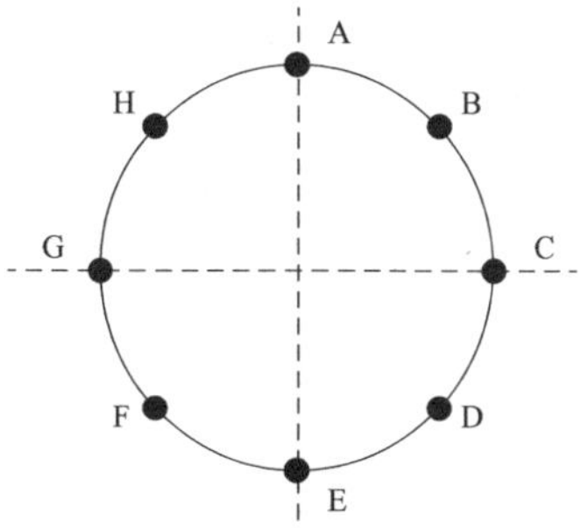

测点	壁厚 (mm)
A	130.7
B	129.4
C	124.1
D	120.3
E	115.6
F	118.1
G	122.2
H	126.3

图 1-75　某电厂集箱筒体壁厚测量示意图

某电厂 680MW 超临界机组 4 号炉高温过热器出口右侧集箱（P91，ϕ609.6×120mm）筒体中有一段（共 4 段）由于壁厚不均匀（测量值见图 1-75）导致两筒体对口错边超标，由图 1-75 可见，壁厚最大的 A 点为 130.7mm，与之 180° 对应的 E 点壁厚最小为 115.6mm，厚度偏差达 15.1mm。

工程中常发现集箱筒体的硬度偏低或不均匀。例如，某电厂 1000MW 机组 6 号炉安装前检查发现屏式过热器出口集箱（P92，ϕ635×98mm）局部硬度偏低，最低硬度值 151HB，随后在低硬度点区域扩大检查，发现筒身 1/3 圆周 ×1400mm（轴向长度）瓦片状区域的硬度为（150～171HBW），低于 DL/T 438—2016 中 P92 钢制部件硬度值 180～250HBW 的下限，表明集箱筒体原材料硬度不均匀，对该集箱予以更换。

二、集箱制造缺陷

集箱制造缺陷主要为：①焊接缺陷：裂纹、咬边、凹坑、未填满、气孔、漏焊和内部缺陷；②错用材料；③筒体或焊缝硬度异常；④几何尺寸缺陷：接管变形、焊缝错口、筒体壁厚不满足设计要求、接管位置安装错误、漏钻孔以及接管座几何尺寸缺陷；⑤筒体表面损伤：机械划伤、凹坑、气割熔坑或焊接修补后不平整；⑥管内或管口异物：管内有焊瘤、铁屑、熔渣等异物及管口加工毛刺。

1. 焊接缺陷

GB/T 16507.6—2013《水管锅炉　第 6 部分：检验、试验和验收》中规定：受压元件的焊接接头应进行外观检验，至少应满足以下要求：①焊缝外形尺寸应符合设计图样和工艺文件要求；②对接焊缝高度应不低于母材表面，焊缝与母材应平滑过渡，焊缝和热影响区表面无裂纹、夹渣、弧坑和气孔；③锅筒、集箱的纵环焊缝即封头的拼接焊缝无咬边，其余焊缝咬边深度不超过 0.5mm，管子焊缝两侧咬边总长度不超过管子周长的 20%，且不超过 40mm。DL/T 438—2016《火力发电厂金属技术监督规程》中：集箱筒体焊缝和接管座角焊缝不允许存在裂纹、未熔合以及气孔、夹渣、咬边、根部凸出和内凹等超标缺陷，接管座角焊缝应圆滑过渡。

集箱的焊缝缺陷多发生在接管座角焊缝和环焊缝。缺陷类型主要为裂纹、咬边、凹坑、未填满、气孔、漏焊和内部缺陷。图 1-76 示出了一些集箱接管座角焊缝的裂纹、咬边形貌，图 1-76（a）为某电厂 600MW 超临界机组运行 70 天，高温再热器入口集箱（12Cr1MoVG，ϕ736.6×52）垂直向上的接管（T23，ϕ50.8×3.5 mm）角焊缝焊趾开裂。图 1-76（b）为某电厂 5 号炉后屏过热器入口集箱（P91，ϕ457×75mm）接管（T91，ϕ51×15mm）角焊缝未焊满及咬边，最大深度 3.5mm。图 1-76（c）为某电厂 6 号机组锅炉高温过热器出口集箱封头手孔接管座角焊缝整圈裂纹形貌。图 1-76（d）为某电厂 600MW 超临界机组运行 15000h、启停 16 次侧墙水冷壁集箱（P12，ϕ2738×60mm）4 个接管座角焊缝管侧熔合线处开裂。接管材料为 15CrMoG，规格 ϕ31.8×6.2 mm，其中 2 个接管座角焊缝裂纹约占管子圆周的 1/2。

集箱接管座角焊缝开裂以 12Cr1MoVG 钢制集箱与 T23 接管和厚壁集箱接管角焊缝最为常见。图 1-76（a）所示的 T23 钢制接管角焊缝开裂，检查 30 个管座，就有 14 个存在裂纹，分析表明：薄壁 T23（壁厚 3.5mm）接管与厚壁 12Cr1MoVG 钢制集箱筒体（壁厚 52mm）角焊缝处的拘束度大，若接管与集箱筒体角焊缝存在咬边（≤0.5mm，

(a) 集箱接管座角焊缝裂纹

(b) 集箱接管座焊缝严重咬边

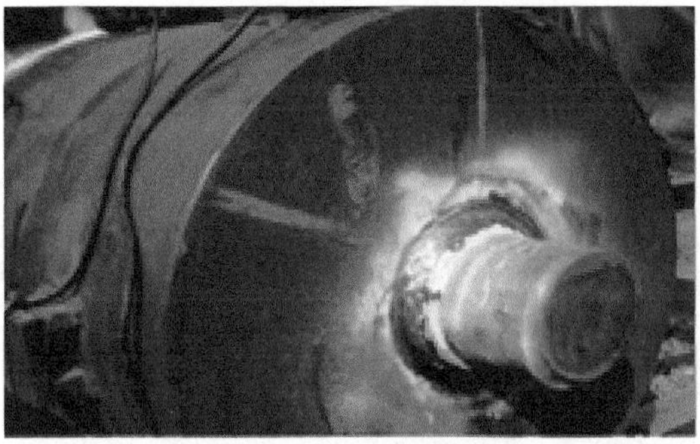

(c) 集箱封头手孔接管座角焊缝裂纹

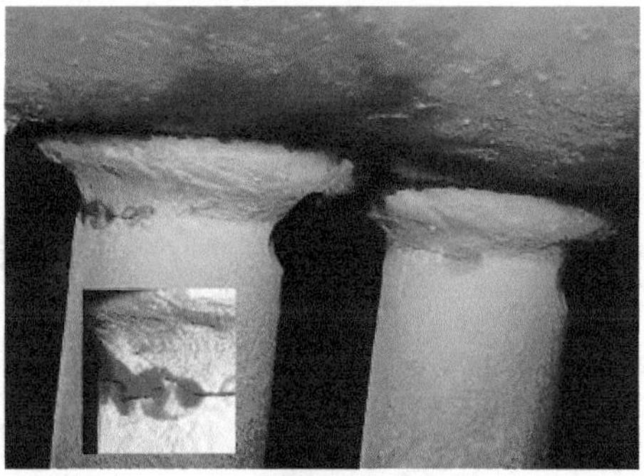

(d) 集箱接管座角焊缝裂纹

图 1-76　集箱接管座角焊缝裂纹、咬边形貌

尽管这些咬边是标准所允许的)，仍会减少管子壁厚，同时咬边还会引起应力集中；焊缝热影响区粗晶区出现马氏体组织（见图 1-77)，相应区域的硬度高达 290HBW，导致焊缝热影响区脆性增大，在外力作用下易于开裂。随后将接管更换为 12Cr1MoVG 接管（ϕ50.8×4.5mm)，此后运行良好。

图 1-77　焊缝 HAZ 的组织（回火贝氏体 + 马氏体）

超超临界锅炉由于压力高达 26～30MPa 甚至更高，所以一些低合金钢制集箱的壁厚远大于高温高压锅炉的集箱壁厚，例如，1000MW 机组锅炉 12Cr1MoVG 钢制包墙下集箱、屏过进口混合集箱、过热器一级减温器，SA106C 钢制省煤器集箱的壁厚通

常达 100mm，再热温度高达 620℃的二次再热高效超超临界锅炉 12CrMoG 钢制集箱壁厚达 180mm，P92 钢制集箱的壁厚高达 160mm。由于集箱壁厚较大，接管座部位焊接的拘束度大大增加，往往导致接管座角焊缝出现裂纹。某电厂 1000MW 机组锅炉省煤器集箱筒体材料为 SA106C，接管材料为 SA105、SA210C、15CrMoG，吊耳材料为 15CrMo，检查发现各类接管座和吊耳角焊缝共计 410 处开裂；水冷壁下集箱材料为 SA106C，接管材料为 SA105、15CrMoG，上集箱材料为 12Cr1MoVG，中间集箱材料为 SA106C，接管材料为 15CrMoG、SA105，共计 250 个角焊缝开裂。图 1-78 示出了集箱管座裂纹的形貌。微观分析表明，裂纹多为再热裂纹，裂纹产生在集箱筒体侧焊缝热影响区的粗晶区，终止于筒体侧热影响区的细晶区（见图 1-79）。焊后热处理前探伤未发现裂纹，多数在热处理后发现或放置几天后出现。裂纹产生的区域，大部分焊缝成形不良。

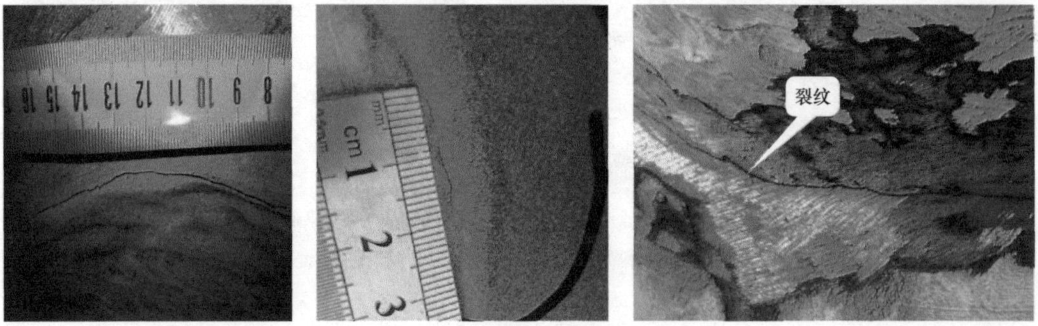

图 1-78　集箱管座裂纹形貌

某电厂 1000MW 机组 2 号炉安装吹管前、后，低温过热器出口集箱、分隔屏入口集箱、顶棚过热器入口集箱、水冷壁出口集箱等三通支管焊缝发现 44 道焊缝存在裂纹，该类焊缝共 57 道，缺陷率高达 77%。裂纹主要发生在不同规格的 12Cr1MoVG 钢制集箱三通焊缝下边缘熔合线处（见图 1-80），裂纹在焊缝熔合线处沿焊缝周向延伸，方向基本与焊缝平行，部分裂纹为整圈开裂，部分裂纹为局部开裂。局部开裂的裂纹，裂纹最短 10mm 左右，最长的整圈周向开裂长约 1100mm。检查碳钢三通焊缝未发现裂纹。

对于厚壁集箱的接管座角焊缝裂纹的防止，主要从以下几方面采取措施：

（1）适当调整焊材化学成分，在标准范围内，适当降低 C、Cr、Mo、V 含量以降低焊缝金属强度、提高焊缝金属的韧性和高温塑性，降低再热裂纹敏感性。

（2）适当提高焊前预热温度，增加焊接后热消氢处理，可延缓焊接冷却速度，降低焊接残余应力。

（3）采用小的焊接能量，减少热输入，改善母材热影响区的组织，降低焊接残余应力。

（4）设计合理的角焊缝焊角高度，减少熔敷金属的填充量，可降低焊缝残余应力；避免焊缝微裂纹、咬边、未熔合等缺陷，降低应力集中。

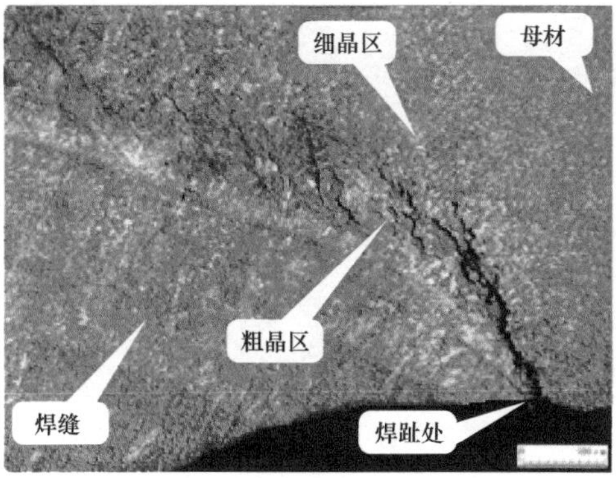

图 1-79 集箱管座裂纹的微观形貌

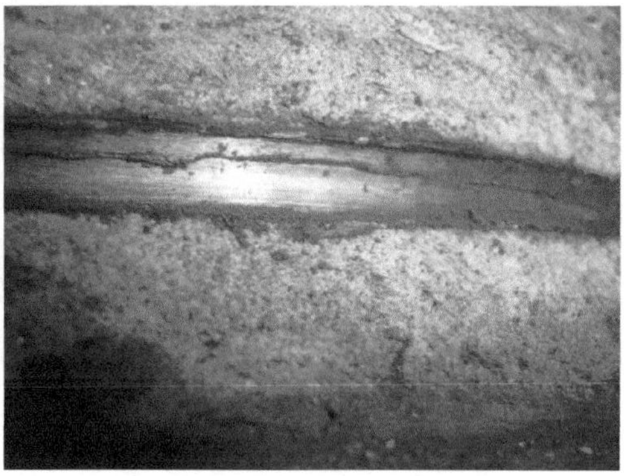

图 1-80 集箱三通焊缝下侧的裂纹

（5）选择合理的焊后热处理工艺，尽量缩短在裂纹敏感温度区间的保温时间。

与汽水管道焊缝一样，集箱环焊缝也常发现裂纹，图 1-81 为 P92 钢制集箱（ϕ593×72mm）环焊缝环向裂纹和 15CrMoG 钢制屏式过热器集箱环焊缝横向裂纹（长 23mm）。

(a) 环焊缝环向裂纹

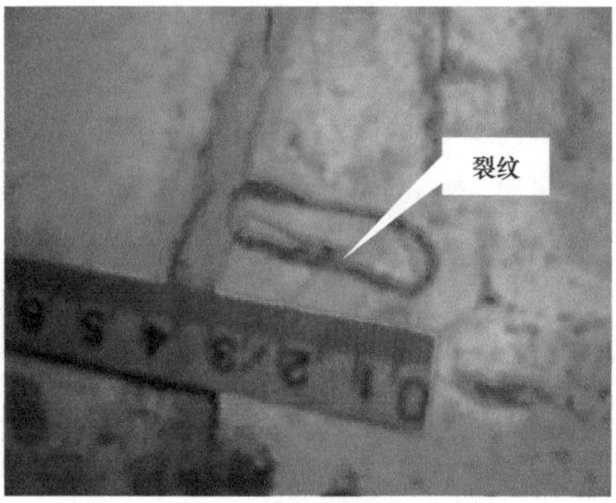

(b) 环焊缝横向裂纹

图 1-81 集箱环焊缝裂纹

有时在 P91、P92 钢制集箱、管道焊缝中发现图 1-82 所示的黑色影线。上海锅炉厂和江苏电力装备有限公司分别对 P91、P92 钢制集箱、管道焊缝中的黑色影线进行了试验研究，制备 P91、P92 钢模拟正常焊接试样，在试样的横截面发现如图 1-82 所示的线状黑色影线。若对试样重新正火，则线状黑色影线消失，表明黑色影线是在回火过程中产生，可通过正火消除。对有黑色影线的 P91 正常焊接试样进行的拉伸、弯曲、冲击和硬度试验结果均满足相关标准要求。对黑色影线的能谱分析表明：影线区域碳化物较密集，主要是 Cr、Mo、V 的碳化物，有害元素未在阴影线上偏聚，且影线上的碳化物颗粒与影线外的颗粒大小基本一致。

2. 错用材料

某电厂 600MW 超临界机组 6 号炉水平烟道底墙水冷壁出口集箱筒体（ϕ323.9×65mm）设计材料为 P12，经光谱检验发现钢印侧筒节材料为碳钢（见图 1-83）。

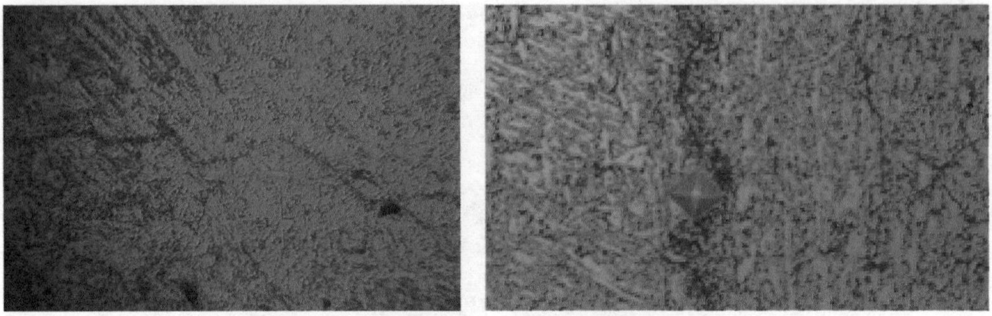

图 1-82　P91 钢制集箱焊缝中的黑色影线

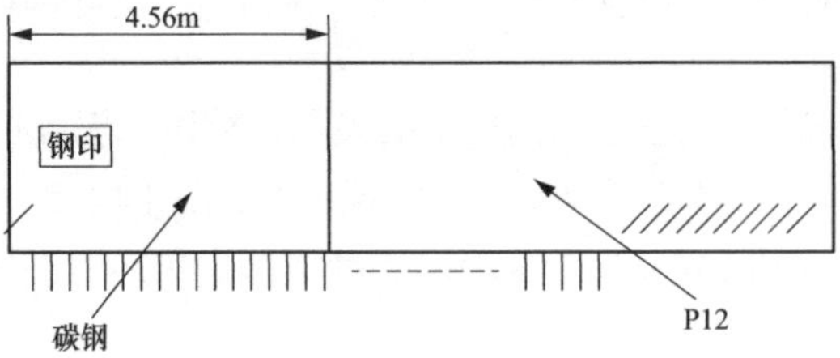

图 1-83　水冷壁出口集箱筒体错材

某电厂 5 号炉后竖井包墙集箱、水平烟道包墙集箱设计材料为 12Cr1MoVG，但光谱检查为 15CrMoG。某电厂 1 号炉过渡段水冷壁 9 号集箱经光谱检验发现侧封头焊缝（原材质为 P12）半圈焊缝为碳钢，与原材质不相符，补焊焊条错材。

导致错材的原因主要是制造厂质量管理不到位，对母材错用低于设计材质性能的材料应予更换，焊缝错材则需挖补重焊。

3. 集箱筒体、接管硬度偏离标准规定

工程中常发现集箱筒体的硬度偏低或不均匀。例如，某电厂 1000MW 机组 6 号炉一 P91 钢制高温过热器入口集箱筒体硬度为 128、130、131HBW，且微观组织中出现铁素体（见图 1-84），随后对该集箱重新正火 + 回火后硬度和金相组织恢复正常。

某电厂一台 1000MW 机组锅炉 P91 钢制高温过热器入口集箱筒体焊缝硬度为 295、297、291HBW，高于 DL/T 438—2016 规定的上限 270HBW，金相组织检查马氏体板条粗大（见图 1-85）。对于筒体或焊缝硬度高于标准上限的集箱，通常再次进行回火。

除了集箱筒体、焊缝的硬度偏离标准规定外，工程中也常发现集箱接管的硬度偏离 DL/T 438—2016 的规定。例如，检查某电厂 350MW 超临界锅炉 12Cr1MoVG 钢制低温过热器集箱接管（12Cr1MoVG）及焊缝硬度，发现接管母材硬度偏低（140HBW），焊缝硬度偏高（285HBW），母材与焊缝的硬度差高达 145HBW，超出 DL/T 869—2012 中母材与焊缝的硬度差不大于 100HBW 和焊缝硬度不大于 270HBW 的规定。

4. 集箱筒体几何尺寸缺陷与表面损伤

在集箱壁厚检测中常发现环焊缝两侧壁厚低于图纸要求。例如，某电厂 6 号炉后竖井包墙集箱（15CrMoG，ϕ190.7×40mm）一条环焊缝两侧筒体壁厚小于设计厚度，检

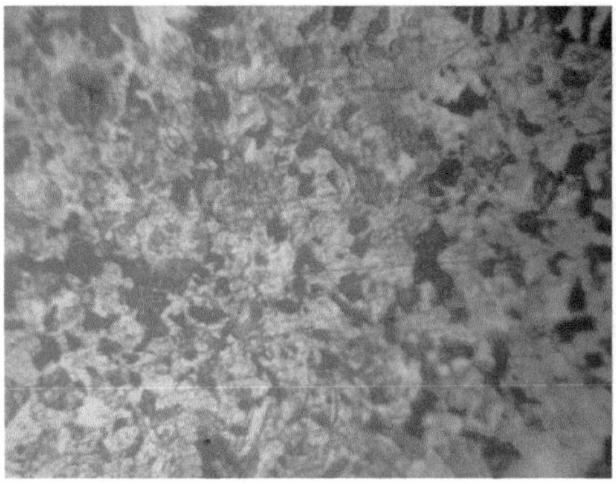

图 1-84　P91 集箱筒体微观组织中的铁素体

图 1-85　P91 钢集箱筒体焊缝粗大的马氏体

测的最小壁厚为 34.9mm，也低于锅炉制造厂强度计算的最小壁厚 36.5mm。导致这种情况主要是由于集箱筒体对接时内壁加工钝边所致（见图 1-86）。若环焊缝两侧壁厚小于集箱筒体强度计算的最小壁厚，则不满足强度要求；即使环焊缝两侧壁厚满足强度计算的最小壁厚，由于焊缝是集箱筒体的薄弱区，环焊缝两侧壁厚的减薄也会给集箱运行带来潜在的安全隐患。

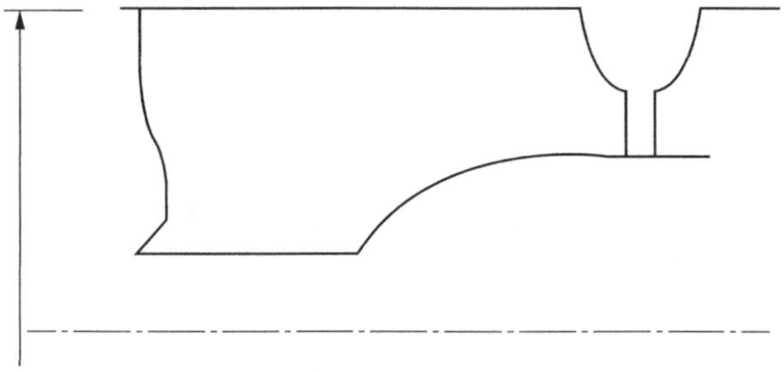

图 1-86　集箱筒体内壁钝边

工程中有时发现集箱筒体环焊缝错边超出 GB/T 16507.5—2013《水管锅炉　第 5 部分：制造》的规定，GB/T 16507.5—2013 规定：集箱类部件筒体环焊缝的坡口内壁应尽量对准并平齐，当筒体的外径和壁厚相等时，外表面的错口值不应超过壁厚的 10%，最大不超过 4mm，超出上述规定或筒体外径不同使错口值超差时，应将超出部分削薄。内表面的错口不超过壁厚的 10% 加 0.5mm；大于 1mm 时，超出部分应削薄。图 1-87 所示的 P92 钢制集箱（ϕ635×98mm）筒体环焊缝外表面的局部最大错边量达 5.2mm，但未见削薄。该集箱环焊缝错边超差主要是筒体两侧管段局部壁厚不均所致。

某电厂 4 号炉末级过热器出口集箱（P91，ϕ609.6×120mm）筒体（共 4 段）轴向和周向壁厚偏差较大。1 号截面的 A 点壁厚 130.7mm，E 点壁厚 115.6mm，周向壁厚偏差 15mm；相邻段 6 号、7 号截面 D 轴线的壁厚分别为 144.6mm、121.8mm，轴向壁厚偏差 23.8mm（见图 1-88）。造成此种情况的原因为集箱筒体管段采用了不同制造商、不同规格的管段。

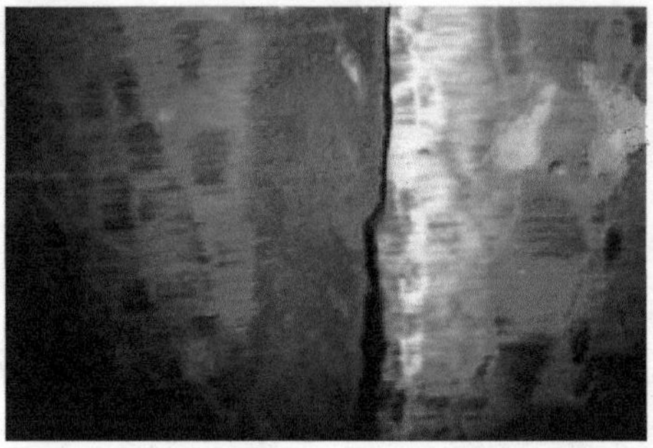

图 1-87　集箱筒体环焊缝错边

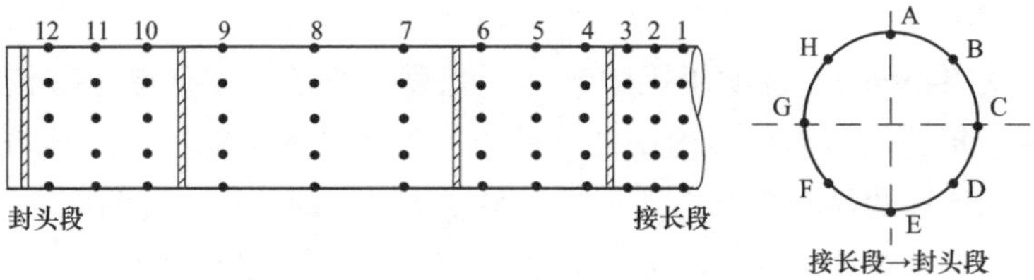

图 1-88　集箱筒体的周向、轴向壁厚差

集箱筒体壁厚不均会引起筒体受力不均匀，环焊缝两侧壁厚减薄会导致焊缝处应力集中，焊缝的错边会引起二次应力，加之焊缝是筒体的薄弱区，在服役过程中会加速失效。

焊缝错边引起的二次应力 Q_b 可用式（1-8）计算[5]。

$$\frac{Q_b}{P_m}=\frac{6e_1}{B_1(1-\nu^2)}\frac{B_1^b}{(B_1^b+B_2^b)} \tag{1-8}$$

式中　P_m——一次薄膜应力，沿截面厚度均匀分布的应力，MPa；

ν——材料的泊松比，无量纲；

b——指数，对于环焊缝 b=1.5。

式中其他符号的意义见图 1-89。

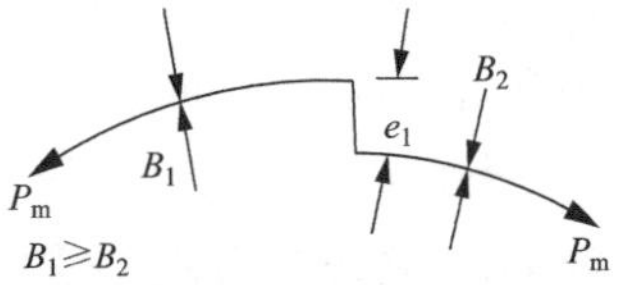

图 1-89　环焊缝错边应力计算参数

除了筒体的壁厚差、焊缝两侧壁厚减薄和错边等几何尺寸偏差外，集箱接管也常出现一些几何尺寸偏差。例如某电厂 6 号炉屏式过热器进口集箱（P12，ϕ219×45mm）一根接管偏斜约 15°（见图 1-90）。图 1-91 示出了某电厂 1 号炉高温过热器出口集箱长接管两排中心间距超标。接管的几何尺寸偏差会导致安装过程中接管与管屏对接偏差，产生强制对口，引起附加应力增大，导致锅炉运行中管子的早期失效。

图 1-90　屏式过热器入口集箱接管变形

图 1-91　高过出口集箱长接管两排中心间距超标

集箱筒体、接管也常出现裂纹、表面磨损。图 1-92 示出了某电厂 12Cr1MoVG 钢制集箱的表面龟裂形貌。图 1-93 为某电厂 2 号炉末级过热器入口集箱 1 根接管弯管处的磨损，实测壁厚 5.5mm，设计壁厚 9mm。

图 1-92　12Cr1MoVG 钢制集箱表面龟裂

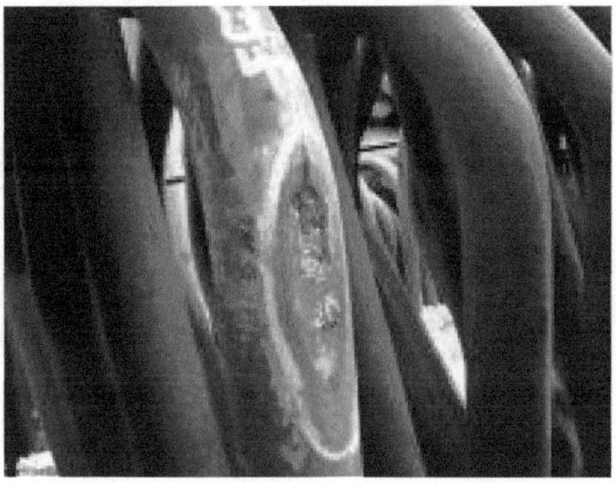

图 1-93　末级过热器入口集箱接管磨损

某电厂 1000MW 机组 1 号、2 号炉末级再热器左、右侧出口集箱各有接管 531 根，安装前现场超声波检测，发现 1 号炉右侧集箱 8 根接管、2 号炉左侧集箱 24 根接管（T92，ϕ76.2×13.8mm）存在裂纹、折叠超标缺陷（见图 1-94）。图 1-95 示出了某电厂 660MW 机组后包墙出口集箱（P12，ϕ216.3×44mm）第 27、65 根接管（15CrMoG，ϕ38.1×9mm）管口裂纹，长度分别为 25mm、40mm。

集箱接管的裂纹、表面磨损均会引起锅炉运行中管子的应力增大，导致管子早期失效。

5. 集箱内异物

锅炉集箱、受热面管屏在制造加工、安装过程中会存在异物。例如，管口的加工飞边、铁屑，焊接过程中管口附近的焊渣，安装过程中各类异物，均会阻碍水汽介质的流量和流速，特别对设计有节流孔圈的集箱或管子，管内异物更易堵塞节流孔圈（见图 1-96），导致管子超温，引起爆管。

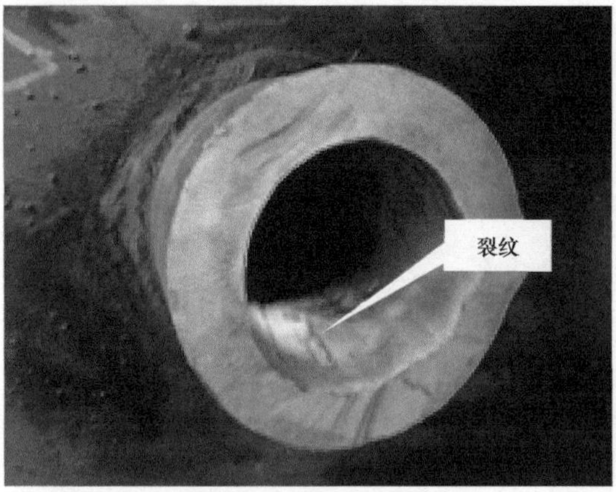

图 1-94 集箱接管内壁裂纹和折叠

图 1-95 集箱接管管口裂纹

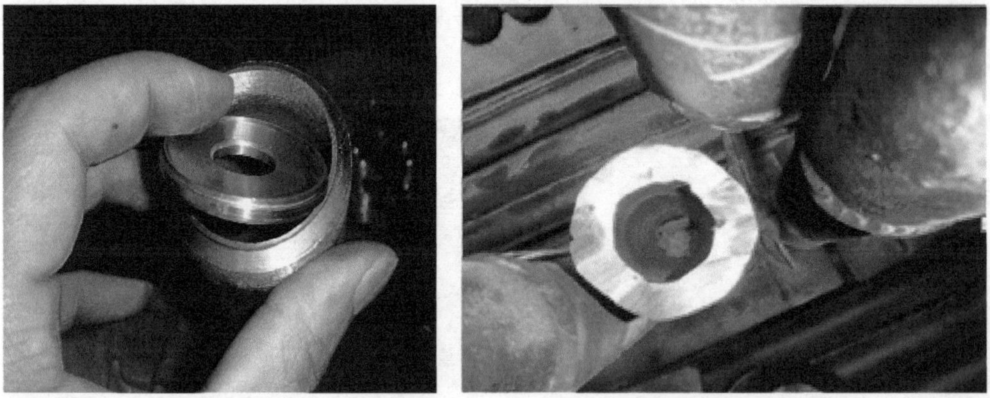

(a) 节流孔圈 (b) 后屏过热器管节流孔处堵塞

图 1-96 受热面管上节流孔圈堵塞

某电厂 660MW 超超临界机组锅炉水冷壁系统在水冷壁下部入口集箱出口短管上设置节流孔 448 个（见图 1-97）；分隔屏过热器共 8 屏，每屏设置 68 个节流孔；后屏过热器共 35 屏，每屏 19 根管，除 4 根管未设节流孔外，其余管均设节流孔；末级过热器共 56 屏，每屏 15 根管，除 2 根管未设节流孔外，其余管均设节流孔。过热器节流孔设置见图 1-98。机组安装期间进行锅炉清洁度检查，发现多个节流孔内有杂物，有的节流孔孔径错误。由于机组启动前对锅炉清洁度检查彻底，机组启动后运行良好。相反，另一电厂同样型号的锅炉，由于机组启动前对锅炉清洁度检查不彻底，机组在运行 6 个月期间由于受热面管内异物爆管 3 次。

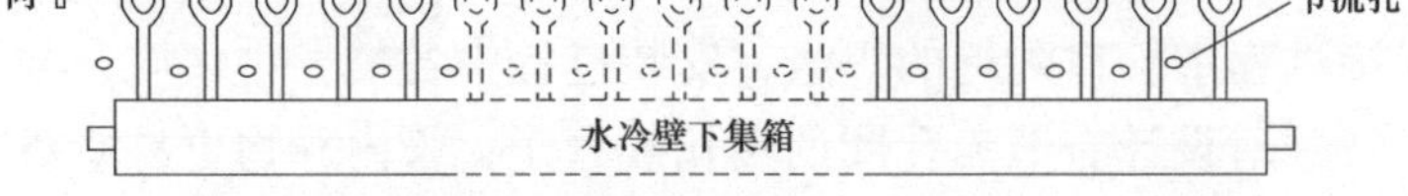

图 1-97 水冷壁下部入口集箱出口短管上节流孔位置

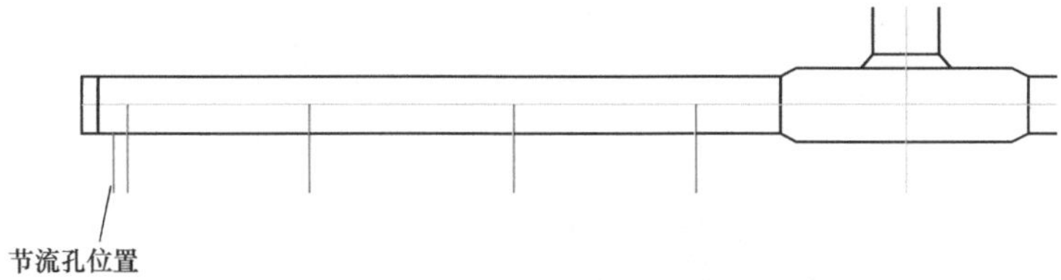

图 1-98　过热器集箱上节流孔位置

对于新投运机组，特别是（超）超临界锅炉，管内异物是锅炉爆管的重要原因。例如：国内最早的一台某电厂 300MW 超临界机组直流锅炉，因水冷壁管中有制造及安装时遗留的“眼镜片”、铁屑、焊渣等杂物，一年内曾发生 10 次爆漏，累计停运 1064.3h。某电厂 5 号机组在 168h 试运行中由于集箱内遗留物导致 2 次爆管，一次为屏式过热器爆管，另一次为高温过热器爆管。某电厂 3 号锅炉屏式过热器 6～8 屏、高温过热器 16～18 屏管子由于异物堵管出现 2 次超温胀粗，4 号炉出现 1 次爆管。

图 1-99 示出了某电厂 2 号炉末级过热器（T23）A 至 B 侧第 41 屏从前向后数第 3 根管子距弯管对接焊缝 210mm 处开裂的形貌，内窥镜检查发现距爆口上方 450mm 处存在异物堵塞，导致末级过热器短时超温爆管。

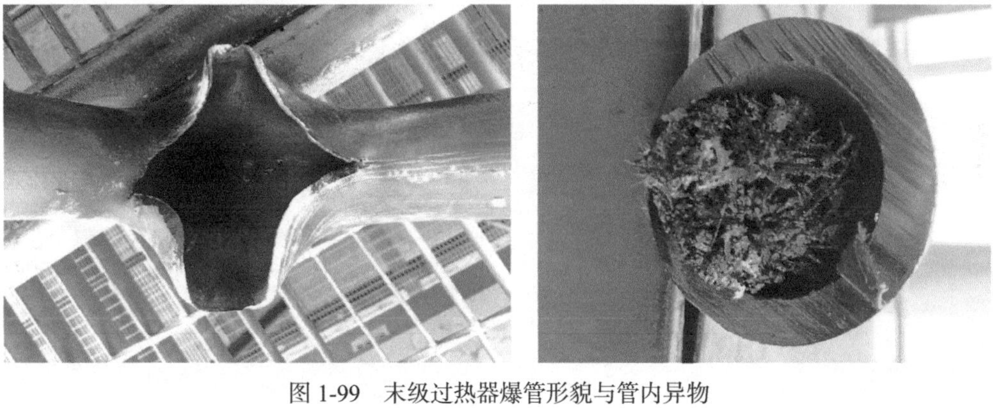

图 1-99　末级过热器爆管形貌与管内异物

某电厂 1000MW 超超临界机组运行 2.8 万 h 后，屏式过热器大包内出口管段泄漏（T92，ϕ44.5×8.1mm），泄漏管外表面有较厚氧化皮，爆口处鼓包（见图 1-100）。检查发现屏式过热器入口集箱内管孔异物堵塞。

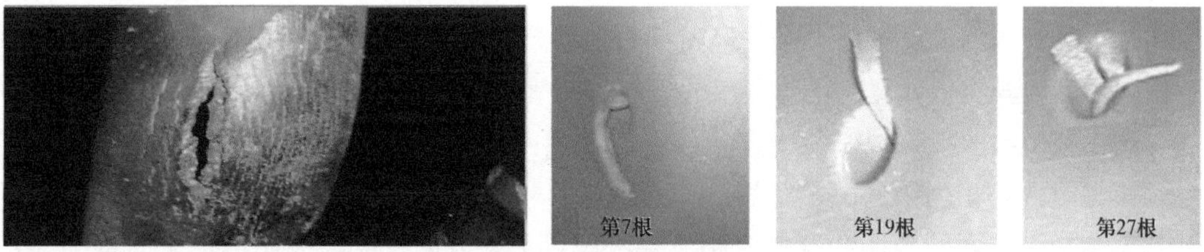

图 1-100　屏式过热器爆管形貌与管内异物

图 1-101 示出了某电厂 4 号炉高温过热器出口第 11 屏管（T92，ϕ45×11mm）爆管形貌，检查发现管子下弯头内有一个 M14×70mm 的单头螺栓。

图 1-101　高温过热器爆管形貌与管内螺栓

某电厂 5 号机组第二次 168h 试运行计 49h，负荷 600MW，T91 钢制高温过热器从左向右数第 17 排外从向内数第 12 根管爆管（见图 1-102），检查发现高温过热器入口集箱内存在异物，堵塞管孔导致超温爆管。

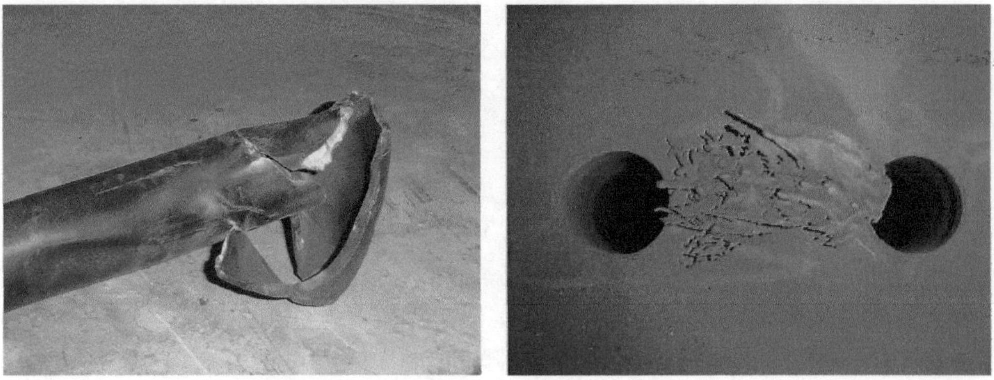

图 1-102　高温过热器爆管形貌与集箱内异物

集箱、管内的异物可在制造中产生，如钻孔后不倒角，火焰切割后不注意清渣或不正确的火焰切割，集箱封闭吹扫不彻底等，致使清洁度不良的部件运往安装现场。在安装阶段也会在集箱、管内产生异物，火焰切割的焊瘤、掉落的角磨头、焊材和杂物等。遗留在集箱、管内的细小铁屑、杂物经过锅炉酸洗及蒸汽吹管后还会凝结成渣块。图 1-103 示出了集箱内异物、铁屑，集箱管口的焊瘤以及集箱内壁端盖与筒体焊缝上的焊瘤。

图 1-104 示出了锅炉安装中集箱、受热面管内遗留的鹅卵石、磨头碎块、焊丝等异物以及黏附在集箱内壁的凝结渣块。

集箱、受热面管内清洁度的控制主要考虑以下几方面：①控制制造加工质量；②安装前检查；③集箱安装过程中异物的检查与控制；④合理的吹管工艺；⑤蒸汽吹管后的检查。

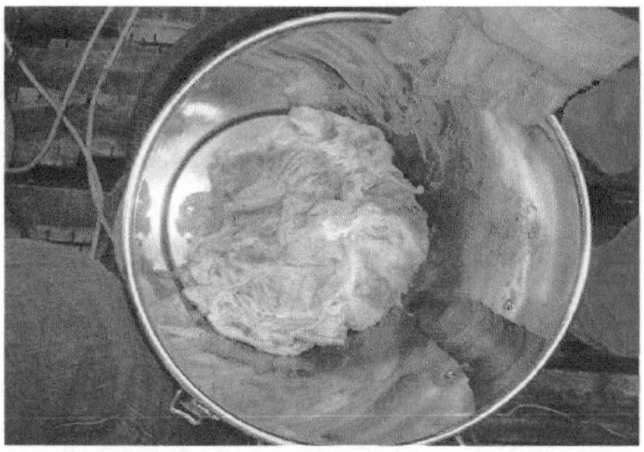

(a) 分隔屏入口集箱中的异物

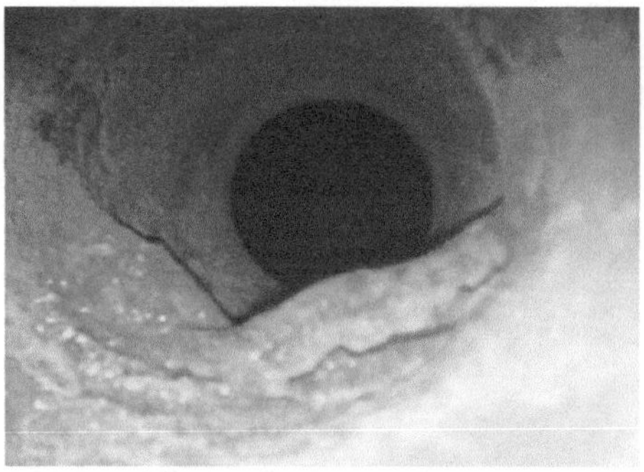

(b) 屏过出口集箱接管座孔边焊熘

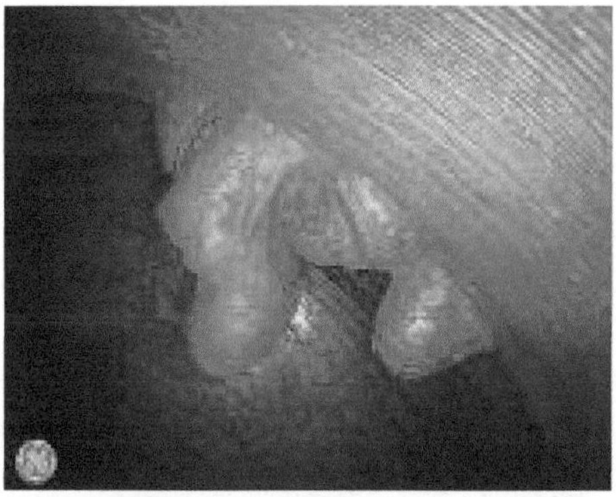

(c) 中隔墙进口集箱内壁端盖与筒体焊缝上的焊瘤

(d) 集箱内的铁屑

图 1-103　集箱内的异物

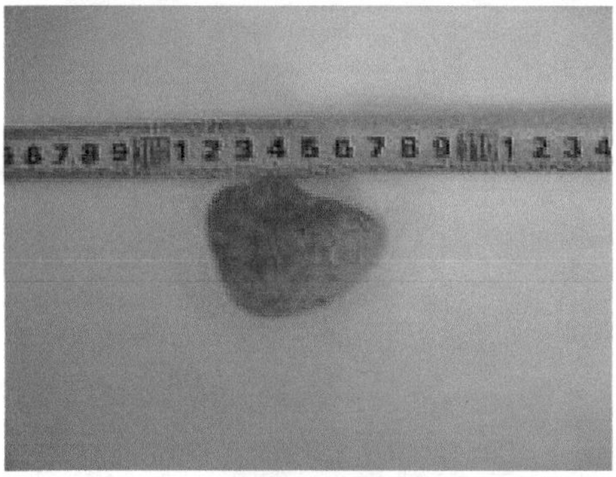

(a) 集箱内的鹅卵石

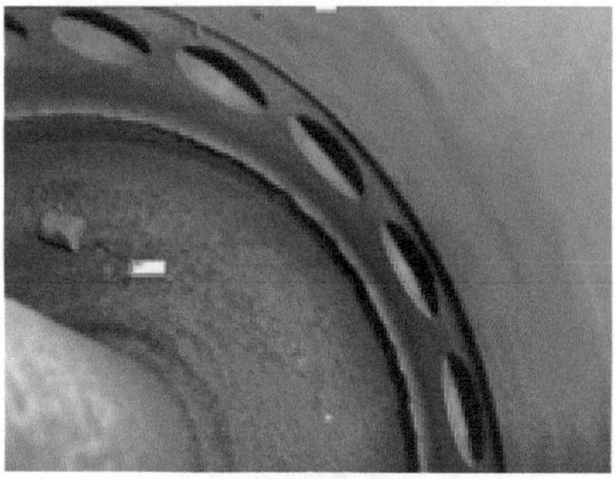

(b) 混合集箱内的磨头碎块

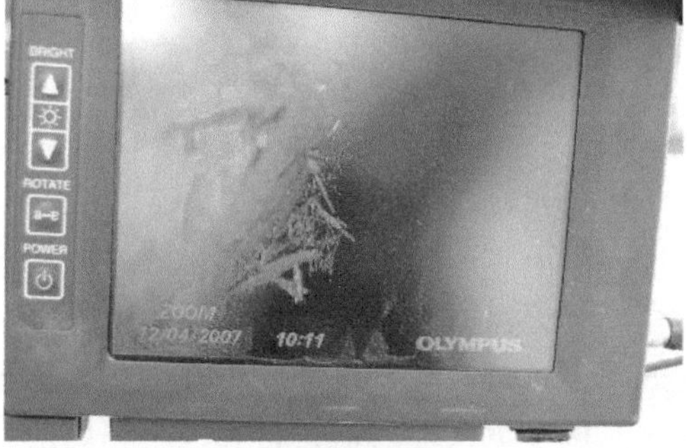

(c) 集箱内的焊丝头

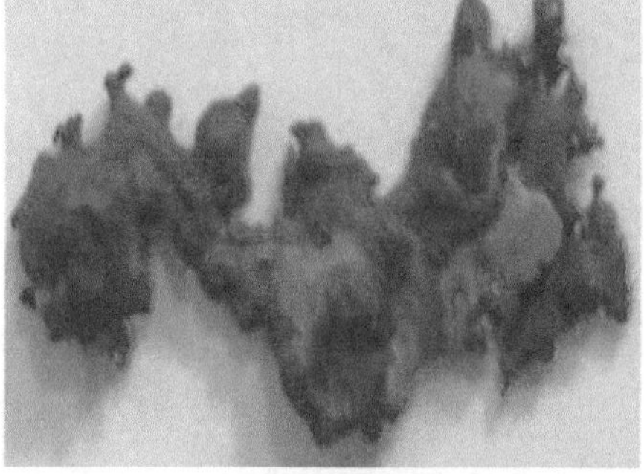

(d) 集箱内壁凝结渣块

图 1-104　集箱、受热面管内异物（一）

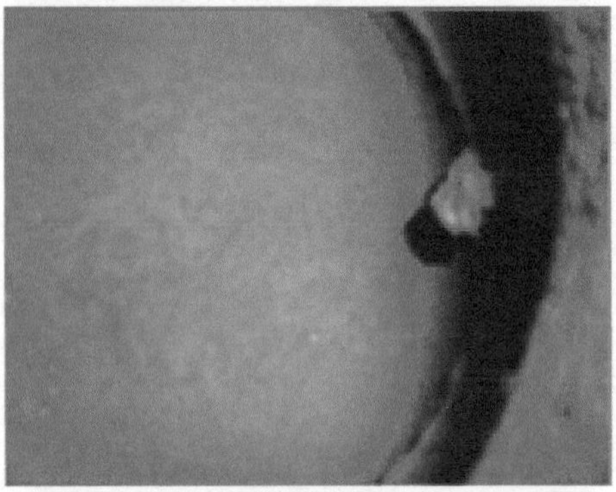

(e) 集箱内的焊渣

(f) 后屏过热器管内铁屑

(g) 末级过热器管内异物

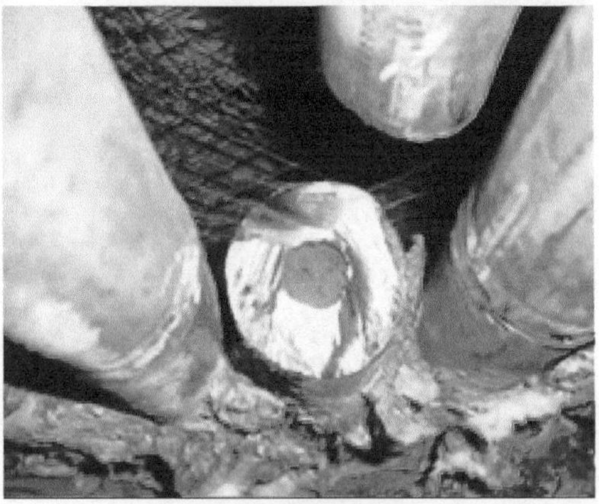

(h) 后屏过热器管内异物

(i) 末级过热器管节流圈内异物

图 1-104　集箱、受热面管内异物（二）

（1）控制制造加工质量。制造厂应充分认识到锅炉清洁度对超（超）临界锅炉运行安全的重要性，加强工序过程的检查控制，在每一道可能产生异物的工序结束时应及时清理。如：集箱筒身钻孔完成后，应对钻孔处内壁进行打磨，以清除钻孔毛刺；集箱水压试验后割除临时堵头时应使管口朝下或水平，以免铁水飞溅流入接管及集箱内部并黏附；集箱出厂前应进行压缩空气吹扫及内窥镜检查，合格后及时封堵接管管口。水冷壁、过热器、再热器管节流孔圈加工完成后，应采用同径专用工具进行通透检查，避免发生钻孔不均、不通透等现象。

（2）安装前检查。集箱吊装前应进行清洁度检查，尺寸大无端盖的集箱可直接进入内部检查，长度较短无端盖的集箱可采用强光手电目视检查，其他集箱采用内窥镜检查。注意集箱内部杂物有时会落入接管内弯管处，用压缩空气吹扫+吸尘器清除异物；检查接管座焊缝根部焊瘤，未消除的焊瘤处也易沉积其他异物；检查集箱出厂前水压试验后火焰割除各接管的临时封头产生的黏附在接管内侧的凝渣，随着机组的频繁启动，管子、集箱冷热交替及蒸汽吹扫，可使凝渣脱落而堵塞节流孔，即使不脱落也易在该处沉积异物。

（3）集箱安装过程中异物的控制。安装过程中严格控制磨头、焊条头、其他异物掉落集箱内或管内。集箱安装封焊最后一个手孔时对水冷壁、过热器、再热器、和煤器集箱进行 100% 内窥镜检查，防止安装过程中落入异物。

（4）合理的吹管工艺。与稳压吹管相比，降压吹管的给水和蒸汽质量较差，但降压吹管时热力系统维持水冷壁的最小循环流量，吹管时间短、消耗水量小，并可利用吹管压力温度的变化引起的热冲击提高吹管后集箱、管内的清洁度，同时尽可能增加吹管次数。

（5）蒸汽吹管后的检查。对集箱上装有节流孔的（超）超临界锅炉，蒸汽吹管后须割开高温过热器入口集箱、高温再热器入口集箱、屏式过热器入口集箱上的手孔或小接管再次进行内窥镜检查；采用射线检查所有有节流孔的受热面管及三叉管。因为在锅炉吹管后，尽管集箱经过吊装前检查（主要针对集箱制造和运输过程中异物的再检查）和集箱吊装后封最后一个手孔前检查（主要针对集箱安装过程中的异物检查），集箱、管内的残留异物往往会随着吹管气流聚集到有节流孔的高温过热器入口、高温再热器入口、屏过入口集箱。其次，吹管时部分细小的铁屑等杂物有可能在温度和压力的作用下凝聚成较大的渣块。亚临界锅炉吹管往往可以把杂物吹出锅炉受热面，但（超）超临界锅炉吹管后异物往往会在集箱的节流孔处聚集。此外，由于目前受热面异物清理主要针对集箱，而受热面管屏和连接管也可能存在残留异物，吹管会使这些异物聚集在高温过热器入口、高温再热器入口、屏过入口集箱内。同时对前 / 后包墙下集箱、省煤器入口集箱、低温再热器入口集箱、水冷壁下集箱、水冷壁中间过渡集箱进行内窥镜检查。表 1-6 示出了某电厂超临界锅炉安装前检查及蒸汽吹管后清洁度检查的比较，由表 1-6 可见，蒸汽吹管后内窥镜的检查很有必要。实践表明：蒸汽吹管后对集箱和锅炉受热面管异物的检查对保障锅炉的清洁度非常有效。

表 1-6　　某电厂超临界锅炉安装前检查及蒸汽吹管后检查结果比较

集箱类别	安装前内窥镜检查		蒸汽吹管后内窥镜检查	
	检查数量（个）	有异物的集箱（个）	检查数量（个）	有异物的集箱（个）
水冷壁集箱	49	3	10	8
过热器集箱	85	3	7	2
再热器集箱	8	0	2	2

在制造、安装、调试过程各环节采取有效措施加强集箱和锅炉受热面管清洁度控制，可避免或大大降低机组试运阶段及投运初期因异物堵塞而造成的爆管。

第三节 锅炉钢结构缺陷

锅炉钢结构主要承载锅炉的重量，运行中除承受静载荷外，还承受由锅炉热膨胀引起的热应力，制造安装几何尺寸偏差产生的附加应力，其制造质量、特别是焊缝质量与其运行安全密切相关。2006 年 10 月某电厂 600MW 机组锅炉大板梁断裂，导致了严重的事故，图 1-105 为大板梁焊缝开裂的形貌。

图 1-105 大板梁焊缝开裂形貌

锅炉钢结构的设计按照 GB/T 22395—2008《锅炉钢结构设计规范》，制造技术标准为 NB/T 47043—2014《锅炉钢结构制造技术规范》，主要承重结构材料为 Q235 和 Q345。Q235 为碳钢，Q345 属低合金高强度钢，Q235 的技术标准为 GB/T 700—2006《碳素结构钢》，Q345 的技术标准为 GB/T 1591—2008《低合金高强度结构钢》。热轧 H 形钢、剖分 T 形钢的外形和几何尺寸应符合 GB/T 11263—2005《热轧 H 型钢和剖分 T 型钢》。焊接连接的钢结构，当钢板厚度大于等于 50mm 且承受沿板厚方向的拉力时，其材料应符合 GB/T 5313—2010《厚度方向性能钢板》中 Z15 级的规定。

锅炉钢结构的缺陷主要表现在以下几方面：①原材料缺陷及错材；较厚板夹层缺陷、板厚几何尺寸超差；②焊缝缺陷：裂纹、咬边、凹坑、未填满、气孔、漏焊等；③几何尺寸问题：连接孔钻错位、翼板波浪度或柱端面高度超标、腹板弯曲超标等缺陷；④表面机械损伤：严重的机械划伤、凹坑、气割熔坑或焊接修补后不平整。

一、原材料缺陷及错材

锅炉顶板主梁和钢板，有时发现裂纹、分层、夹层缺陷，夹层往往在板厚测量时发现其厚度远小于钢板的实际厚度。图 1-106 示出了大板梁板材的裂纹。图 1-107 为某电厂 1 号炉下部立柱底板下面十字架在氧焰切割后显示的宏观分层缺陷（Q345B，厚度 80mm），图 1-107（b）示出了 Q345 钢板分层缺陷微观形貌。分层缺陷若处于焊缝附近，在焊接过程中热应力的作用下易开裂。

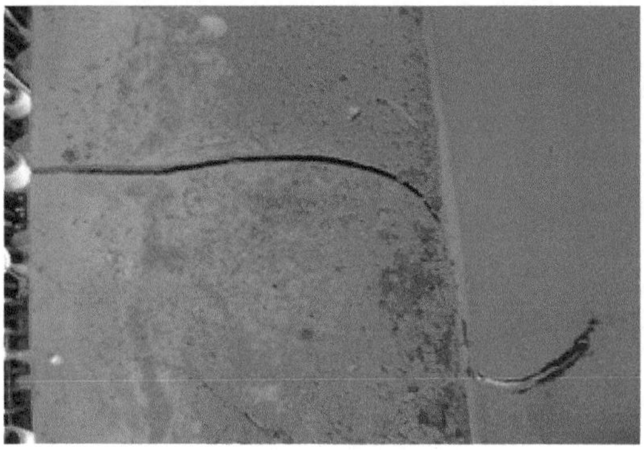

(a) 下翼板开裂延伸至腹板

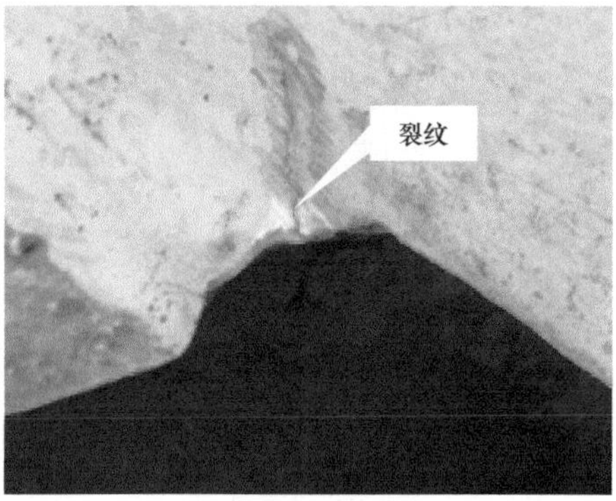

(b) 腹板R角裂纹

图 1-106　大板梁板材裂纹

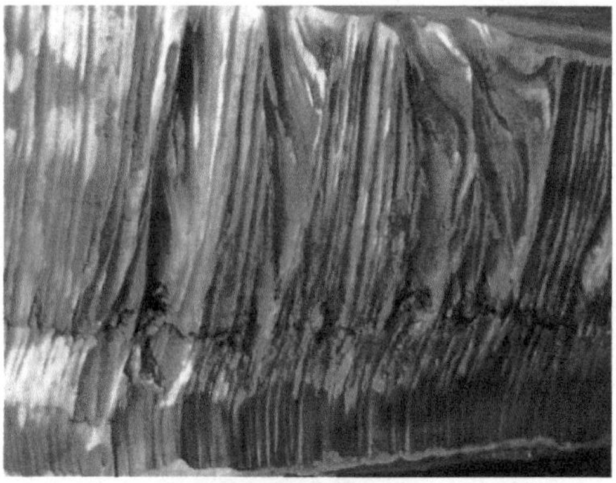

(a) 分层缺陷宏观形貌

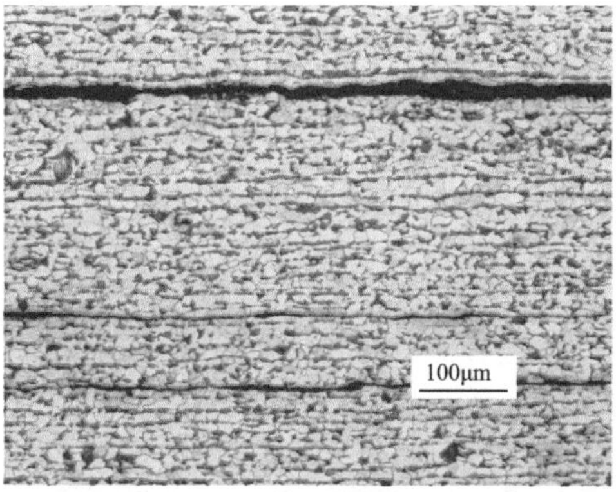

(b) 分层缺陷微观形貌

图 1-107　Q345B 的分层缺陷

NB/T 47043—2014 中 5.5 条规定，在下列三种情况下，钢板应进行 100% 的超声波探伤：①当顶板主梁的翼缘和腹板使用厚度大于等于 32mm 的低合金高强度结构钢板或碳钢板厚度大于等于 36mm 时；②板厚大于等于 60mm 时；③板厚小于 60mm，但当设计有要求时。超声波探伤的主要目的在于检测钢板的夹层、裂纹缺陷。GB/T 3274—2017《碳素结构钢和低合金结构钢热轧厚钢板和钢带》中明确规定：钢板和钢带不得有分层。但有的钢结构制造厂未能严格执行上述规定，对大于 60mm 的厚钢板不进行超声波复查，例如某电厂 1 号炉两根立柱翼板母材（板厚 70mm）抽检发现断续分层缺陷，经查钢板质保书和入厂复检报告，均未见超声波检测报告，予以报废。有的锅炉制造厂特别强调钢结构中采用较厚板的制造质量控制，例如，厚度大于等于 100mm 的钢板拼接坡口加工前，应对坡口边缘 2 倍板厚加 30mm 范围内进行 100% 超声波检测；板厚大于等于 32mm 的对接焊缝进行 100% 射线检测或超声波检测。

某电厂 300MW 机组 1 号炉钢结构顶棚支吊梁翼缘板厚度不均，同一根槽钢相差 2～3mm；厚度 12mm 的翼缘板实测仅 5～8mm，制造厂未能提供材料质保书及复检报告。

工程中有时还出现钢结构错材问题。例如，某电厂 2 台 1000MW 机组锅炉钢结构后竖井刚性梁中 2 块厚度 25mm 钢板，螺旋水冷壁刚性梁中 4 块厚度 20mm 钢板和 48

块耳板，图纸材质为 12Cr1MoV，实际材质为碳钢；屏式过热器至高温过热器连接管吊挂装置中 2 个 M56×4mm 扁螺母，4 个 M42×3mm 螺母，图纸材质为 15CrMo，实际材质为碳钢。所以，在钢结构质量监控中，还应加强原材料错材的检验监督。

二、焊接缺陷

焊接缺陷是钢结构最常见最突出的缺陷，主要为焊缝裂纹和未熔合，其次为漏焊、咬边、气孔等。某钢结构厂生产的 1000MW 机组锅炉钢结构立柱、梁运抵安装工地后，经对柱、梁抽检，发现 40 多根梁端部存在表面裂纹。图 1-108 示出了锅炉钢结构的焊接缺陷。

(a) 钢梁对接焊缝裂纹

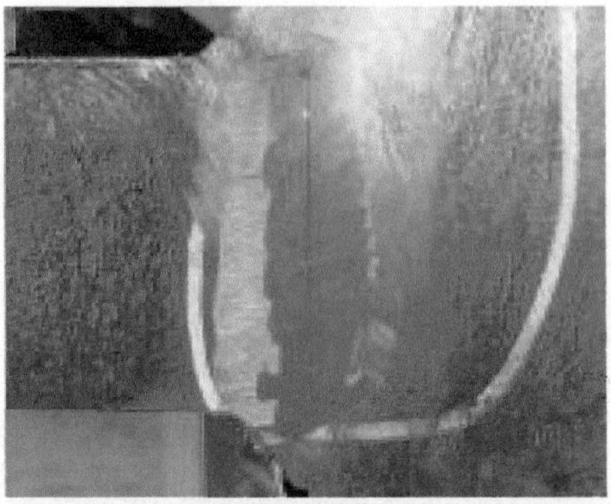

(b) 主柱腹板与翼板焊缝裂纹(55mm)

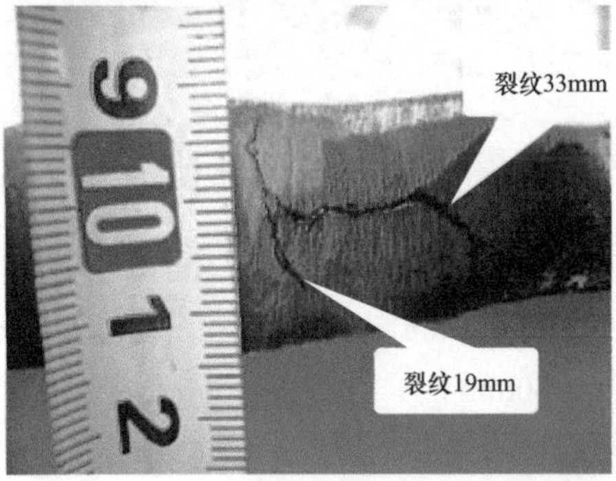

(c) 梁翼板对接焊缝裂纹

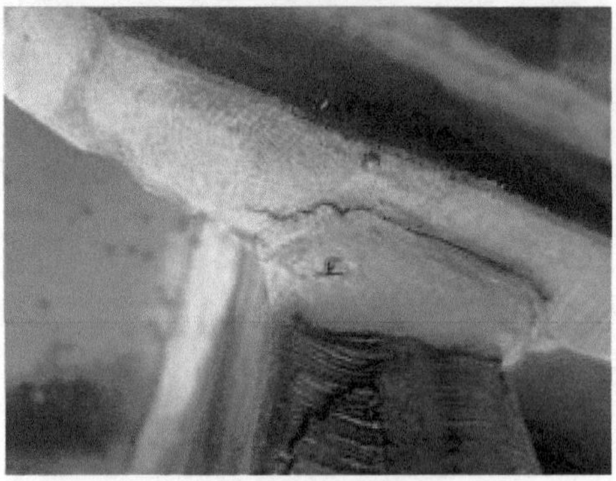

(d) 大板梁筋板角焊缝裂纹

(e) 主柱腹板与翼板焊缝未熔合

(f) 立柱端部角焊缝未熔合(12mm)

图 1-108 锅炉钢结构焊接缺陷（一）

(g) 梁腹板与翼板角焊缝未熔合(8mm)

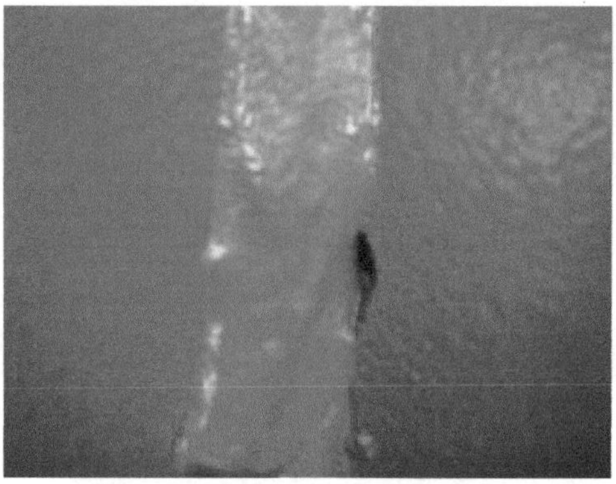

(h) 钢架杆件焊缝咬边

(i) 对接焊缝未熔合开裂

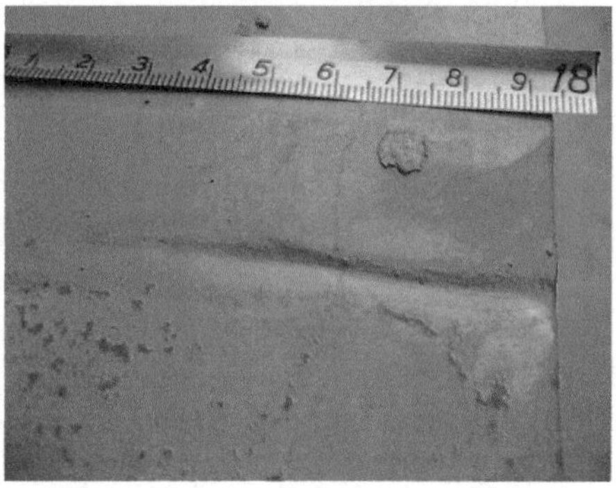

(j) 对接焊缝未焊满

图 1-108　锅炉钢结构焊接缺陷（二）

某电厂 1 号炉钢结构有 5 组大板梁，其中第 2、第 3、第 4 组采用叠梁结构，检查发现第 3、第 4 组大板梁次梁连接板与叠梁板角焊缝有 26 处裂纹，最长 260mm（见图 1-109）。

图 1-109　大板梁次梁连接板角焊缝裂纹

造成次梁连接板焊缝开裂的原因：①次梁板厚 14mm，设计角焊缝未要求开坡口和采用焊透结构；②部分角焊缝焊角高度未达到设计要求，焊缝存在超标缺陷；③大板梁制作过程中，腹板与翼缘板连接焊缝的焊接，造成叠梁翼缘板翘曲变形，制造厂虽采用了火焰矫正，但局部仍存在翘曲不平。安装时，在叠梁连接螺栓和焊接应力作用下，连接板焊缝在包角处开裂并沿焊缝扩展。对发现的裂纹予以机械磨除，确认无超标缺陷后进行焊补。

鉴于1号炉的3组大板梁次梁连接板角焊缝出现裂纹，2号锅炉大板梁制造时，次梁连接板的角焊缝切割坡口，采用焊透结构，并严格控制翼缘板翘曲变形，由此2号炉的3组大板梁次梁连接板角焊缝未出现裂纹。

除了焊缝裂纹、未熔合外，还常在焊缝中发现埋藏缺陷。例如，超声波检测某电厂6号炉大板梁翼板对接焊缝，在距端头15mm处有一长10mm、埋藏深度55mm的条形缺陷；大板梁腹板对接焊缝有一长80mm、埋藏深度18～21mm的条形缺陷。某电厂1号炉钢结构翼板一条对接焊缝（焊缝长300mm、厚12mm）整条未焊透、深度7mm；另一条对接焊缝（焊缝长400mm，厚度14mm）整条未焊透，深度6mm。

造成钢结构焊缝裂纹的原因主要是焊接不规范，其次有设计缺陷、原材料缺陷以及质量管理欠缺。主要原因包括：

（1）焊接引弧板长度不够或不平整，引弧板和主板连接间隙过大，焊材不能有效填充熔合。

（2）焊接坡口加工不规范，焊缝坡口应是双V形坡口，但开成了K形坡口，且70mm板厚的坡口钝边达38mm，根本就不能熔透。有的焊缝对口间隙过小，导致无法焊透；有的制造厂在固定2根对接H形钢梁后才开坡口，使坡口几何尺寸难以满足焊接工艺要求，产生焊接裂纹或未熔合。

（3）焊缝坡口表面及附近母材的油、污垢、锈蚀等清理不彻底即施焊，导致夹渣、气孔等缺陷。打底焊后不清根或清根不彻底，导致焊缝根部未焊透、裂纹等缺陷。

（4）焊材、焊剂的保管、烘干、发放等环节不规范。有的制造厂只有一个小的烘干箱，没有保温箱；焊材库没有温度及湿度控制设施；现场施焊时不用焊条保温桶等。

（5）未严格控制焊前预热及焊后热处理温度（预热温度不够或焊后冷却速度过快），造成焊接热应力过大，产生裂纹。

（6）少数施焊者或管理人员质量意识淡薄，有些需要返修的缺陷甚至用腻子涂覆表面。

（7）有的制造厂缺少有资质的无损检测人员，有的甚至没有合格的超声波探伤仪，无损检测报告不够规范。检查某制造厂现场仅有的3件待发运钢结构，有2件焊接接头存在超标缺陷。

对于裂纹类缺陷通常挖除后重新补焊，漏焊处重新补焊，咬边、凹坑、未填满、气孔等缺陷打磨后，根据打磨深度及面积确定是否补焊。

三、几何尺寸缺陷

钢结构的几何尺寸缺陷主要表现为几何尺寸超差和形位尺寸超差、结构变形、钻错连接孔位等。NB/T 47043—2014《锅炉钢结构制造技术规范》对钢结构中的柱/梁组合截面偏差、柱/梁变形、构件长度、高强度螺栓孔距偏差及最外孔中心到自由边的距离偏差、端部铣平面偏差、钢板对接接头边缘偏差、叠梁偏差、顶板主梁支承间长度偏差等均有明确的规定。图 1-110 示出了锅炉钢结构的一些几何尺寸偏差和形位尺寸偏差。

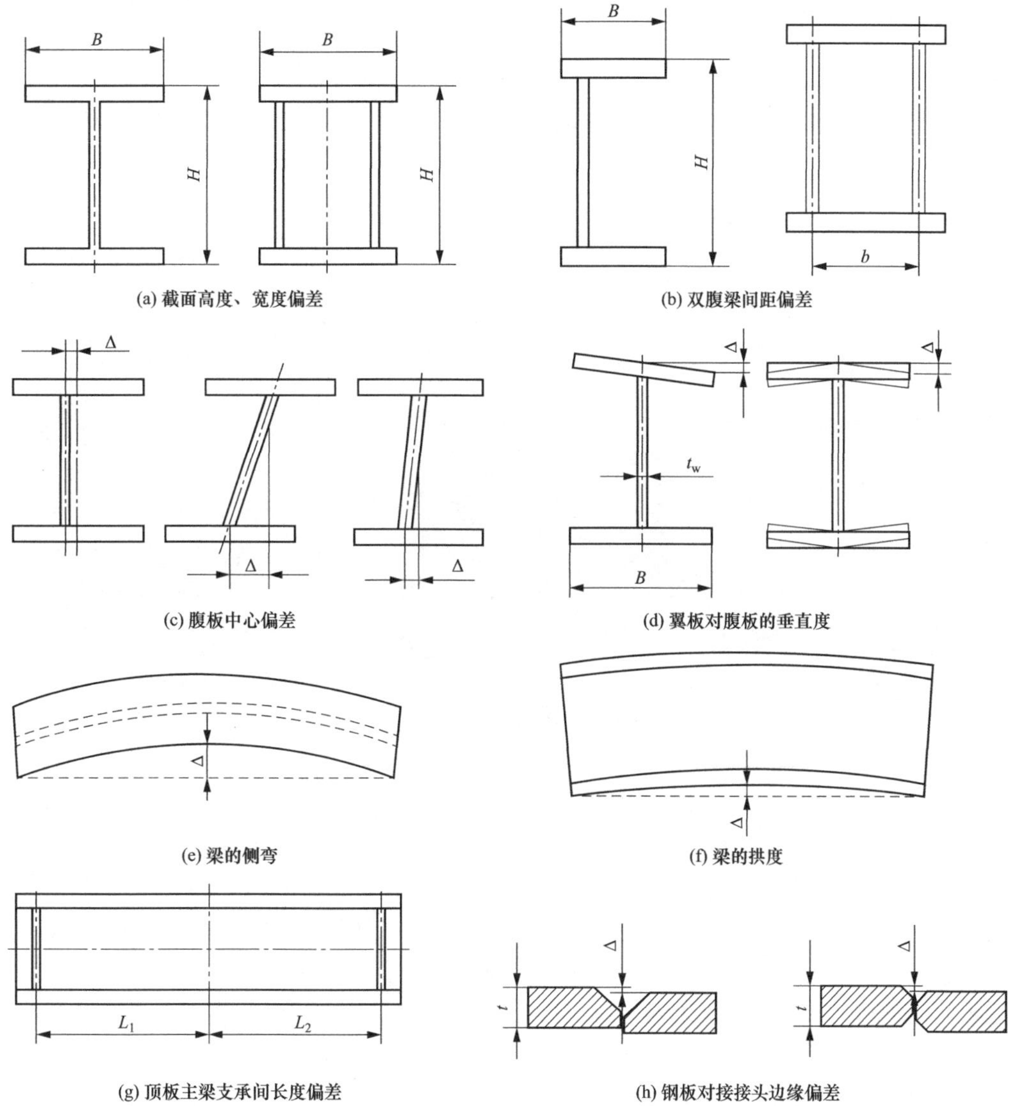

图 1-110 锅炉钢结构的一些几何尺寸偏差和形位尺寸偏差

工程中常出现锅炉钢结构几何尺寸偏差和形位尺寸偏差超标，例如，某电厂 1 号炉一层立柱长度最大偏差 –3mm（允许偏差 ±1.6mm）；某电厂 6 号炉大板梁腹板实测横向垂直度 12mm（标准规定≤2mm）；某电厂 1000MW 机组锅炉一层钢结构梁翼板比设计短 100mm，补接了一段 76mm 的钢板。图 1-111 示出了一些钢结构几何尺寸缺陷。

NB/T 47043—2014 中对钢结构拼接焊缝的布置规定：①组合件中相邻部件的拼接焊缝中心线间距应大于等于 200mm；②梁、柱拼接焊缝中心线与托架、隔板或其他焊

(a) 梁侧翼板波浪度超标

(b) 梁耳板变形

(c) 钢梁变形

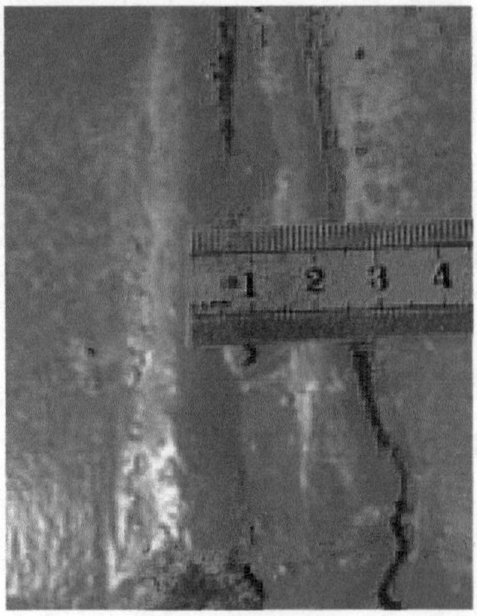

(d) 钢架梁两条对接焊缝相距太近

图 1-111　一些钢结构几何尺寸缺陷

接件的焊缝边缘间距应大于等于 100mm；③同一块钢板纵、横两个方向都进行拼接时，宜采用 T 形交叉焊缝，两个 T 形交叉点的距离应大于或等于 200mm；④拼接焊缝应避开螺栓孔，拼接焊缝中心线距开孔中心线宜大于或等于 120mm。钢结构中也常出现螺栓孔距焊缝的距离小于 120mm 或在焊缝上开孔。例如某燃机电厂余热锅炉钢结构顶梁下翼板与护板螺栓孔距焊缝中心线的距离不满足 NB/T 47043—2014 大于或等于 120mm 的规定（见图 1-112）。某电厂 3 号炉钢结构 2 个大板梁 B、C 腹板左右两端的螺栓孔（每端各有 2 个共 4 个）开在对接焊缝的中心线上；大板梁 D、E 腹板有 7 个螺栓孔，每个螺栓群孔第二排各有 4 个共 28 个孔开在对接焊缝上。图 1-113（a）示出了某电厂 5 号炉钢架大板梁 B、C、D 梁中间有一道纵焊缝从孔群穿过，每个孔群有一对孔在焊缝中心位置；图 1-113（b）所示为翼板焊缝上钻连接孔。螺栓孔开在拼接焊缝上或距焊缝太近，会降低焊缝的强度。

NB/T 47043—2014 中对钢结构高强度螺栓的孔距偏差规定见表 1-7。工程中常出现钢结构连接孔位钻错或少孔，例如，某电厂 1 号炉一层梁少钻 3 组孔（90 个）；某电厂 5 号炉钢结构梁腹板 6 个连接孔位钻错，与图纸孔位偏差 50mm，制造厂进行补焊重新钻孔，并对补焊位置探伤；某电厂 1 号炉大板梁腹板 ϕ 24mm 的 16×3 个（孔数 × 排数）孔错位 100mm，将原错位孔塞焊后重新开孔。

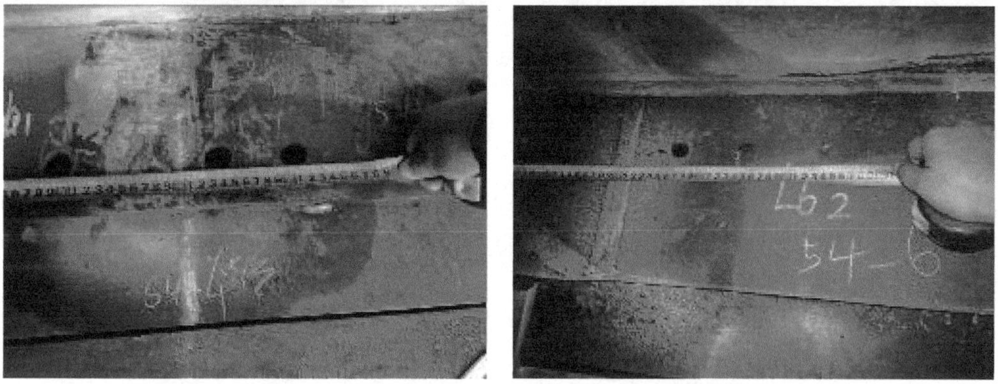

(a) 螺栓孔距焊缝中心35mm　　(b) 螺栓孔距焊缝中心75mm

图 1-112　螺栓孔距焊缝中心线距离超标

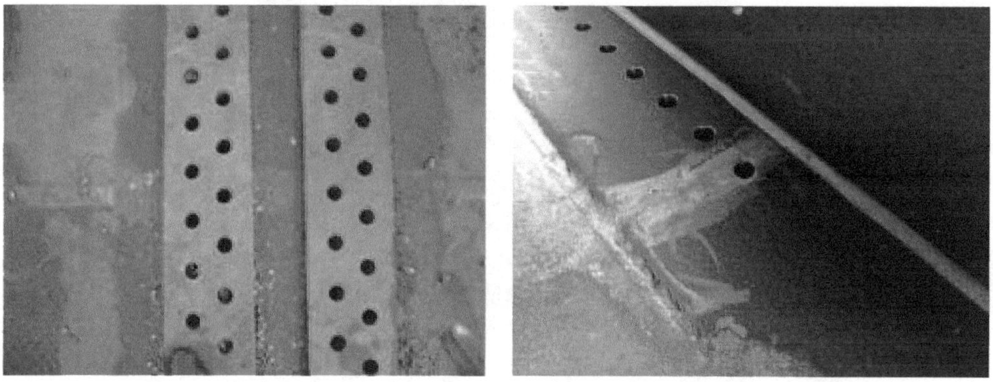

(a) 梁中间一道纵焊缝从孔群穿过　　(b) 翼板焊缝上钻连接孔

图 1-113　梁、板焊缝上开孔

表 1-7　　高强度螺栓的孔距允许偏差　　mm

孔距 p	$p\leqslant500$	$500<p\leqslant1200$	$1200<p\leqslant3000$	$p>3000$
同一组内任意两孔间	±1	±1.5	—	—
相邻两组的孔端间	±1.5	±2	±2.5	±3

工程中有时还出现梁翼板拼接长度不满足标准的情况。某电厂 2 号炉钢结构三层梁上翼板两节拼接长度为 420mm 和 380mm，不满足钢板拼接长度不小于 1m 的规定，制造厂随后将两节长度不符合标准的钢板更换为长 1040mm 和 1020mm 的钢板。

四、表面损伤

钢结构的表面损伤主要表现为机械划伤、凹坑、气割熔坑或焊接修补后不平整。图 1-114 示出了钢结构的一些表面损伤状态。钢结构的表面损伤，通常打磨消除，若打磨后的几何尺寸不满足 NB/T 47043—2014 的规定，应予补焊。

(a) 翼板端面机械损伤

(b) 立柱底座板螺栓孔严重沟槽

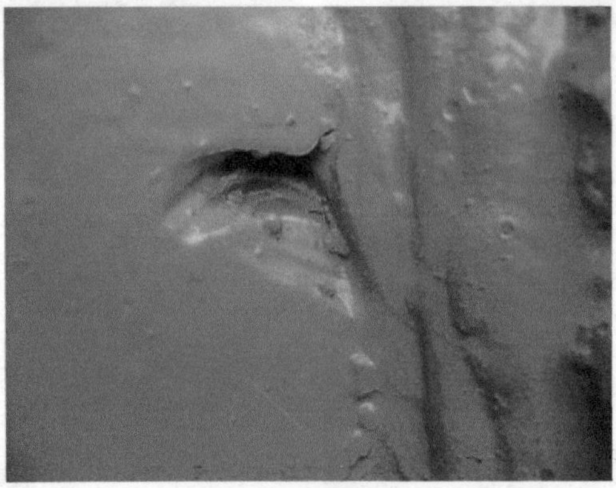

(c) 连接板与腹板焊缝旁腹板的机械损伤(25mm×20mm,深5mm)

图 1-114　钢结构表面损伤

第四节　压力容器缺陷

火电机组的压力容器包括：锅炉锅筒、汽水分离器、除氧器；各种热交换器（高压加热器、低压加热器、轴封加热器、蒸汽冷却器、疏水冷却器等）；各类扩容器（定排扩容器、连排扩容器等）。压力容器的设计、选材、制造、检验和验收按 GB/T 150—2011《压力容器》执行，火电机组压力容器常用钢见表 1-8。压力容器安全技术监察规程按 TSG 21—2016《固定式压力容器安全技术监察规程》和 DL/T 612—2017《电力行业锅炉压力容器安全监督规程》执行。

表 1-8　　火电机组压力容器常用钢

机组类别	选用材料
锅筒	碳钢、碳锰系列：Q245R/ P265GH、SA-299A/ SA-299B、SB49 低合金钢 系列：13MnNiMoR/DIWA353/13MnNiMo5-4/BHW35、18MnMoNbR、SA302C、19Mn5、19Mn6
汽水分离器壳体	P91、SA336F12、15CrMoG 、12Cr1MoVG、SA182F12CL2、15NiCuMoNb5-6-4/ WB36、SA302C
	储水罐可选用 SA387Gr.11Cl2

续表

机组类别	选用材料
除氧器	Q245R、SA516Gr.70
高压加热器	壳 体：SA516Gr.70、Q345R、15CrMoR、SA387Cr11CL2、12Cr1MoVR、12Cr2Mo1R、SA387Cr91 封头：Q345R、15CrMoR、13MnNiMoR 或 SA387Cr11CL2、SA387Cr91 水室：13MnNiMoR 管板：20MnMo、20MnMoNb
低压加热器 各类扩容器	封头、筒体、筒体短节：Q245R、Q345R 大法兰、管板：20MnMo 水室封头：Q245R、Q345R

注 Q245R 、Q345R 是 GB 713—2008 中的牌号；Q245R 为 GB 713—1997 中的 20g 和 GB 6654—1996 中 20R 的合并钢号；Q345R 为 GB 713—1997 中的 16Mng、19Mng 和 GB 6654—1996 中 16MnR 的合并钢号。

压力容器最常见的缺陷有原材料缺陷、焊缝缺陷和几何尺寸缺陷。原材料缺陷涉及板厚中间存在夹层、疏松、显微缩孔，枝晶组织等，这些缺陷会导致板材性能的下降。焊缝缺陷主要为裂纹、咬边、凹坑、未填满、气孔、漏焊和内部缺陷，有时筒体还出现纵、环焊缝十字相交的焊缝，焊材与设计不符等。几何尺寸缺陷表现为筒体环焊缝两侧错边，纵焊缝部位棱角等超标。下面叙述压力容器常见缺陷。

一、原材料缺陷

某锅炉厂对国外生产的 13MnNiMo5-4（厚度 120～145mm）锅筒钢板进行入厂复检，有时发现拉伸延伸率低于或接近标准规定的下限值。拉伸断口处塑性变形较小，断裂面存在大小不同的类似“气孔”（见图 1-115），脆性断裂特征明显。低倍检查钢板厚度截面有明显的疏松（见图 1-116），图 1-117 示出了疏松的金相组织特征，伴有显微缩孔，显示连铸坯板的特征。经调查，由于钢板制造厂产能不足，供货紧张，钢板制造厂采用了 400mm 厚的连铸坯板代替原来的钢锭直接制造特厚板。用 400mm 厚的连铸坯板制作 120～145mm 厚的钢板，最终钢板的压缩比不足或很勉强，导致钢板厚度中心存在疏松、显微缩孔，截面性能变差。之后，在技术条件中规定锅筒特厚板不允许采用连铸坯板生产，或连铸坯的压缩比不小于 3，此种情况得以控制，改善了厚板的性能。

压力容器壳体通常由钢板卷制后焊接。工程中有时发现钢板夹层、组织偏析、疏松等缺陷。当用超声波测厚时会出现测量壁厚小于钢板的公称壁厚。例如，某电厂 600MW 机组 4 号高压给水加热器壳体公称壁厚 80mm，由 4 个筒节焊接，材料为 SA516Gr.70。超声波测厚仪测量发现有一个筒节壳体壁厚为 35.3～44.0mm，解剖取样进行低倍检查、金相检验和拉伸试验，发现钢板表层组织较细，厚度中间较宽范围存在明显枝晶组织，在厚度中部枝晶发达区存在明显的组织偏析，偏析级别大于 3 级，板材存在较严重的微观组织不均匀性。钢板 *Z* 向（厚度方向）的拉伸延伸率接近标准规定的下限值，表明钢板中心的枝晶组织和中心组织偏析带对钢板的性能有大的影响。

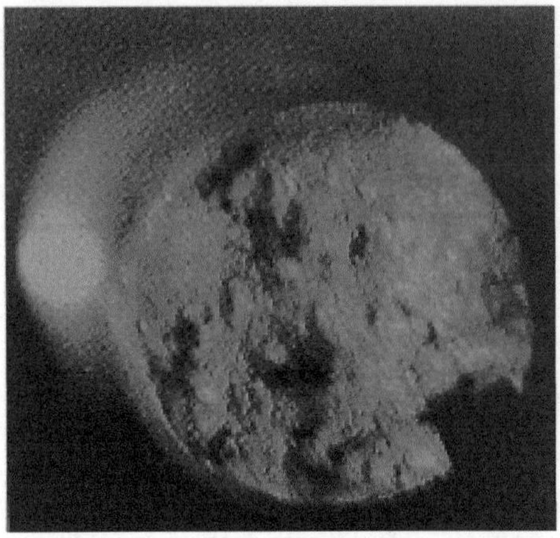

图 1-115　拉伸断口表面的类“气孔”

图 1-116　钢板厚度截面的疏松

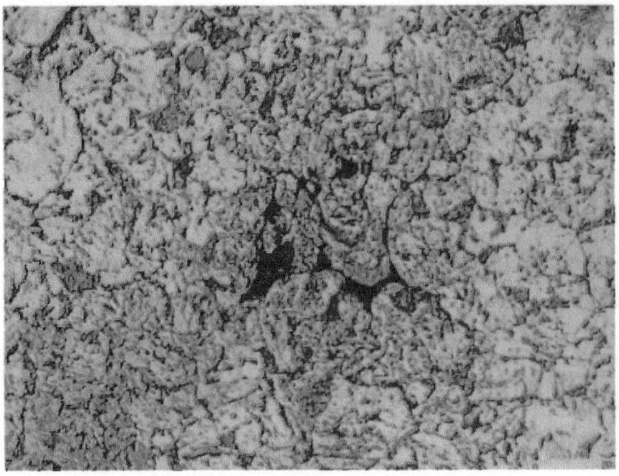

图 1-117　板厚中心的显微缩孔

相对于 GB/T 713—2008《锅炉和压力容器用钢板》中规定的硫（≤0.15%）、磷（≤0.25%）含量，用于制作高压加热器、除氧器筒体的 SA 516 Gr.70 钢板中的硫（≤0.35%）、磷（≤0.35%）含量较高。较高的硫含量会增加钢板的热脆性，较高的磷含量会增加钢板的冷脆性，故增加了焊缝金属产生开裂的倾向，同时还会降低焊接接头的冲击韧性及抗腐蚀性。某电厂一台 350MW 进口火电机组累计运行约 5 万 h 后，SA 516 Gr.70 钢制除氧器筒体内壁环焊缝共检测出 5 处裂纹（见图 1-118），5 处裂纹缺陷分布如图 1-119 所示。有的裂纹已深达 20mm（除氧水箱壁厚 25mm）。除钢板的磷、硫含量较高外，除氧器焊缝普遍存在错口、成型不良、焊缝内部存在未焊透、未熔合、裂纹等危害性超标缺陷。分析表明，母材中硫、磷有害元素及碳含量超标，使钢板的焊接性能变差，加之焊接质量粗劣，导致除氧器运行中焊缝早期开裂。随后，对裂纹进行了挖补，经 100% 探伤合格后投入运行[7]。

图 1-120 示出了某电厂 0 号高压加热器水压试验过程中筒体及水室的开裂形貌，且管板也出现裂纹（见图 1-121）。

图 1-118　1 号机除氧器水箱筒体焊缝裂纹

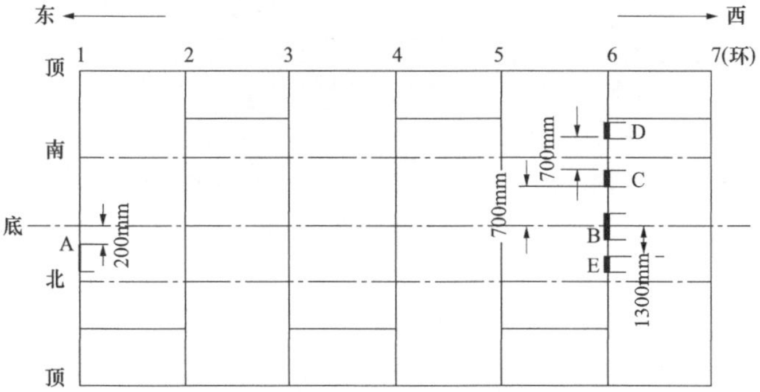

缺陷部位：	长(mm)	深(mm)
A	120	12
B	170	15~20
C	1700	15~20
D	500	14
E	40	15

图 1-119　除氧器水箱筒体环焊缝裂纹分布

图 1-120　高压加热器筒体及水室水压试验开裂

图 1-121　高压加热器出现裂纹

二、制造质量缺陷

压力容器最常见的制造缺陷是筒体纵、环焊缝，接管角焊缝裂纹、未焊透、未熔合、夹渣、气孔等超标缺陷，焊缝成型不佳，特别在容器内的加强板（圈）、接管角焊缝部位处更易出现裂纹。例如，某电厂1号机组汽水分离器封头内壁管座角焊缝出现长度约100mm的贯穿性裂纹。某电厂1000MW机组汽水分离器下水管接头内部套管支架（15CrMo）焊缝处发现2处长度分别为20mm、60mm的裂纹（见图1-122）。

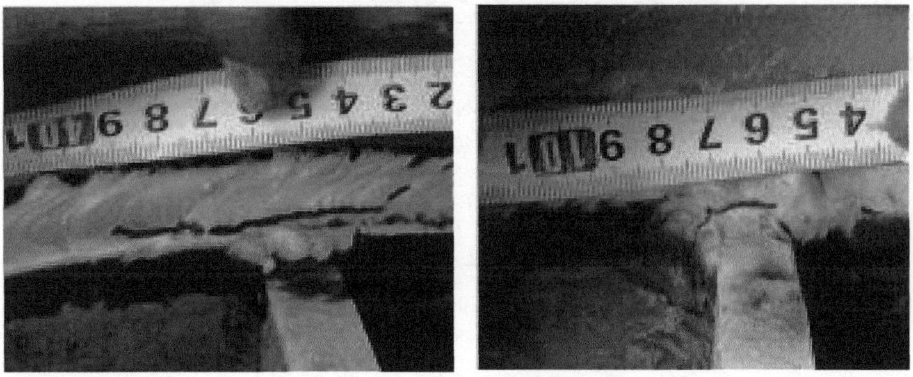

图1-122　汽水分离器焊缝裂纹

某电厂1号除氧器水压试验发现6处泄漏，其中5处为筒体外部连接管角焊缝缺陷，1处为管接头连接法兰密封不严。某电厂8台除氧器，其中7台在筒体加强圈焊缝处发现大量裂纹，有的在同一位置多次出现裂纹。筒体内壁采用三角形加强圈结构，水箱加强圈焊缝为断续焊接。7号除氧器除氧头与水箱环焊缝上发现长30mm的表面裂纹，封头与筒体环焊缝上发现长55mm的横向裂纹（见图1-123）。3号除氧器在支座附近内壁发现一处长30mm的裂纹。

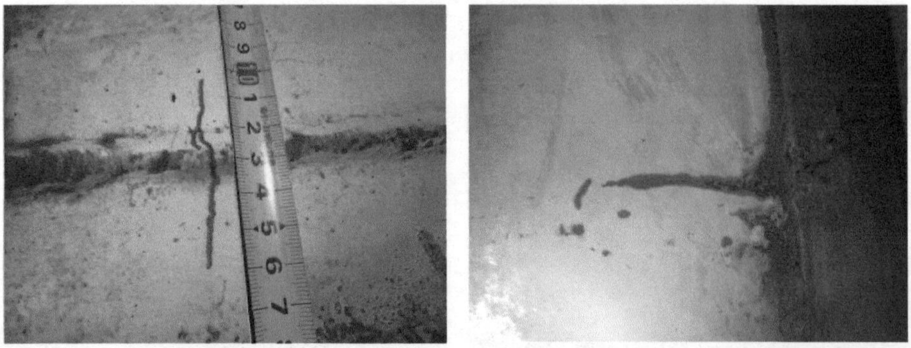

(a) 7号除氧器焊缝横向开裂　(b) 3号除氧器支座正下方裂纹

图1-123　除氧器焊缝裂纹

某电厂2号机组1号高压加热器B筒节上（SA516Gr70、壁厚120mm）接管（16Mn Ⅱ，ϕ165×120mm）角焊缝（焊材CHE507R）邻近母材存在2条贯穿性裂纹，内壁裂纹长度分别为 100mm 和 170mm（见图 1-124）。

(a) 裂纹位置

(b) 外壁裂纹形貌　　(c) 内壁裂纹形貌

图 1-124　接管角焊缝邻近母材的裂纹

某电厂高压加热器下部危机疏水出口（S13）接管座角焊缝发现多处裂纹，长度分别为 80～110mm、45mm、34mm（见图 1-125）。

某电厂 6、7 号机组除氧器、定期排污扩容器加强板焊缝分别发现 19、20 处裂纹（见图 1-126），多数裂纹长 30～650 mm，其中疏水扩容器疏水接口加强板焊缝整圈裂纹。

某电厂 4 号机组低压加热器接管座角焊缝发现 2 处长度分别为 10mm、30mm 的裂纹，裂纹靠近筒体侧熔合线［见图 1-127（a）］。有的接管座角焊缝接管侧熔合线也出现裂纹［见图 1-127（b）］，该裂纹长约接管座半周。

图 1-128 示出了某电厂 2 号机组高压加热器筒体纵、环焊缝十字相交，GB/T 150—2011 规定，筒体表面不宜出现十字形焊缝，相邻筒节 A 类焊缝间外圆弧长应大于钢材厚度的 3 倍且不小于 100mm，此焊缝不满足 GB/T 150—2011 规定，故对筒节予以更换。

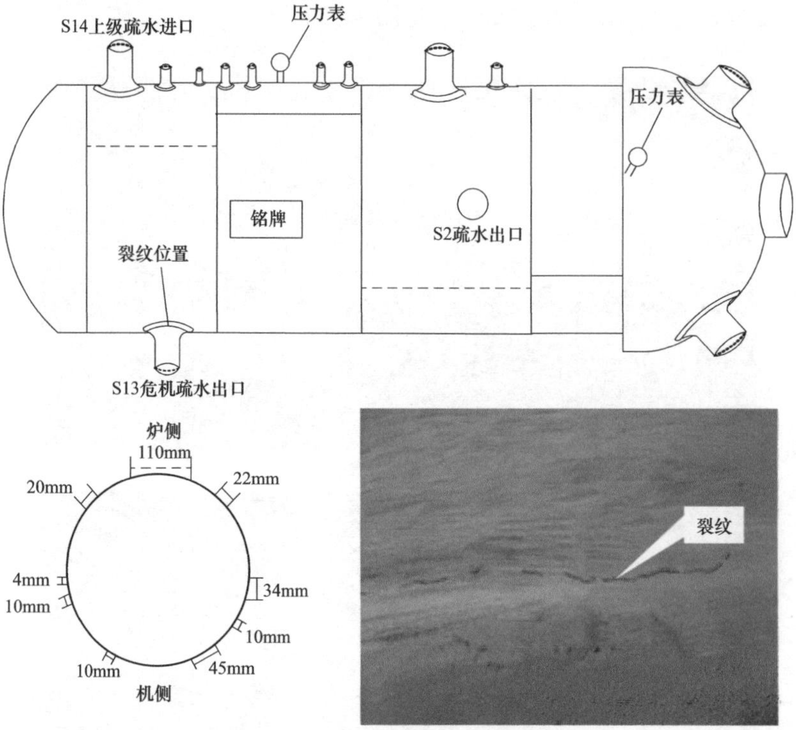

图 1-125　高压加热器接管座角焊缝裂纹

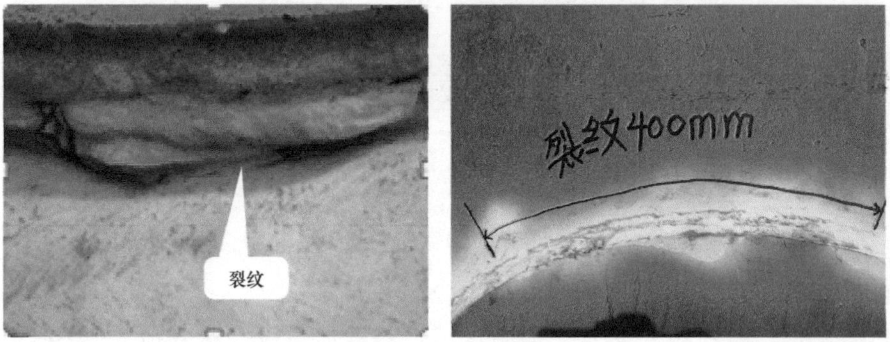

图 1-126　疏水扩容器加强板焊缝裂纹

(a) 靠近筒体侧焊缝熔合线处裂纹　　(b) 接管侧熔合线侧裂纹

图 1-127　低压加热器接管座角焊缝裂纹

相对于容器的纵、环焊缝，容器的接管角焊缝、内部的加强板（圈）部位拘束度较大，受力状态复杂，也是应力集中部位，尤其在厚壁容器中这些部位的拘束度更大，若坡口型式和几何尺寸不佳，焊接过程中坡口清洁不彻底，预热、施焊和焊后热处理控制不好，特别焊缝存在未熔合、未焊透、夹渣缺陷，微区产生新的应力集中，故这些部位极易产生裂纹。

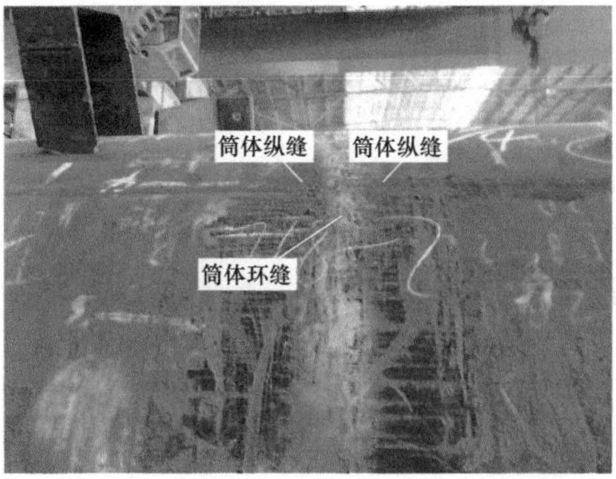

图 1-128　筒体对接焊缝出现十字型焊缝

某电厂 330MW 机组锅筒采用 A52CP（与 SA299 化学成分相近）钢制造。机组运行 110318h，启停 300 次后检修，抽查锅筒两侧封头（A、B）内壁接管角焊缝各 10、9 个，其中 A 侧 7 个、B 侧 3 个发现裂纹。图 1-129 示出了 A 侧封头内壁接管角焊缝的开裂部位，图 1-130 示出了封头内壁接管角焊缝裂纹形貌。另外，在锅筒内壁下部水位计焊缝、人孔门支座角焊逢、分离器挡板角焊缝、连续排污管角焊缝等部位也发现大量热疲劳裂纹。裂纹沿汽包筒体侧热影响区整圈断续开裂，长度 200～350mm，深度多在 1～3mm，最深约 4mm。抽查锅筒外壁下降管、进水管及各类联通管、表计管 22 个管座角焊缝，均未发现裂纹等缺陷。锅筒内壁管座角焊缝裂纹主要是由于机组参与调峰运行，频繁启停产生的热应力导致的热疲劳裂纹。

对于容器母材或焊缝处的裂纹或超标缺陷，首先打磨，若打磨后的壁厚不满足强度校核的最小壁厚，通常予以挖除补焊。

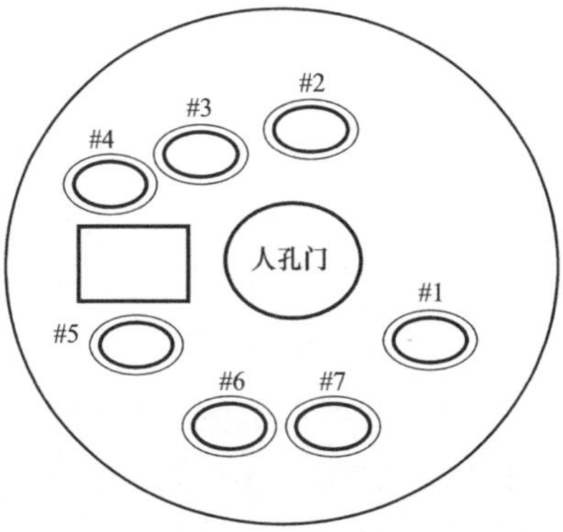

图 1-129　锅筒 A 侧封头内壁接管角焊缝开裂部位

工程中有时发现用错焊材的情况，某电厂高压加热器筒体一个 15CrMo 钢制短筒节（壁厚 46mm），应采用焊材为 13CrMo，但制造厂错用为 H08MnMo。随后将原焊缝全部铲除重焊。

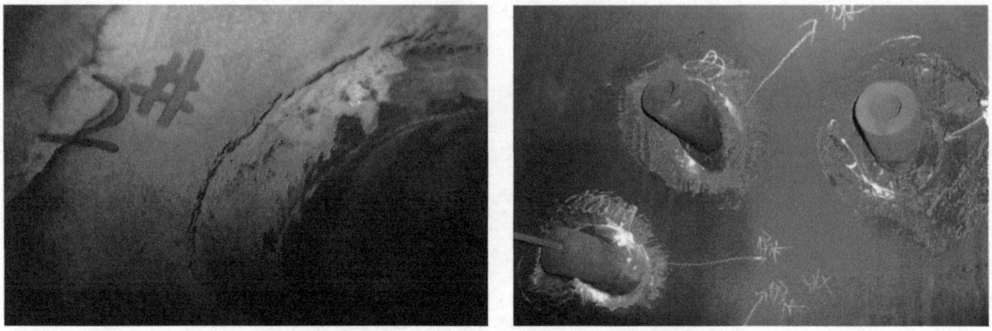

图 1-130　锅筒封头内壁接管角焊缝开裂形貌

压力容器除了制造中焊接缺陷外，在服役中有时检修不当也会导致严重的事故。例如，1986 年某电厂 50MW 机组除氧器由于检修过程中随意在筒体开一方形临时人孔，检修后镶嵌的方形板仅在筒体内外表面敷焊，方形板厚度中间未焊透，导致除氧器运行中爆裂。2017 年，某发电集团公司一台 660MW 机组除氧器预留管盲板爆裂，导致 2 人死亡的严重事故。事故原因为盲管堵板焊缝结构不合理，盲管与堵板未焊透（见图 1-131），以致焊缝强度严重不足，未焊透结构形成应力集中、诱发裂纹扩展导致开裂。

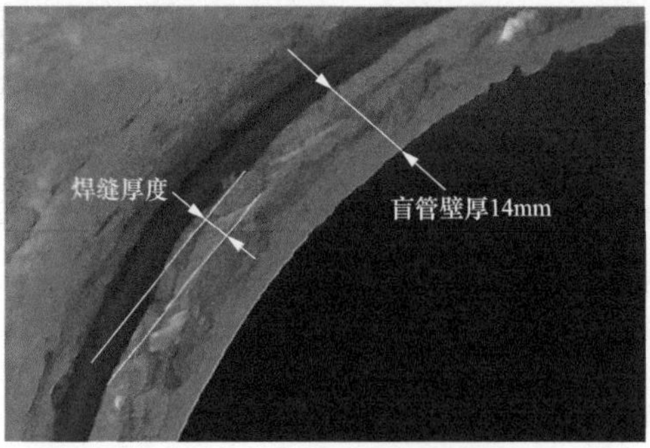

图 1-131　盲管与堵板未焊透

三、几何尺寸缺陷

压力容器筒体壁厚和径向尺寸偏差往往导致筒体环焊缝两侧错边，纵焊缝部位棱角（见图 1-132），破坏了筒体的连续性，在压力作用下在这些部位也产生应力、应变集中，成为容器的薄弱区域。GB/T 150—2011《压力容器》中规定，容器的错边量和棱角度应满足表 1-9。表 1-9 中容器 A、B 类焊接接头如图 1-133 所示。A 类焊接接头包括：筒体（包括接管）和锥壳部分的纵向焊缝、球形封头与筒体的环焊缝、各类凸形封头和平封头上的拼接焊缝以及嵌入式接管或凸缘与筒体对接的焊缝。B 类焊接接头包括：筒体环焊缝、锥形封头小端与接管的对接焊缝、长颈法兰与筒体或接管的对接焊缝、平盖或管板与筒体的对接焊缝及接管间的环焊缝。B 类、C 类、E 类焊缝的划分见 GB/T 150—2011。

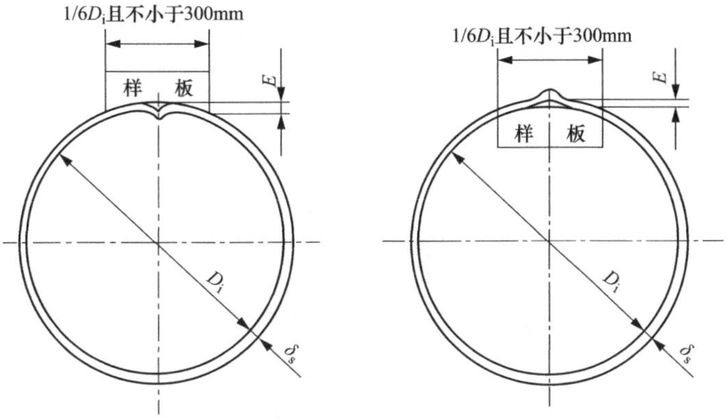

图 1-132　环焊缝处的棱角

表 1-9　　　　GB/T 150 中规定的容器错边量和棱角度尺寸范围

焊缝处钢板厚度 δ_s（mm）	错边量（mm）		棱角度（mm）
	A 类焊缝	B 类焊缝	
≤12	≤1/4δ_s	≤1/4δ_s	不大于（δ_s/10+2）且不大于 5mm
＞12～20	≤3	≤1/4δ_s	
＞20～40	≤3	≤5	
＞40～50	≤3	≤1/8δ_s	
＞50	≤1/16δ_s 且≤10mm	≤1/8δ_s 且≤20mm	
所有厚度锻焊容器 B 类焊缝		≤1/8δ_s 且不大于 5mm	

某电厂 2 号机组高压加热器（Q345R，ϕ1332×16mm），筒体与环焊缝错边量 5～7mm，长度 760mm（见图 1-134）。不满足 GB/T 150—2011 规定的错边量应不大于钢板厚度 1/4（钢板厚 16mm，即不大于 4mm）的规定。

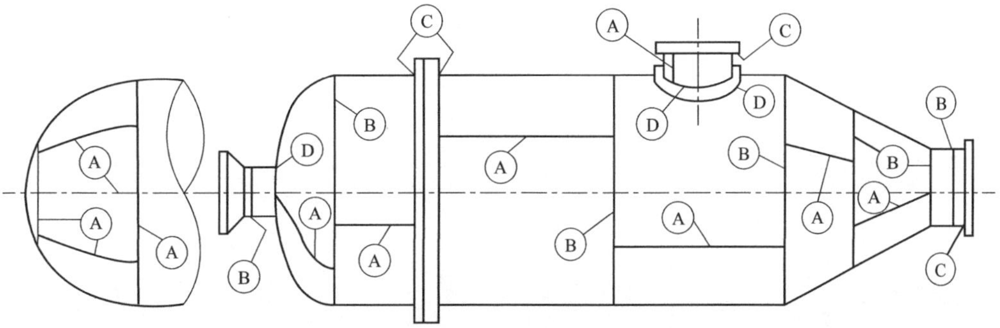

图 1-133　容器焊缝的分类（一）

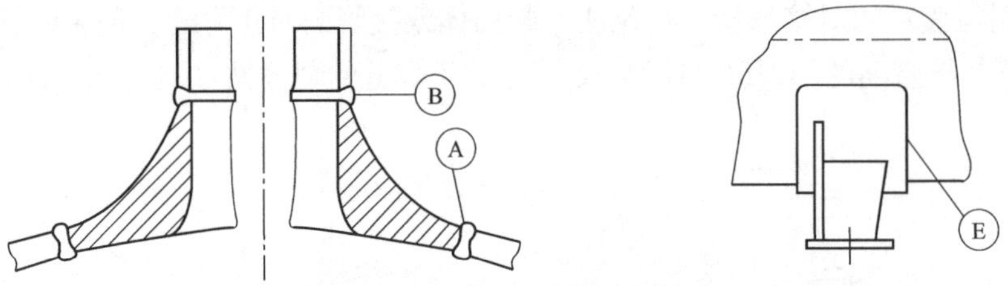

图 1-133　容器焊缝的分类（二）

图 1-134　筒体环焊缝错边量超标

第二章

汽 水 管 道 缺 陷

火电机组汽水管道包括：主蒸汽管道、高温再热蒸汽管道、低温再热蒸汽管道、主给水管道、高压旁路管道、低压旁路管道、给水再循环管道，另外还有导汽管、汽水联络管等。汽水管道在高温、高压下服役，其管材质量、焊接质量与管道的安全运行密切相关，国内外曾出现过几例重大的主蒸汽管道爆裂事故，分析表明，主要是由于管材质量、焊缝裂纹引起的早期失效，故汽水管道的管材、焊接质量在汽水管道的安全运行中具有重要的意义。

火电机组重要的汽水管道常用钢见表 2-1。

表 2-1　　火电机组重要的汽水管道常用钢

机组类别	管道类别	选用材料
亚临界机组 300MW 600MW	主蒸汽管道	P91
	高温再热蒸汽管道	P91、P22
	低温再热蒸汽管道	SA 672B70CL22
	主给水管道	SA106C、WB36
超临界机组 350MW 600MW 660MW	主蒸汽管道、高温再热蒸汽管道	P91
	低温再热蒸汽管道	SA 691 1-1/4 Cr CL22 SA 672B70CL22
	主给水管道	WB36
600℃超超临界机组 660MW 1000MW	主蒸汽管道	P92
	高温再热蒸汽管道	P92、P91
	再热器减温水管道	12Cr1MoVG
	低温再热蒸汽管道	SA 691 1-1/4 Cr CL22
	主给水管道	WB36
高效超超临界机组（再热温度 620℃） 660MW 1000MW	主蒸汽管道、高温再热蒸汽管道	P92
	低温再热蒸汽管道	SA 691 1-1/4 Cr CL22 15CrMoG、12Cr1MoVG 无缝钢管
	主给水管道	WB36

对于 1000MW 超超临界机组锅炉，在 100% 高压旁路下，高压旁路及低温再热管道材料的选择，可根据旁路功能选用。①若高压旁路仅用于机组启动，则低温再热管道进口管道和高压旁路减温减压后的管道材料可选 SA-106C 或 SA672B70 CL22；②若高

压旁路阀替代安全阀，主蒸汽流量全部通过高压旁路，经过减温减压进入再热器。一般减压后压力不高于再热器正常设计压力，但需考虑减温水无法投运工况，低温再热管道及再热器管进口段管道的设计温度有所提高，高压旁路三通后的低温再热管道材料需提高耐热等级，同时考虑到高压旁路阀门内漏，最好选用 P12 或 SA6911-1/4CrCL22 或更高等级的材料。

汽水管道由直段钢管和管件（弯管、弯头、三通、异径管）焊接组成。下面叙述火电机组汽水管道的常见缺陷。

第一节　汽水管道直段钢管缺陷

火电机组用汽水管道钢管技术标准主要有：GB/T 5310—2017《高压锅炉用无缝钢管标准》；美国的 ASME SA335《高温用无缝铁素体合金钢管技术条件》（*Speicification for Seamless Ferritic Alloy-Steel Pipe for High-Temperature Service*）；欧洲的 BS EN 10216-2：2002《承压无缝钢管技术条件　第 2 部分 高温用碳钢和合金钢钢管》（*Seamless steel tubes for pressure purposes-Technical delivery conditions-Part 2:Non- alloy and alloy steel tubes with specified elevated temperature properties*）。除上述三个钢管技术标准外，ASME SA335 中还引用 ASME SA999《合金钢和不锈钢管通用技术条件》（*Specification for General Requirements for Alloy and Stainless Steel Pipe*）。

汽水管道钢管的缺陷主要为：①钢管内外表面裂纹、轧制缺陷及机械损伤；②管材内部分层缺陷、非金属夹杂物超标；③管材性能不满足相关标准规定；④钢管的椭圆度与壁厚差超标。

一、钢管外表面缺陷

钢管的外表面缺陷主要为裂纹、折叠、轧折、离层、结疤、沟槽、凹陷、麻坑等缺陷。裂纹多为纵向开裂，偶尔可见横向开裂。图 2-1 示出了某电厂 P91 钢管（ID387×31mm）的表面开裂形貌，裂纹呈“鸡爪状”，属典型的氢脆开裂。对钢管坯料的氢分析高达 3.8～4.5ppm，而坯料质保书中的氢量为 2ppm。对火电机组用蒸汽管道用钢，GB/T 5310、ASME SA335、DIN EN 10216-2 中均对氢含量无规定，华能电力集团公司的国产高温高压大口径无缝钢管采购技术条件中规定氢含量≤3ppm。相对于汽水管道钢管，汽轮发电机转子锻件对氢含量限定更为严格，发电机转子锻件标准 JB/T 11017—2010《1000MW 及以上火电机组发电机转子锻件技术条件》规定氢含量不超过 1ppm、汽轮机转子锻件标准 JB/T 11019—2010《超临界及超超临界机组汽轮机用高中压转子体锻件技术条件》中，对 10Cr 型转子锻件规定氢含量不超过 2ppm。钢中氢含量过高，很容易形成氢脆开裂。炼钢过程中的湿气在高温下被还原而生成氢，并溶解在液体金属中，在金属凝固过程中，溶入的氢没能及时释放出来，向金属中缺陷附近扩散，到室温时原子氢在缺陷处结合成分子氢并不断聚集，从而产生很高的内压力，超过钢的强度极限，在钢坯件内部形成细小的裂纹，又称白点。氢脆与氢原子的扩散速度、温度、材料种类、氢的浓度梯度有关，且扩散需要一定的时间，因此，氢脆通常表现为延迟开裂。

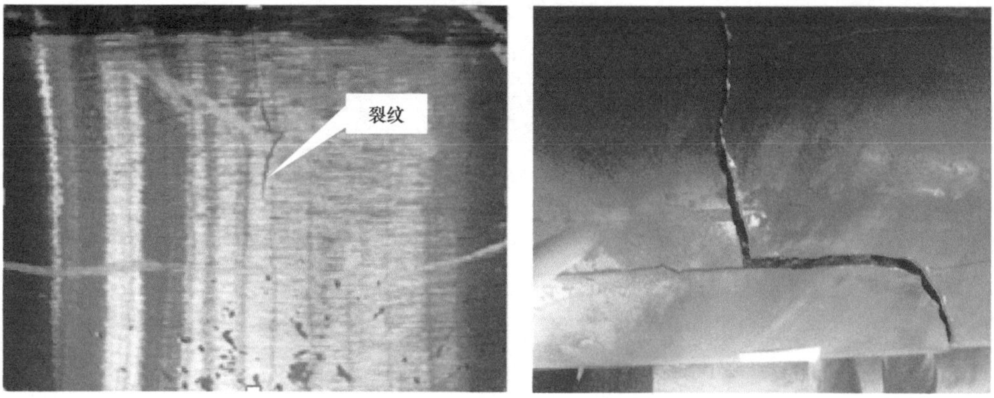

图 2-1 P91 钢管外表面氢脆开裂形貌

图 2-2 示出了钢管表面的裂纹或类裂纹缺陷。图 2-2（a）为 P91 钢管端部纵向裂纹，图 2-2（c）为 P91 钢管端部的横向裂纹，图 2-2（e）所示的 12Cr1MoVG 钢管表面的类裂纹缺陷，解剖观察为轧制折叠。

(a) P91，ID173×55mm

(b) P91，ID387×41mm

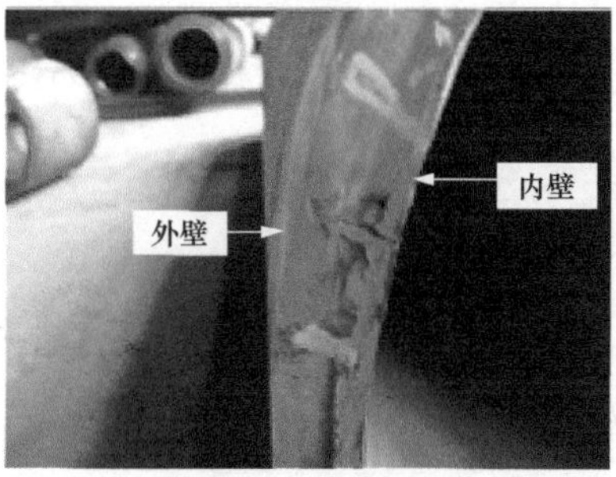

(c) P91，ϕ647.7×26mm

(d) 15CrMoG，ϕ219×10mm

图 2-2 钢管表面裂纹形貌（一）

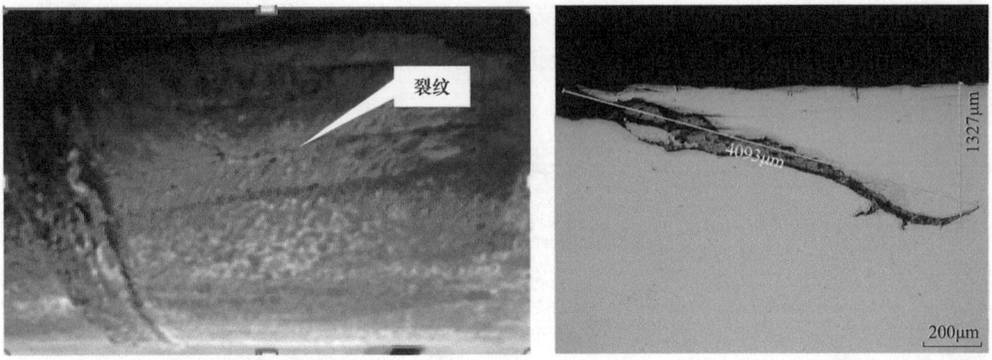

(e) 12CrlMoVG，ϕ325×28mm　　(f) 12CrlMoVG，ϕ325×28mm

图 2-2　钢管表面裂纹形貌（二）

图 2-3 示出了某电厂 1030MW 机组低压旁路入口管道（P92，ID527×33mm）距端部 270mm 处表面的一条纵向裂纹（长 103mm），对该裂纹打磨后发现为一折叠，深度 1.5～1.6mm。

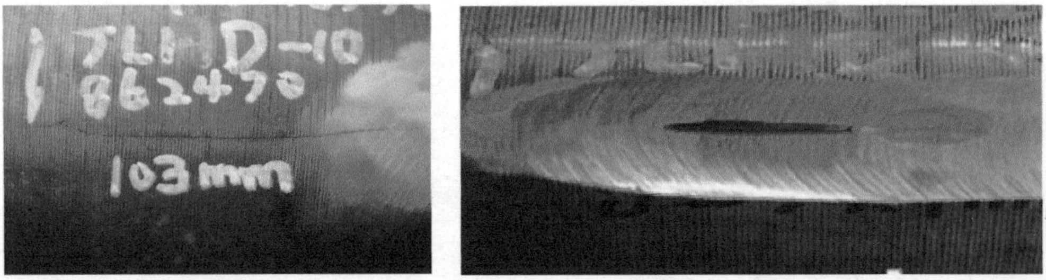

(a) 打磨前　　(b) 打磨后

图 2-3　P92 钢管外表面裂纹

图 2-4 示出了 P91、P92 钢管的表面沟槽、凹陷等缺陷，图 2-4（a）的机械切口在钢管内外壁均发现。切口 1 在钢管外表面，深约 4mm，长约 30mm；切口 2 在钢管内表面，深约 3mm，两切口宽度 0.8mm，切口处于钢管周向相对 180° 位置。两切口为钢管制造商进行超声波检测标定基准所用，但供货时未予切除或打磨。图 2-4（b）所示 P92 钢管表面严重刨伤。图 2-4（c）、2-4（d）为钢管内外表面凹陷。

含有穿透性裂纹的钢管无法使用，予以报废或切除；对于氢脆裂纹的钢管，该冶炼炉次钢管全部报废。对于表面裂纹或类裂纹缺陷、严重划伤、沟槽等，根据 GB/T 5310—

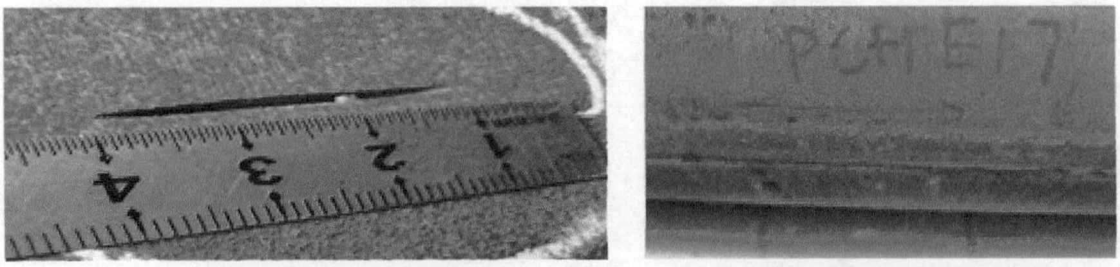

(a) P92钢管外壁沟槽(ID368×91mm)　　(b) P92钢管表面严重划伤(ID699×41mm)

图 2-4　P91、P92 钢管表面缺陷（一）

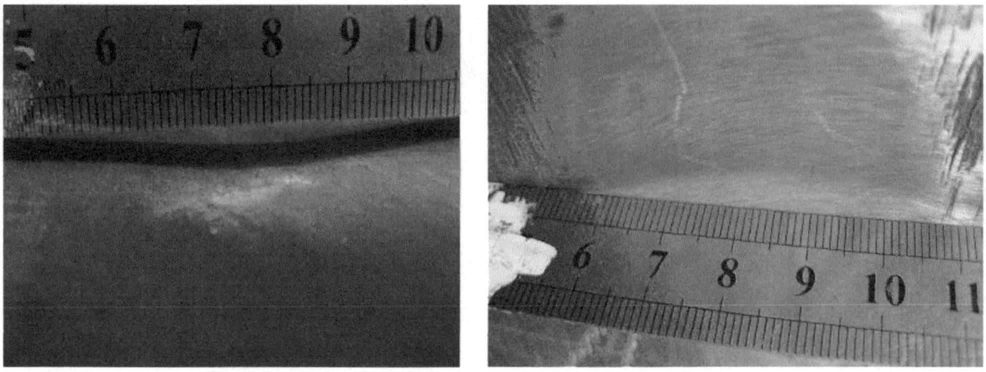

(c) P92钢管外表面凹陷 (d) P91钢管内表面凹陷

图 2-4 P91、P92 钢管表面缺陷（二）

2017 规定，对钢管的外表面裂纹、折叠、结疤、轧折和离层等可机械清除，并圆滑过渡，缺陷清除深度应不超过管壁厚度的 10%，缺陷清除处的实际外径和壁厚应不小于外径和壁厚所允许的最小值。

二、钢管内部缺陷

钢管的内部缺陷主要表现为超声波探伤发现的超标缺陷，有时在配管过程中钢管端部加工的坡口看到明显的分层缺陷。图 2-5 示出了 P92 钢管距端部 0～500mm 区段近内表面的分层缺陷，这类缺陷在不同规格的 P92 钢管中均有出现，与采购钢管的批次相关。例如，某电厂采购的国外某公司生产的 P92 钢管，对到货的高温再热管道（ID711.2×54mm）钢管检验 41 根（超声波检测与测厚），发现 12 根钢管管端有超标夹层缺陷，不符合 DL/T 438—2016 的规定。规格为 ID711.2×60mm 的高温再热管道检验 7 根，未见超标夹层缺陷。

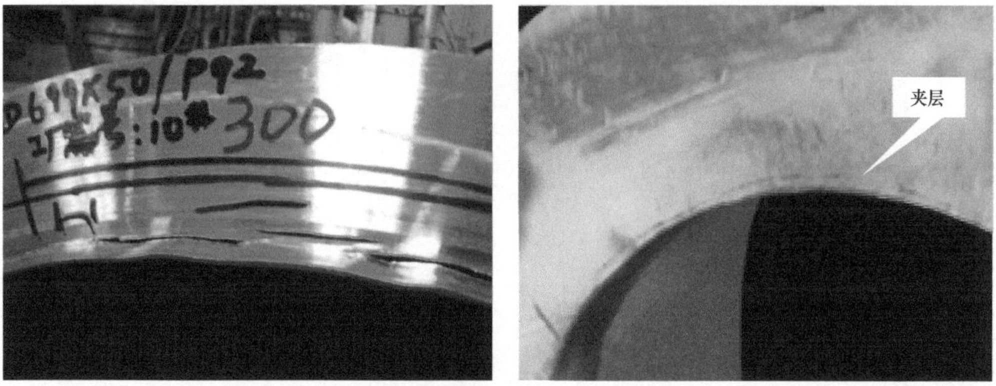

图 2-5 P92 钢管端部近内壁分层缺陷

对 P92 钢管夹层区沿管子横向和纵向截取试块，制备金相试样进行光学显微观察，对夹层缺陷进行扫描电镜观察及能谱分析。在管子横截面和纵截面上发现多条明显可见且不连续的细条状夹杂物，横截面方向上夹杂物沿管子周向分布（见图 2-6），单个长度在 100μm 左右。纵截面方向夹杂物沿管子纵向分布、最大长度达 2mm 左右。按照 GB/T 10561—2005《钢中非金属含量的测定》对 P92 纵向截面试样进行非金属夹杂物评级，按单条长度达 2mm 的氮化硼（BN）夹杂物评级，按 C 类非金属夹杂物测量其级别为粗系 4.8 级，远超出 GB/T 5310—2017 的规定（A、B、C、D 各类夹杂物粗系和细系级别应分别不大于 2.5 级）。

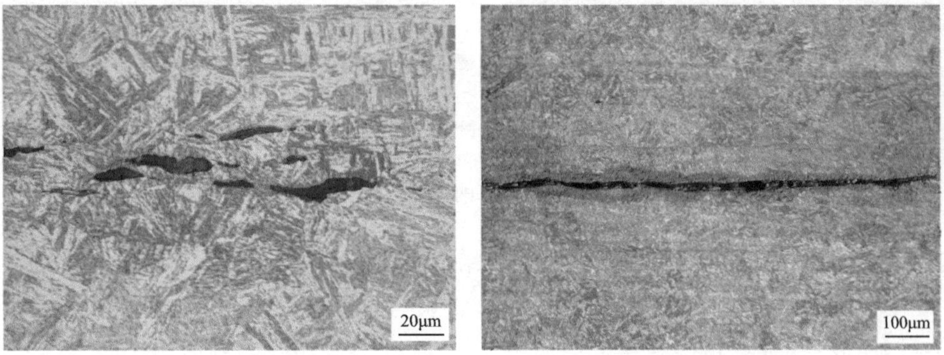

(a) 横截面金相观察　　(b) 纵截面金相观察

图 2-6　P92 钢管端部夹层缺陷微观形貌

对夹层缺陷进行微区能谱分析，发现硼、氮元素含量较高，判断为氮化硼（BN）夹杂（见图 2-7）。BN 夹杂形成于钢坯的冶炼、凝固过程中，在后期钢管挤压过程中沿轧制方向变形成片层状。

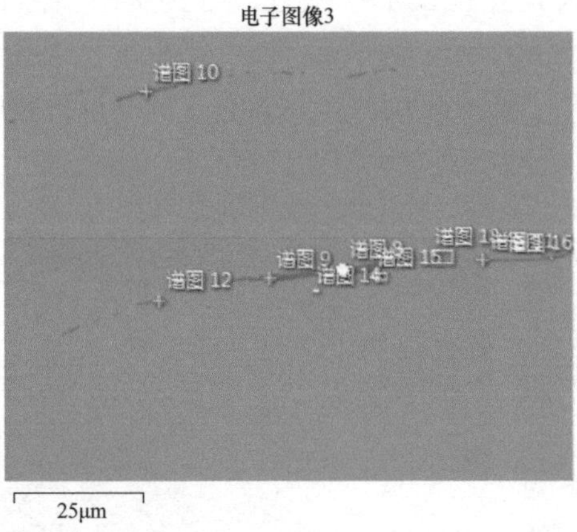

元素	wt%	wt%·Sigma	原子百分比
B	46.55	6.18	56.36
C	5.40	0.68	5.88
N	36.49	4.22	34.09
O	1.55	0.21	1.27
Si	0.07	0.01	0.03
S	0.07	0.02	0.03
Cl	0.23	0.03	0.08
V	0.14	0.03	0.03
Cr	0.99	0.12	0.25
Mn	0.40	0.06	0.09
Fe	7.99	0.93	1.87
W	0.14	0.05	0.01
总量	100.00		100.00

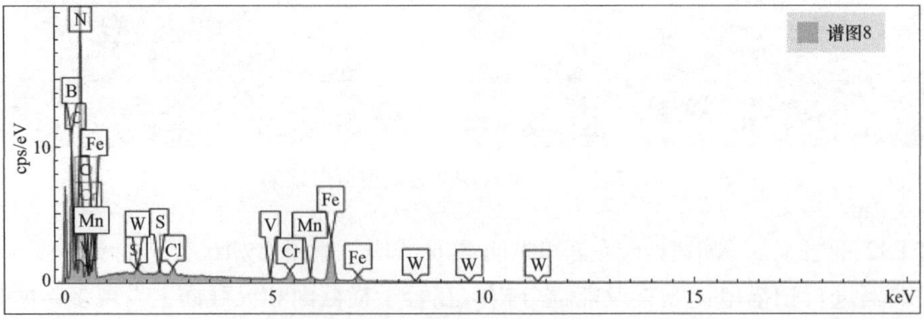

图 2-7　P92 钢管夹层缺陷的微区分析

GB/T 5310—2017、ASME SA335 规范对钢管的夹层缺陷无规定，BS EN 10216-2：2002 规范中规定对钢管的端部夹层缺陷检测按 ISO 10893-8《钢管的无损检测——第 8 部分：无缝钢管和焊制钢管层状缺陷的自动超声波检测》(*Non-destructive testing of steel tubes Part 8: Automated ultrasonic testing of seamless and welded steel tubes for the detection of laminar imperfections*) 执行。表 2-2、表 2-3 示出了 ISO 10893-8 中关于层状缺陷的分级与近焊缝区层状缺陷分级，大于 U2 级的缺陷不可接受。

表 2-2　　层状缺陷分级

验收级别	应考虑的最小单个层状缺陷面积		最大可接受的层状缺陷面积		
	单个层状缺陷面积（mm^2）B_{min}	周向尺寸（mm）C	单个层状缺陷面积（mm^2）B_{max}	单个层状缺陷面积之和与钢管外表面积之比（%）	
				钢管任意每米比值 max	钢管全长平均每米比值 max
U0	160	6	160	—	—
U1	$160+\pi D/4$	9	$160+\pi D/4$	1	0.5
U2	$160+\pi D/2$	12	$160+\pi$D/2	2	1
U3	$160+\pi D$	15	$160+\pi D$	4	2

注　1. D 为钢管的外直径。
2. 单个层状缺陷面积之和中的单个缺陷应 $\geqslant B_{min}$，$\leqslant B_{max}$。

表 2-3　　近焊缝区层状缺陷分级

验收级别	应考虑的最小单个层状缺陷长度（mm）L_{min}	最大可接受的层状缺陷尺寸		
		单个层状缺陷尺寸		钢管任意每米的缺陷数量①
		长度（mm）L_{max}	面积（mm^2）E_{max}	
U1	10	20	250	3
U2	20	40	500	4
U3	30	60	1000	5

① 计数的层状缺陷圆周尺寸＞6mm，且 $L_{min} \leqslant L \leqslant L_{max}$，$E \leqslant E_{max}$。

DL/T 438—2016《火力发电厂金属技术监督规程》对钢管端部的夹层缺陷给出了判定。①对钢管 0～500mm 区段的夹层类缺陷，按 BS EN 10246-14《钢管的无损检测 第 14：部分无缝和焊接（埋弧焊除外）钢管分层缺欠的超声检测》[*Non-destructive testing of steel tubes-Part* 14: *Automatic ultrasonic testing of seamless and welded (except submerged arc-welded) steel tubes for the detection of laminar imperfections*] 检验并按 U2 级别验收（BS EN 10216-2 2013 版本规定钢管夹层缺陷按 EN ISO 10893-8 执行，EN 10246-14 为 2012 版本中采用的夹层缺陷检测方法）；②对于距焊缝坡口 50mm 附近的夹层缺陷，按 U0 级别验收；③配管加工焊接坡口，检查发现夹层缺陷，应予以机械切除。相对于 EN 10216-2，DL/T 438—2016 对距焊缝坡口 50mm 附近的夹层缺陷规定更为严格。因为夹层缺陷若处于焊缝附近，在焊接高温下产生的热应力会导致夹层缺陷扩张，继而产生裂纹。

某电厂4号机组（1000MW）安装过程中，对国外某公司生产的P92钢制主蒸汽管道（ID349×72mm）进行氩弧焊打底时，发现焊缝坡口熔池不断出现气泡。分析排除了气泡与焊接人员技术水平及焊接设备相关，对产生气泡的管端母材进行超声波检验，发现在距坡口端部80mm区段，深度距外表面64～68mm，整圈存在较严重的母材内部缺陷。立即扩大检验，共查P92钢制主蒸汽管道7根直管段，计11个端部，发现4个端部存在较严重的夹层缺陷，随后对发现缺陷的管端部予以切除。

工程中还常发现不同规格的P91、P92、WB36和P22钢管超声波检测不符合要求而切除。

低温再热蒸汽管道用电熔焊管的纵焊缝有时也发现裂纹，例如某电厂规格ϕ711×20.62mm和ϕ508.8×15.88mm的A672B70CL32钢管23根管段，无损检测发现超标缺陷91余处，90%以上为裂纹类Ⅳ级缺陷，其中ϕ711×20.62mm管段检出79处缺陷，ϕ508.8×15.88mm管段检出12处缺陷。图2-8示出了磁粉（MT）、射线检测（RT）的裂纹照片。

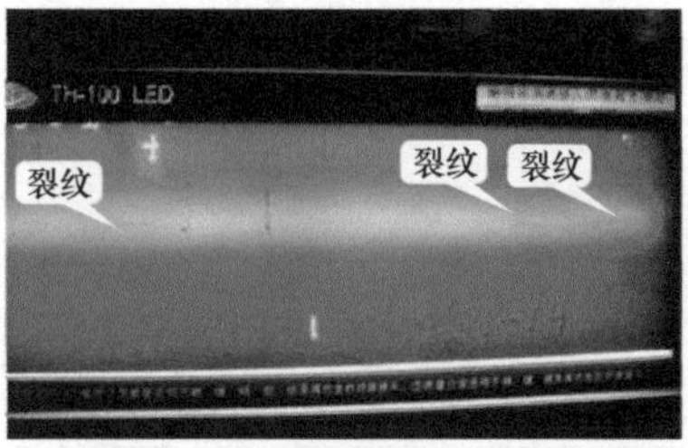

(a) RT检测

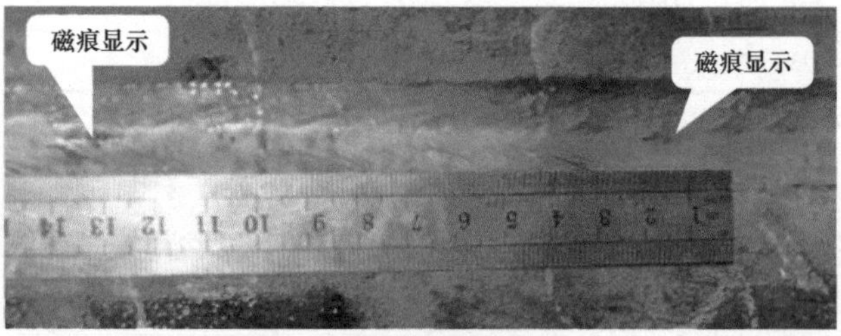

(b) MT检测

图2-8 A672B70CL32电熔焊管纵焊缝裂纹

三、管材性能、金相组织不满足相关标准规定

关于管材的硬度、拉伸强度和冲击吸收能量KV_2，美国ASME SA335只规定了管材的硬度上限而无下限，屈服强度和抗拉强度规定下限而无上限，管材的冲击吸收能量无规定；ASTM A335仅对P91钢管规定了硬度范围190～250HBW，但对其他牌号管材无硬度下限规定。欧洲标准BS EN 10216-2对钢管硬度无规定，规定了管材的屈服强度下限、抗拉强度范围值和冲击吸收能量的最低值。GB/T 5310—2017规定了钢管的硬度范围；有的材料与BS EN 10216-2一样，规定了管材屈服强度下限、抗拉强度范围值；有的材料与ASME SA335一样，只规定了管材的屈服强度和抗拉强度下限而无上限，规定了管材冲击吸收能量的最低值。金属材料的硬度与抗拉强度有较好的对应关系，所以，控制材料的硬度上限和控制抗拉强度上限本质上相一致，实际上也就控制了金属材料的韧性指标冲击吸收能量。

对工程部件来说，不可能在每个部件上取样进行材料的拉伸性能检测，但可方便地进行硬度检测，通过硬度检测可间接方便地估算金属部件的拉伸强度，进而评估部件的安全使用性能。因此，金属设备的硬度检测与控制，具有重要的技术意义和工程应用价值。鉴于此，DL/T 438—2016 对火电机组用钢的硬度范围做了规定。

工程中常发现整根钢管或钢管局部区域硬度偏低，有时也发现管材硬度偏高。硬度偏低的管段往往拉伸强度低于相关标准的下限。例如：某电厂 1 号机组 P91 钢制主蒸汽管道（主管、支管规格分别为 ID489×50mm 和 ID343×36mm）在安装前检验中，发现有 14 根直管段硬度低于 DL/T 438 规定的 180HBW，且硬度分布很不均匀。为了进一步了解硬度偏低管段的硬度及分布，选取规格为 ID343×36mm 的管段在实验室进行试验。对管段不同硬度区域材料取样在室温下进行拉伸、硬度试验的结果见表 2-4。由表 2-4 可见：硬度偏低（167HBW）的材料拉伸强度低于 ASME SA335 规范要求；硬度达 182HBW 的拉伸强度可满足 ASME SA335 规范要求[8]。

表 2-4　　管段室温拉伸试验结果

试样编号	抗拉强度 R_m（MPa）	屈服强度 $R_{p0.2}$（MPa）	便携式里氏硬度计测量平均值（HB）	台式硬度计测量平均值（HBW）
ZW（90°）	570、565、575	355、350、370	150.5	167
HW（90°）	565、570、565	350、350、350	150.5	167
ZN（–90°）	660、660、655	505、505、500	—	185
HN（135°）	665、650、665	515、505、515	—	182
SA335	≥585MPa	≥415MPa		

注　Z—纵向；H—横向；W—外壁；N—内壁；角度为钢管周向位置。

低硬度 P91 钢管伴随着拉伸强度的下降，持久强度下降明显。图 2-9 示出了硬度 160HBW 和 180HBW 的 P91 钢 540℃和 566℃下的持久强度曲线，由图可见，相对于 180HBW 的 P91 钢，硬度 160HBW 的 P91 钢的 10^5h 持久强度明显下降。表 2-5 给出了外推的持久强度。由表 2-5 可见：硬度 160HBW 的 P91 钢的 10^5h 持久强度相对于标准推荐值下降了 45%[9]。文献［10］对不同硬度的 F92 钢制高温再热器出口集箱管（运行 22000h）在 605℃下进行了蠕变断裂试验，结果表明：硬度 180～185HBW 试样的 10^5h 持久强度为 82.5MPa，170～180HBW 的 10^5h 持久强度为 77.5MPa，165～175HBW 的 10^5h 持久强度为 70.3MPa。相对于 GB/T 5310—2017 推荐的 112.5MPa，最大下降 38%。图 2-10

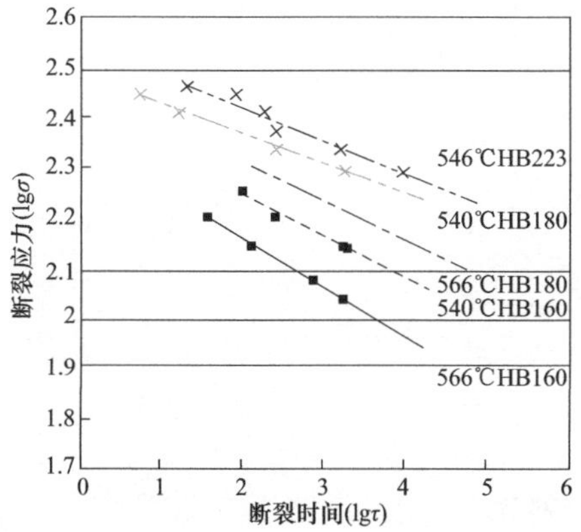

图 2-9　硬度对 P91 钢持久强度的影响

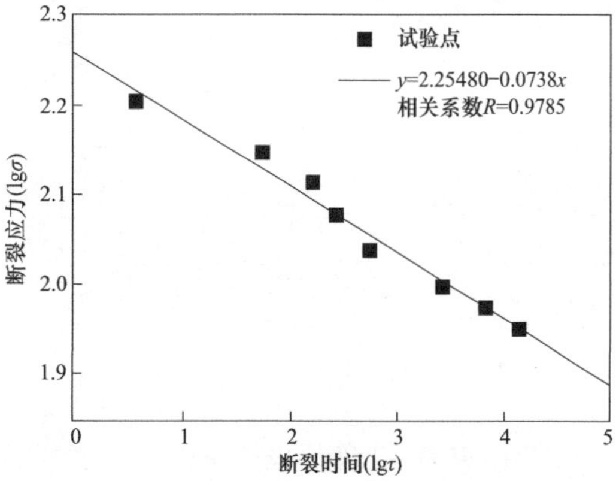

图 2-10　硬度 170～180HBW 的 F92 钢的持久强度曲线

表 2-5　　　　不同硬度的 P91 外推的持久强度

硬度（HBW）	试验温度（℃）	10^5h 持久强度（MPa）	GB/T 5310 推荐的 10^5h 持久强度（MPa）
160	566	74	133
	540	95	166
180	566	120	133
	540	155	166

示出了硬度 170～180HBW 的 F92 钢 605℃下的持久强度曲线。持久强度的下降，必然导致部件在高温下服役寿命的缩短。

低硬度 P91 钢制部件，金相组织中往往出现明显的铁素体（见图 2-11）。图 2-12 显示的 P92 钢管中的 δ- 铁素体含量超标（DL/T 438—2016 规定母材中的 δ- 铁素体含量不超过 5%），有时也出现图 2-13 所示类裂纹形貌，对此类裂纹形貌尚未见进一步的微观分析和研究，以及对力学性能的影响。

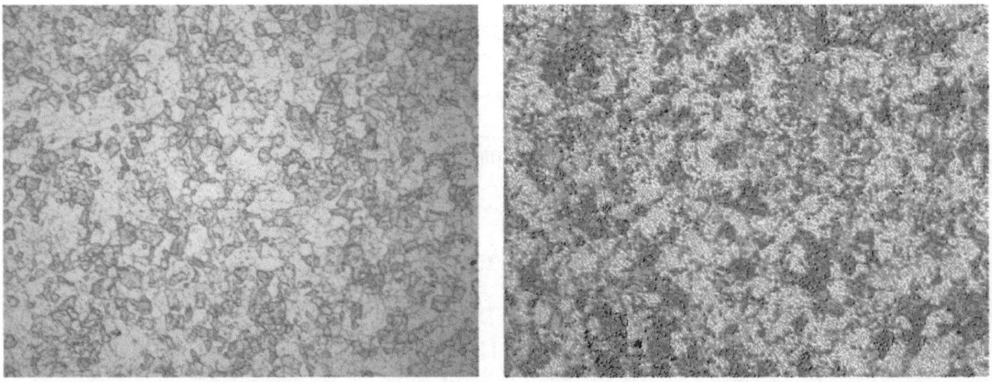

(a) 硬度140HBW　　　　(b) 硬度157HBW

图 2-11　P91 钢中的铁素体

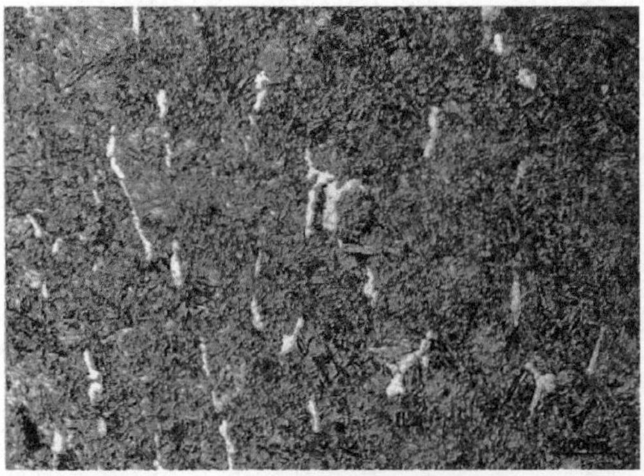

图 2-12　P92 钢中的 δ- 铁素体

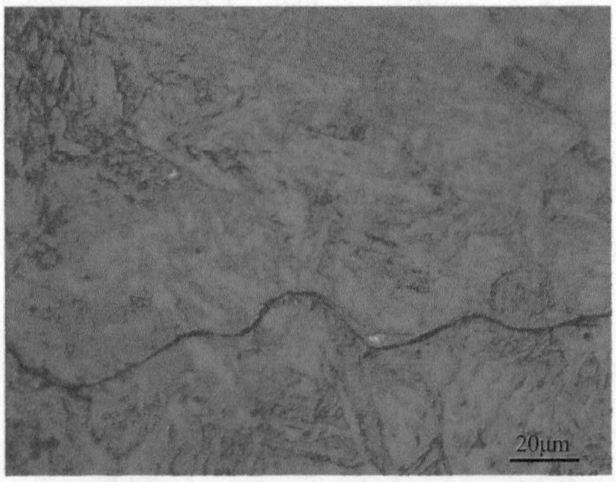

图 2-13　P92 钢中的类裂纹形貌

工程中有时发现管材硬度偏高，硬度偏高的材料拉伸强度高，相应的脆性也大，所以材料的硬度应控制在一个合理的范围。某电厂对规格为 ϕ559×60mm 的 WB36 钢管的现场硬度检查表明：43 根钢管中有 38 根硬度超过 252HBW，有的高达 291HBW，不满足 DL/T 438—2016 规定的 185～252HBW。对硬度偏高的部位取样进行硬度、拉伸、冲击试验，结果见表 2-6。试验结果表明，硬度偏高的管段抗拉强度超过标准上限，但其冲击韧性指标冲击吸收能量 KV_2 仍处于高的水平。

表 2-6　　WB36 钢管拉伸、冲击试验结果（轴向）

试样编号	位置	$R_{p0.2}$（MPa）	R_m（MPa）	A（%）	Z（%）	KV_2（J）	硬度（HBW）
ZS1	外层	745	845	18.0	69.5	184.4	276.8
ZS2	中层	690	810	19.5	68.0	163.9	259.8
ZS3	内层	820	905	17.5	68.0	163.9	291.0
ZX1	外层	765	865	19.0	68.0	153.8	291．0
ZX2	中层	680	805	18.5	67.0	126.0	257.2
ZX3	内层	690	805	18.0	66.5	140.9	256.4
DS1	外层	710	815	22.5	71.0	195.9	274.4
DS2	中层	670	780	21.5	70.5	200.4	256.4
DS3	内层	685	775	21.0	71.0	216.5	269．0
DX1	外层	760	860	21.5	68.5	178.6	283.2
DX2	中层	700	820	20.5	68.0	167.2	264.2
DX3	内层	720	815	20.0	70.5	203.1	269．0
EN10216-2		≥440	610～780	≥19（轴）	—	≥40（轴）	—
ASME SA33		≥440	≥620	≥15	—	—	≤250

注　Z—钢管中间位置；D—钢管端部位置；S、X—同一管段相对 180°位置。

对高硬度钢管，一般采用再次回火来降低硬度，但对低硬度钢管，则需重新正火 + 回火或淬火 + 回火。对表 2-4 中硬度偏低的 P91 管段，经重新正火 + 回火，硬度和拉伸性能满足相关标准；对表 2-6 中硬度偏高的 WB36 管段，适当提高回火温度后，钢管硬度及其他力学性能均满足相关标准要求。

关于汽水管道的硬度控制与测量，参见附录 B“火电机组金属部件的硬度检测与控制”。

四、管材几何尺寸缺陷

管材的几何尺寸缺陷主要表现为壁厚差、圆度或外径尺寸超标。例如，某电厂 WB36 钢制主给水管道（ϕ457×50mm）有 4 根管外径允许偏差及圆度不符合采购合同要求及 GB/T 5310—2017 规定。某电厂 3 号机组 6 根 P92 管道和 2 根 12Cr1MoVG 管道环焊缝两侧最小壁厚小于图纸要求，其原因是原始钢管圆度超标，环焊缝对接焊时为保证内径对口，对坡口处管道端部进行机械加工，导致焊缝处两侧管端减薄，对上述 8 根管段中的 6 根在锅炉厂进行了堆焊。某电厂 4 号炉 6 根 P92 末级再热器出口管段（ϕ660×40mm）实测壁厚小于设计规定，设计要求最小壁厚 36.0mm，实测最小壁厚 32.5mm。

管道壁厚小于设计壁厚，会导致强度不足；管道壁厚大于设计壁厚，可能会引起按标准设计的有些支吊架承载能力不足。壁厚差、圆度或外径尺寸超标，会对管道环焊缝对接焊时对口尺寸产生不利的影响，同时也会引起附加应力增加，缩短管道寿命。

钢管的技术规范通常按外径管规定其几何尺寸偏差，表 2-7 为 GB/T 5310、ASME SA335 规范中关于外径管的外径及壁厚允许偏差，表 2-8 为 BS EN 10216–2 关于外径管外径及壁厚允许偏差，表 2-9 为 BS EN 10216–2 关于内径管内径及壁厚允许偏差，表 2-10 示出了按照 GB/T 5310、ASME SA335 和 BS EN 10216–2 对两个规格钢管的外径、壁厚偏差比较，由表 2-10 可见：对于外径 300mm 以上的热轧钢管，ASME SA335 和 BS EN 10216–2 对管径的偏差规定均为 ±1%，GB/T 5310 小于 ±1%（按高级钢管）；ASME SA335 规定的壁厚偏差最大，其次为 BS EN 10216–2，GB/T 5310 对壁厚偏差控制最严格。

表 2-7　　ASME SA335 与 GB/T 5310 关于外径管的外径及壁厚允许偏差

<table>
<tr><th colspan="4">ASME SA335</th><th colspan="6">GB /T 5310</th></tr>
<tr><th colspan="2">外径偏差</th><th colspan="2">壁厚偏差</th><th colspan="3">外径偏差</th><th colspan="3">壁厚偏差</th></tr>
<tr><th>外径 D(mm)</th><th>偏差(mm)</th><th>外径 D（mm）</th><th>偏差（%）</th><th colspan="2">外径 D（mm）</th><th>偏差</th><th colspan="2">壁厚 t</th><th>偏差</th></tr>
<tr><td rowspan="2">6～40</td><td rowspan="2">±0.4</td><td rowspan="2">6～65
t/D（所有）</td><td rowspan="2">+20
−12.5</td><td colspan="2">≤57</td><td>±0.30</td><td colspan="2">≤4.0</td><td>±0.35</td></tr>
<tr><td colspan="2"></td><td></td><td colspan="2">>4.0～≤20</td><td>±10%S</td></tr>
<tr><td rowspan="2">40～100</td><td rowspan="2">±0.79</td><td rowspan="2">>65
t/D≤0.05</td><td rowspan="2">+22.5
−12.5</td><td rowspan="2">57～
≤325</td><td>t≤35</td><td>±0.5%D</td><td rowspan="2">>20</td><td>D<219</td><td>±7.5%S</td></tr>
<tr><td>t > 35</td><td>±0.75%D</td><td>D≥219</td><td>±10%S</td></tr>
<tr><td>100～200</td><td>+1.59
−0.79</td><td>>65
t/D>0.05</td><td>+15
−12.5</td><td colspan="2">>325～600</td><td>+1% 或 5 取较小者 −2</td><td></td><td></td><td></td></tr>
<tr><td>200～300</td><td>+2.38
−0.79</td><td></td><td></td><td colspan="2">>600</td><td>+1% 或 7 取较小者 −2</td><td></td><td></td><td></td></tr>
<tr><td>≥300</td><td>±1%</td><td></td><td></td><td colspan="2"></td><td></td><td></td><td></td><td></td></tr>
</table>

注　GB/T 5310 规定：根据需方要求，经供需双方协商，并在合同中注明，钢管的圆度和壁厚不均应分别不超过公称外径和壁厚公差的 80%。

表 2-8　　BS EN 10216–2 中关于外径管的外径及壁厚允许偏差

<table>
<tr><th colspan="2">外径偏差</th><th colspan="4">壁厚偏差</th></tr>
<tr><th rowspan="2">外径 D（mm）</th><th rowspan="2">偏差</th><th colspan="4">壁厚 / 外径（t/D）</th></tr>
<tr><th>t/D≤0.025</th><th>0.025<t/D≤0.050</th><th>0.05<t/D≤0.10</th><th>t/D>0.10</th></tr>
<tr><td>D≤219.1</td><td rowspan="2">±1% 或 ±0.5mm，取较大值</td><td colspan="4">±12.5% 或 ±0.4mm，取较大值</td></tr>
<tr><td>D>219.1</td><td>±20.0%</td><td>±15.0%</td><td>±12.5%</td><td>±10.0%</td></tr>
<tr><td colspan="3">内径管椭圆度≤1%</td><td colspan="3">外径管椭圆度≤1.5%</td></tr>
</table>

注　1. 对 D≥355.6 mm 的外径管，局部壁厚允许超过壁厚上限的 5%。
2. 表中的椭圆度为 VALLOUREC 公司投标文件中的数据。

表 2-9　　　BS EN 10216—2 中关于内径管的内径及壁厚允许偏差

内径偏差		壁厚偏差			
平均内径 D_i	最小内径 D_{min}	壁厚 / 内径（t/D）			
		≤0.03	>0.03 ≤0.06	>0.06 ≤0.12	>0.12
±1% 或 ±2mm，取较大值	+2% 或 +4mm，取较大值	±20%	±15%	±12.5%	±10%

表 2-10　　　两个规格钢管外径、壁厚偏差按不同规范的比较

标准	偏差	ϕ508×60mm		ϕ660×23 mm	
		壁厚 / 外径（t/D），0.118		壁厚 / 外径（t/D），0.03	
ASME SA335	外径偏差	±1%	±5.08mm	±1%	±6.6mm
	壁厚偏差	+15%–12.5%	+9.0mm–7.5mm	+22.5%–12.5%	+5.2mm–2.9mm
EN 10216—2	外径偏差	±1%	±5.08 mm	±1%	±6.6mm
	壁厚偏差	±10.0%	±6.0mm	±15.0%	±3.45mm
GB/T 5310	外径偏差	+1% 或 5 取较小者 –2	3 mm	+1% 或 7 取较小者 –2	4.6mm
	壁厚偏差	±10.0%	±6.0mm	±10.0%	±2.3mm

五、假冒伪劣钢管

在火电机组汽水管道的质量监控中，有时出现一些假冒伪劣钢管，2006 年 8 月，国家电力监管委员会曾发出《关于对海莱特公司代理的美国 WT 管道进行安全技术鉴定的通知》（办安全〔2006〕51 号文），通知中明确指出，所谓的 WT 公司是海莱特公司杜撰的虚拟公司，海莱特公司代理的钢管实际产自江苏泰州申工重机钢管公司，图 2-14 示出了假冒的 WT 公司 P91 钢管的质量保证书，图 2-15 示出了假冒钢管的喷标，手写阿拉伯数字明显有别于国外喷标上的手写阿拉伯数字，图 2-16 则为杜撰的 SUMITO 公司 P91 钢管喷标。

2006 年 10 月 31 日，某电厂 2 号机组（300MW）调试阶段锅炉严密性试验及安全门整定时主蒸汽管道（P91）爆裂（见图 2-17）。与爆裂管同批管道共 9 根采购于常州新能钢管公司，而常州新能钢管公司又采购于天津 SMANT TUBES 公司，而 SMANT TUBES 公司无钢管制造许可证，在钢管上标识“SMANT TUBES 公司 美国制造”，属典型的假冒伪劣管道。

鉴于以上情况，在火电机组汽水管道质量监控中，特别要注意假冒伪劣管道。目前，各个电力集团公司非常重视汽水管道的制造质量监控，明显地提高了汽水管道的制造质量。

除了发现假冒国外钢管外，在一些新建机组管道监造中也发现一些假冒国内钢管厂的产品。图 2-18 示出了假冒衡阳华菱 15NiCuMoNb5-6-4 钢管的产品质量保证书，涉及 ϕ273×35mm、ϕ406.4×45mm 和 ϕ560×65mm 三种规格。上述钢管为非热轧管，质量证明书上既无热处理状态，也无拉伸、冲击性能试验结果及金相、无损检验报告。经衡阳华菱钢管有限公司鉴别确认为伪造。

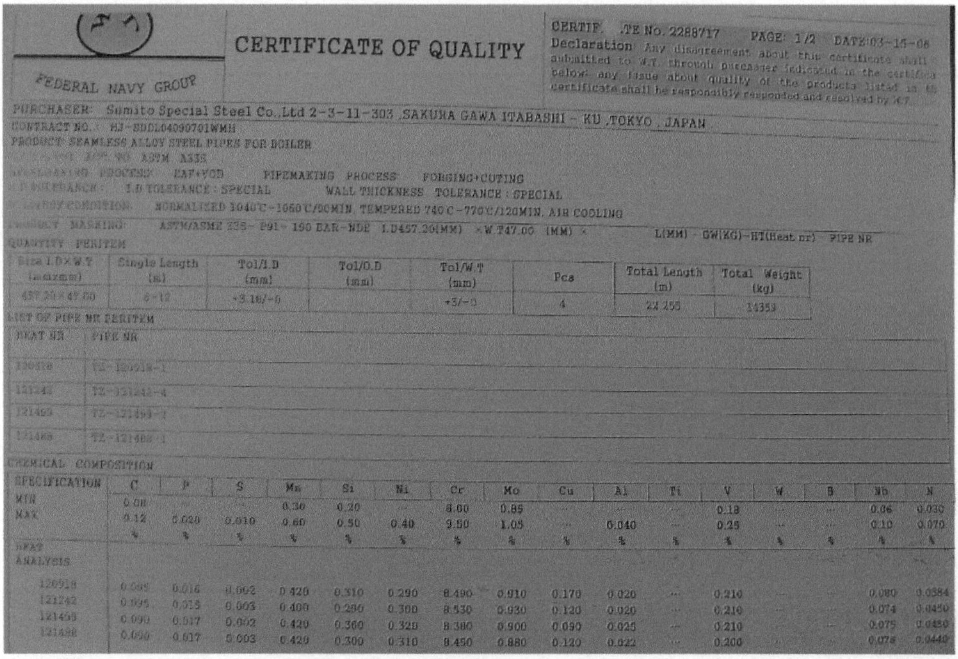

FEDERAL NAVY GROUP

CERTIFICATE OF QUALITY

CERTIF. TE No. 2288717 PAGE: 1/2 DATE:03-15-08
Declaration: Any disagreement about this certificate shall submitted to W.T. through purchaser indicated in the certificate below: any issue about quality of the products listed in the certificate shall be responsibly responded and resolved by W.T.

PURCHASER: Sumito Special Steel Co.,Ltd 2-3-11-303 ,SAKURA GAWA ITABASHI - KU ,TOKYO , JAPAN
CONTRACT NO.: HJ-SDDL04090701WMH
PRODUCT: SEAMLESS ALLOY STEEL PIPES FOR BOILER
ACC. TO ASTM A335
PROCESS: EAF+VOD PIPEMAKING PROCESS: FORGING+CUTING
TOLERANCE: I.D TOLERANCE : SPECIAL WALL THICKNESS TOLERANCE : SPECIAL
CONDITION: NORMALIZED 1040℃-1060℃/90MIN, TEMPERED 740℃-770℃/120MIN, AIR COOLING
MARKING: ASTM/ASME 335- P91- 190 BAR-NDE I.D457.20(MM) ×W.T47.00 (MM) × L(MM) - GW(KG)-HT(Heat nr) - PIPE NR
QUANTITY PERITEM

Size I.D×W.T (mm×mm)	Single Length (m)	Tol/I.D (mm)	Tol/O.D (mm)	Tol/W.T (mm)	Pcs	Total Length (m)	Total Weight (kg)
457.20×47.00	6-12	+3.18/-0		+3/-0	4	22.255	14359

LIST OF PIPE NR PERITEM

HEAT NR	PIPE NR
120918	TZ-120918-1
121242	TZ-121242-4
121458	TZ-121458-2
121488	TZ-121488-1

CHEMICAL COMPOSITION

SPECIFICATION	C	P	S	Mn	Si	Ni	Cr	Mo	Cu	Al	Ti	V	W	B	Nb	N
MIN	0.08	···	···	0.30	0.20	···	8.00	0.85	···	···	···	0.18	···	···	0.06	0.030
MAX	0.12	0.020	0.010	0.60	0.50	0.40	9.50	1.05	···	0.040	···	0.25	···	···	0.10	0.070
	%	%	%	%	%	%	%	%	%	%	%	%	%	%	%	%
HEAT ANALYSIS																
120918	0.095	0.016	0.002	0.420	0.310	0.290	8.490	0.910	0.170	0.020	···	0.210	···	···	0.080	0.0384
121242	0.095	0.015	0.003	0.400	0.290	0.300	8.530	0.930	0.120	0.020	···	0.210	···	···	0.074	0.0450
121458	0.090	0.017	0.002	0.420	0.360	0.320	8.380	0.900	0.090	0.025	···	0.210	···	···	0.075	0.0450
121488	0.090	0.017	0.003	0.420	0.300	0.310	8.450	0.880	0.120	0.022	···	0.200	···	···	0.078	0.0440

图 2-14 杜撰的 WT 公司 P91 钢管质量保证书

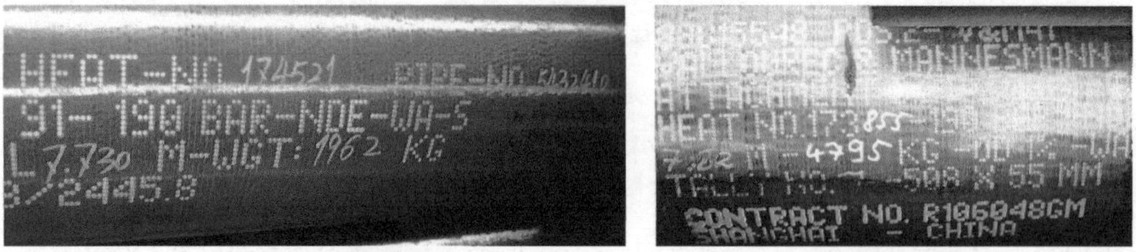

(a) 假冒V&M公司钢管喷标 (b) V&M公司钢管喷标

图 2-15 假冒 V&M 公司 P91 钢管

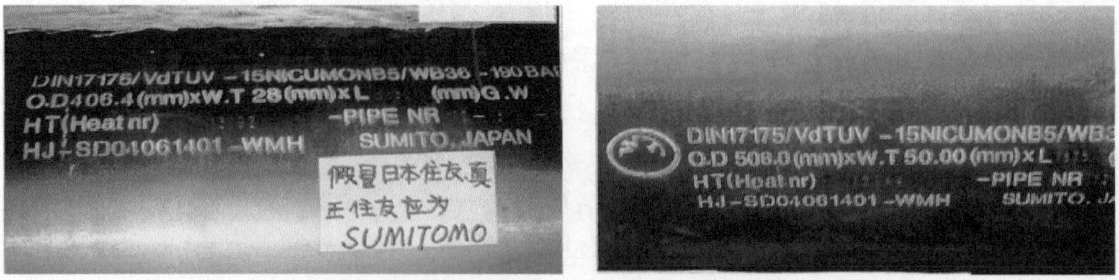

图 2-16 杜撰的 SUMITO 公司 P91 钢管

图 2-17　伪劣主蒸汽管道（P91）爆裂

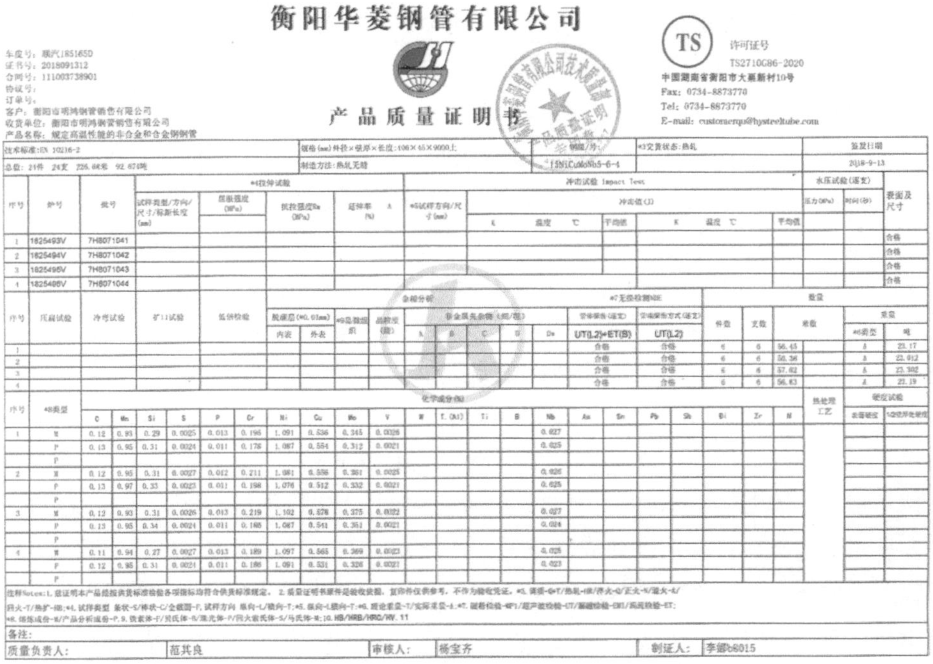

衡阳华菱钢管有限公司

产品质量证明书

车皮号：顺汽185165D
证书号：2018091312
合同号：111003738901
协议号：
订单号：
客户：衡阳市明鸿钢管销售有限公司
收货单位：衡阳市明鸿钢管销售有限公司
产品名称：规定高温性能的非合金和合金钢钢管

TS　许可证号 TS2710G86-2020
中国湖南省衡阳市大蓬新村10号
Fax：0734-8873770
Tel：0734-8873770
E-mail：customerqu@hysteeltube.com

技术标准：EN 10216-2　规格(mm)外径×壁厚×长度：406×45×9000上　钢级/号：15NiCuMoNb5-6-4　*3交货状态：热轧　签发日期：2018-9-13
总位：21件　24支　226.68米　92.674吨　制造方法：热轧无缝

序号	炉号	批号	*4拉伸试验 试样类型/方向/尺寸/标距长度(mm)	屈服强度(MPa)	抗拉强度Rm(MPa)	延伸率 A (%)	冲击试验 Impact Test *5试样方向/尺寸(mm)	冲击值(J) K	温度 ℃	平均值	K	温度 ℃	平均值	水压试验(逐支) 压力(MPa)	时间(秒)	表面及尺寸
1	1825493V	7H8071041														合格
2	1825494V	7H8071042														合格
3	1825495V	7H8071043														合格
4	1825496V	7H8071044														合格

序号	压扁试验	冷弯试验	扩口试验	低倍检验	金相分析 脱碳层(*0.01mm) 内表	外表	*9显微组织	晶粒度(级)	非金属夹杂物(级/级) A	B	C	D	Ds	*7无损检测NDE 管体探伤(逐支) UT(L2)+ET(B)	管端探伤方式(逐支) UT(L2)	数量 件数	支数	米数	重量 *6类型	吨
1														合格	合格	6	6	56.45	Δ	23.17
2														合格	合格	6	6	56.36	Δ	23.012
3														合格	合格	6	6	57.02	Δ	23.302
4														合格	合格	6	6	56.83	Δ	23.19

化学成分(%)

序号	*8类型	C	Mn	Si	S	P	Cr	Ni	Cu	Mo	V	W	T.(Al)	Ti	B	Nb	As	Sn	Pb	Sb	Bi	Zr	N	热处理工艺	硬度试验 表面硬度	1/2壁厚处硬度
1	M	0.12	0.93	0.29	0.0025	0.013	0.196	1.091	0.536	0.345	0.0026					0.027										
	P	0.13	0.95	0.31	0.0024	0.011	0.178	1.087	0.554	0.312	0.0021					0.025										
	P																									
2	M	0.12	0.95	0.31	0.0027	0.012	0.211	1.081	0.556	0.361	0.0025					0.026										
	P	0.13	0.97	0.33	0.0023	0.011	0.198	1.076	0.512	0.332	0.0021					0.025										
	P																									
3	M	0.12	0.93	0.31	0.0026	0.013	0.219	1.102	0.578	0.375	0.0022					0.027										
	P	0.13	0.95	0.34	0.0024	0.011	0.168	1.087	0.541	0.351	0.0021					0.024										
	P																									
4	M	0.11	0.94	0.27	0.0027	0.013	0.189	1.097	0.565	0.369	0.0023					0.025										
	P	0.12	0.95	0.31	0.0024	0.011	0.186	1.091	0.531	0.326	0.0027					0.023										
	P																									

注释Notes：1.兹证明本产品经按供货标准检验各项指标均符合供货标准规定。2.质量证明书原件是验收依据，复印件仅供参考，不作为验收凭证。*3.调质-Q+T/热轧-HR/淬火-Q/正火-N/退火-A/回火-T/热扩-HB；*4.试样类型 条状-S/棒状-C/全截面-F，试样方向 纵向-L/横向-T；*5.纵向-L横向-T；*6.理论重量-T/实际重量-Δ；*7.磁粉检验-MPI/超声波检验-UT/漏磁检验-EMI/涡流检验-ET；*8.熔炼成份-M/产品分析成份-P，9.铁素体-F/贝氏体-B/珠光体-P/回火索氏体-S/马氏体-M；10.HB/HRB/HRC/HV.11

备注：

质量负责人：范其良　审核人：杨宝齐　制证人：李娜b6015

(a) 假冒衡阳华菱钢管公司的产品质量保证书

图 2-18　假冒衡阳华菱钢管公司的产品质量保证书（一）

衡阳华菱钢管有限公司

产品质量证明书

车皮号：联汽181011AC
证书号：201846812
合同号：111003779301
协议号：
订单号：
客 户：衡阳市明鸿钢管销售有限公司
收货单位：衡阳市明鸿钢管销售有限公司
产品名称：规定高温性能的非合金和合金钢钢管

TS 许可证号 TS2710G86-2020
中国湖南省衡阳市大栗新村10号
Fax：0734-8873770
Tel：0734-8873770
E-mail：customerqu@hysteeltube.com

技术标准：EN 10216-2	规格(mm) 外径×壁厚×长度：406×45×9000上	钢级/号：15NiCuMoNb5-6-4	*3 交货状态：正火+回火	签发日期：2018-10-12
总数：8件 8支 84.19米 34.19吨	制造方法：热轧无缝			

序号	炉号	批号	试样类型/方向/尺寸/标距长度(mm)	*4 拉伸试验 屈服强度(MPa) REH	抗拉强度Rm(MPa)	延伸率A(%)	*5 试样方向/尺寸(mm)	冲击试验 Impact Test 冲击值(J) K	温度℃	平均值	KV2	温度20℃	平均值	水压试验(逐支) 压力(MPa) 涡探代	时间(秒)	表面及尺寸
1	1815317V	7HX072003	C/L/10/50	538	886	19.0	T/10*10*55	///		/	161/168/190///		173/	合格		合格
2																
3																
4																

序号	压扁试验	冷弯试验	扩口试验	低倍检验	金相分析 脱碳层(*0.01mm) 内表	外表	*6显微组织	晶粒度(级)	非金属夹杂物(细/粗) A	B	C	D	Ds	*7 无损检测 NDE 管体探伤(逐支) UT(L2)+ET(B)	管端探伤方式(逐支) UT(L2)	数量 件数	支数	米数	重量 *8类型	吨
1														合格	合格	8	8	84.19	A	34.19
2																0	0	0.00		0
3																0	0	0.00		0
4																0	0	0.00		0

序号	*8类型	C	Mn	Si	S	P	Cr	Ni	Cu	Mo	V	W	T.(Al)	Ti	B	Nb	As	Sn	Pb	Sb	Bi	Zr	N	热处理工艺	硬度试验HB 表面硬度	1/2壁厚处硬度
1	M	0.13	0.94	0.31	0.0038	0.012	0.229	1.151	0.631	0.285	0.0085		0.024			0.031							0.007	940℃±10℃正火+650℃±10℃回火		
	P	0.12	0.94	0.29	0.0032	0.012	0.217	1.130	0.601	0.311	0.0077		0.025			0.028							0.004			
	P																									
2	M																									
	P																									
	P																									
3	M																									
	P																									
	P																									
4	M																									
	P																									
	P																									

注释 Notes：1.兹证明本产品经按供货标准检验各项指标均符合供货标准规定。2.质量证明书原件是验收依据，复印件仅供参考，不作为验收凭证。*3.调质-Q+T/热轧-HR/淬火-Q/正火-N/退火-A/回火-T/热扩-HB；*4.试样类型 条状-S/棒状-C/全截面-F，试样方向 纵向-L/横向-T；*5.纵向-L/横向-T；*6.理论重量-T/实际重量-A；*7.磁粉检验-MPI/超声波检验-UT/漏磁检验-EMI/涡流检验-ET；*8.熔炼成份-M/产品分析成份-P.9.铁素体-F/贝氏体-B/珠光体-P/回火索氏体-S/马氏体-M；10.HB/HRB/HRC/HV 11.

备注：

质量管理部负责人：	范其良	审核人：	杨宝齐	制证人：	罗承锋b9681

(b) 正常的衡阳华菱钢管公司的产品质量保证书

图 2-18 假冒衡阳华菱钢管公司的产品质量保证书（二）

六、汽水管道钢管的国产化

火电机组汽水管道用 P91、P92、WB36 大口径无缝钢管（外径大于 300mm 左右）国外的主要制造商有 VALLOUREC 公司（之前为瓦卢瑞克 - 曼内斯曼 V&M-Vallourec&Mannesmann Tubes）、美国的威曼 - 高登公司（W-G-WYMAN-GORDON）、日本的新日铁住金公司（NSSMC-Nippon Steel &Summitomo Metal Corporation，2012 年 10 月组建）生产。VALLOUREC 公司通常对中、厚壁大中口径（<ϕ325～ϕ700）×（50～110mm）P91、P92、WB36 钢管采用周期式轧管机（Pilger mill，又称皮尔格轧机）生产，对外径 700mm 以上的钢管采用穿孔顶伸工艺成型；W-G 公司为垂直挤压成型。近年来，国内不少钢管公司（内蒙古北方重工业集团有限公司、武汉重工业集团有限公司、衡阳华菱钢管公司、湖北新冶钢有限公司、扬州龙川钢管公司、四川三洲特种钢管公司、江苏诚德钢管公司、河北宏润管道集团公司等）也成功地生产了 P91、P92、WB36 大口径钢管。制作工艺包括周期式轧管（Pilger mill，皮尔格轧机）、穿孔顶伸、垂直挤压成型、阿塞尔（ASSEL）斜轧、穿孔斜轧以及锻压成型等。VALLOUREC 公司在常州建造的钢管厂采用快锻成型工艺（PFP）。

国内一些研究单位对国产 P91、P92、WB36 等钢管性能进行了大量的试验研究。图 2-19 示出了国产 P91 钢管不同温度下拉伸性能与 ASME SA335 标准规定值的比较，由图 2-19 可见：国产 P91 钢管的拉伸性能高于 ASME SA335 标准要求。图 2-20 示出了国产 P91 钢管与 V&M 公司生产的钢管拉伸性能的比较，由图 2-20 可见：国产 P91 钢管略高于 V&M 公司生产的钢管拉伸性能。

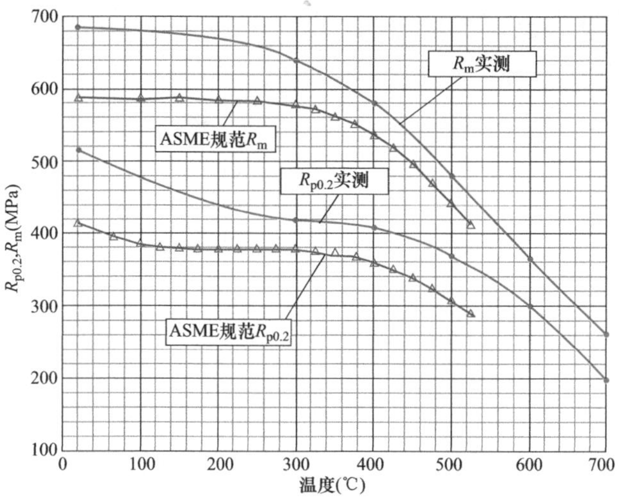

图 2-19 国产 P91 钢管的拉伸性能

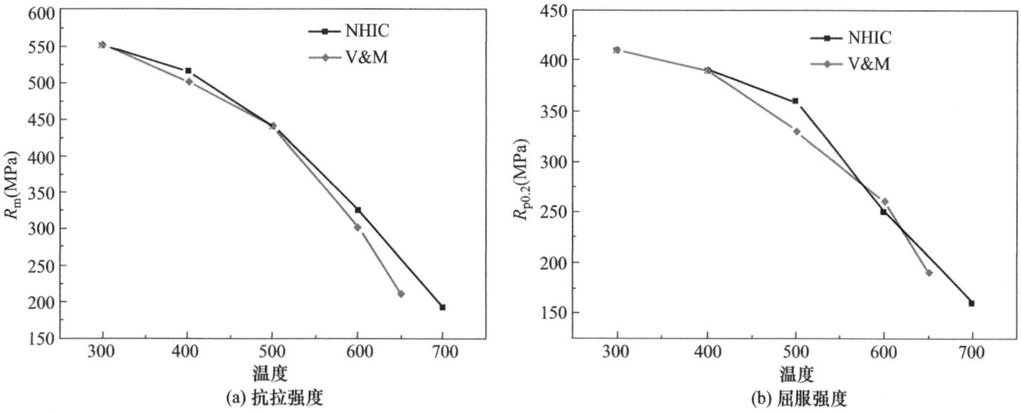

图 2-20 国产 P91 钢管高温拉伸性能与 V&M 公司钢管拉伸性能的比较

图 2-21、图 2-22 示出了国产 P91 钢管与国外钢管拉伸强度、横向拉伸面缩率和冲击吸收能量 KV_2 比较，由图 2-21 可见：国产 P91 钢管的屈服强度、抗拉强度与国外钢管处于同一分散带内，均高于标准的规定值；图 2-22 表明国产 P91 钢管与国外钢管横向拉伸面缩率、冲击吸收能量 KV_2 与国外钢管处于同一分散带内，均高于标准的规定值。图 2-23 示出了国产 P91 钢管的断口形貌转变温度 $FATT_{50}$，由图 2-23 可见，国产 P91 钢管的 $FATT_{50}$ 为 –16℃，在此温度下的 KV_2 仍达 50J。

国产 P91 钢管的 A（硫化物类）、B（氧化铝类）、C（硅酸盐类）和 D（球状氧化物类）均低于 GB/T 5310—2017 要求和 V&M 公司的钢管。表 2-11 示出了国产 P91 钢管 600℃下 10^5h 小时的持久强度与相关标准的比较，由表 2-11 可见，国产 P91 钢管 600℃下 10 万小时的持久强度高于欧洲 EN 10216—2 和 GB/T 5310 的推荐值，有的数值略低于美国 ASME《Boiler and Pressure Vessel Code-Ⅱ Materials-Part D Properties》中的推荐值。

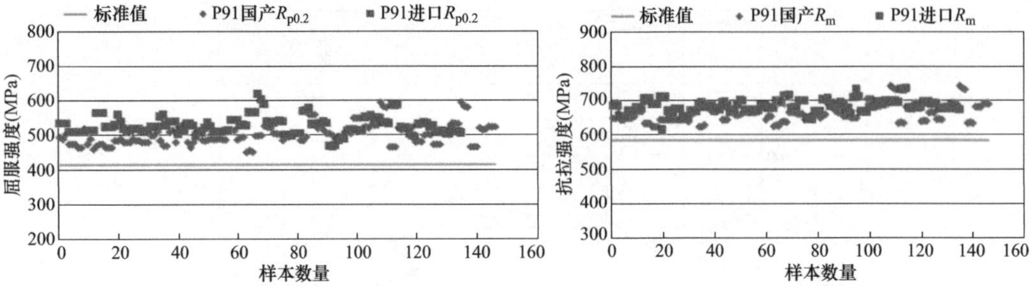

(a) 屈服强度　　(b) 抗拉强度

图 2-21　国产 P91 钢管与国外钢管拉伸强度的比较

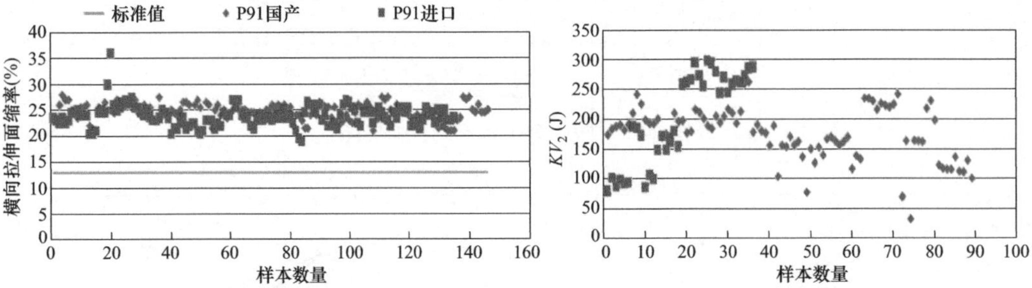

(a) 横向拉伸面缩率　　(b) KV_2

图 2-22　国产 P91 钢管与国外钢管横向拉伸面缩率、KV_2 的比较

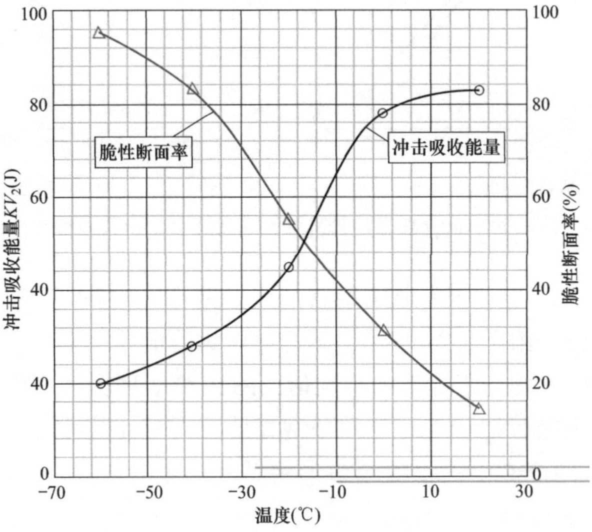

图 2-23　国产 P91 钢管的系列温度冲击试验结果

表 2-11　　国产 P91 钢管 600℃下 10^5h 小时的持久强度与相关标准的比较

数据来源	国内 W 厂 ϕ515×84	国内 C 厂 ϕ457×45	国内某厂	美国 ASME-Ⅱ-D	欧洲 EN 10216-2	中国 GB/T5310
持久强度（MPa）	97.1	94	104	壁厚≤75mm，97.5； 壁厚＞75mm，92.4	90	93

图 2-24 示出了国产 P92 钢管 600℃、625℃下的持久强度曲线。表 2-12 示出了国产 P92 钢管 625℃下 10^5h 小时的持久强度与相关标准的比较，由表 2-12 可见，国产 P92 钢管 625℃下 10 万小时的持久强度高于相关标准的推荐值。

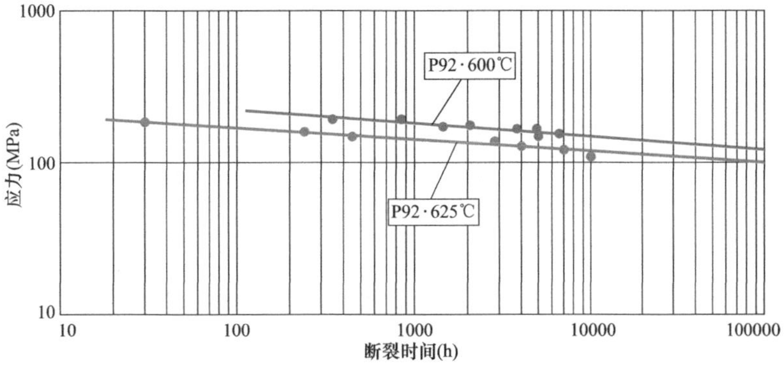

图 2-24 国产 P92 钢管 600℃、625℃下的持久强度曲线

表 2-12 国产 P92 钢管 625℃下 10^5h 小时的持久强度与相关标准的比较

国内 A 厂	国内 B 厂	ASME Code case2179-8	EN 10216-2	GB/T 5310—2017
99.3MPa	99.6MPa	85MPa	81MPa	85MPa

截至 2017 年，国产 P91 钢管已用于华能电力集团、大唐电力集团、国家电力投资集团、华电电力集团、国电集团、神华神东电力公司、华润电力、地方能源公司及国外 50 多个电厂的 100 多台机组的高温蒸汽管道中，其中华能电力集团 25 个电厂 50 多台机组。华能平凉电厂、华能济宁电厂、华能白杨河电厂和华能营口电厂是最早采用国产 P91 的四个电厂，先后于 2010 年左右投运。华能电力集团一直对国产 P91 钢管的服役状态进行跟踪检查监督，华能平凉电厂 5 号、6 号 600MW 超临机组的主蒸汽温度 566℃，至 2016 年 9 月（运行 37000h）对 5 号机组检查，未见任何异常。而国内钢管厂自 2006 年就给锅炉厂提供国产 P91 钢管用于炉顶主蒸汽管道，由此判断，国产 P91 钢管已有 12 年左右的运行历程。

根据国家能源局安排，国产 P92 钢管最早用于江苏南通 2×1000MW 超超临界机组（主蒸汽温度 600℃）主蒸汽管道中（2013 年年底投运），华电电力集团句容电厂 2×1000MW 高效超超临界机组（2016 年 12 月完工）的主蒸汽管道也采用国产 P92 钢管。此后华能电力集团所属的大坝电厂 2×660MW 高效超超临界（再热温度 620℃）、八角电厂 2×660MW 高效超超临界（再热温度 620℃）和北方胜利电厂 2×660MW 高效超超临界（再热温度 620℃）均在市场招标中采用国产 P92 钢管。与国产 P91 钢管一样，国内钢管厂自 2010 年起就给锅炉厂提供国产 P92 钢管用于炉顶主蒸汽管道，由此判断，国产 P92 钢管已有近 10 年左右的运行历程。

低温再热器管道用直缝埋弧焊接钢管 A672 B70 CL22 和 A691Gr. 1-1/4 CrCL22、A691Gr. 2-1/4CrCL22，2005 年左右这类钢管主要由德国的 EBK（Eisenbau Kraemer

GmbH）公司、EEW（Erndtebrücker Eisenwerk GmbH）公司供货。2010年后主要由韩国EEW公司、韩国钢花公司（STEEL FLOWER CO.LTD）、韩国世亚公司（SeAH Steel Corp.）、韩国HiSteel CO.LTD（Hanil Iron & Steel Co.）供货。EEW公司总部在德国，在德国、韩国建有钢管制造厂，韩国各直缝埋弧焊接钢管生产厂主要采用浦项公司的钢板制作。

第二节 汽水管道管件缺陷

火电机组用汽水管道管件的技术标准主要有：

GB/T 12459—2005《钢制对焊无缝管件》

GB/T 13401—2005《钢板制对焊管件标准》

DL 473—1999《大直径三通锻件技术条件》（该标准正在修订）

DL/T 515—2018《电站弯管》

DL/T 695—2014《电站钢制对焊管件》

ASME SA182《高温用锻制或轧制合金钢与不锈钢管法兰、锻制管件、阀门等部件技术条件》（*Specification for forged or rolled alloy and stainless steel pipe flanges, forged fittings, and valves and parts for high-temperature service*）

ASME SA234《中、高温用碳钢和合金钢管件技术条件》（*Specification for Piping Fittings of Wrought Carbon Steel and Alloy Steel for Moderate and High-Temperature Service*）

华能国际电力股份有限公司制定的《火电厂管件制造验收技术规程》

东北电力设计院编写的《火力发电厂汽水管道零件及部件典型设计》（2000年版）。

管道管件的缺陷主要为：①管件内外表面缺陷；②管件硬度、金相组织异常；③管件几何尺寸缺陷。有时也出现错用材料。

一、管件内外表面缺陷

管件内外表面缺陷主要为裂纹、表面凹坑、折叠、重皮等缺陷。图2-25示出了某电厂主蒸汽弯头（P92，ID432×106mm）内弧面裂纹，最长的一条长600mm，挖除后深度约14mm。制作该弯头的直管段规格为ϕ660×120mm，经过下料、热压、齐口、热校型、热处理。由于管壁较厚，弯头在热校型过程中保温时间较短（工艺规定1075℃±15℃保温2h，实际保温1.5h），弯头内外壁的热校温度不是非常均匀或内壁温度可能低于规定的温度，导致热校型过程中内壁开裂。

图2-26为某电厂P92钢制90°弯头（ID426×100mm）端部裂纹。裂纹在弯头端部从内壁向外壁沿壁厚扩展，长约90mm[见图2-26（a）]，在弯头端部内壁轴向长30mm。抛光后发现裂纹在弯头端部沿壁厚方向为两条不连续裂纹，在裂纹尖端附近也呈轻微不连续状态［见图2-26（b）］。

图2-27示出了弯头、弯管表面裂纹，图2-27（a）为某电厂350MW机组1号、2号炉过热器连接管弯头（P91，ϕ457×75mm）端部裂纹（两处裂纹，长度分别为

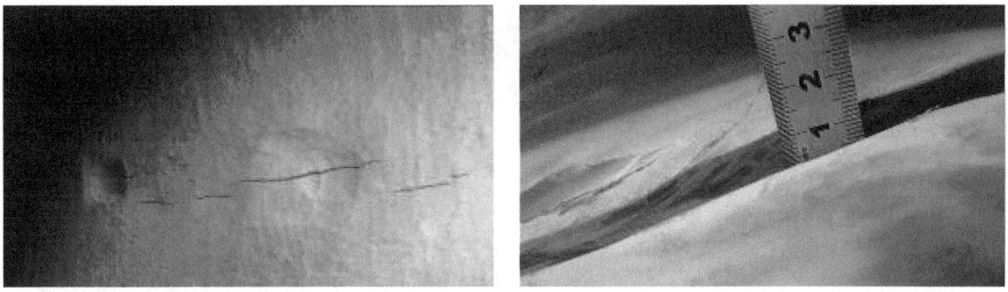
(a) 裂纹打磨后的形貌　　(b) 裂纹挖除

图 2-25　P92 钢制弯头内壁裂纹

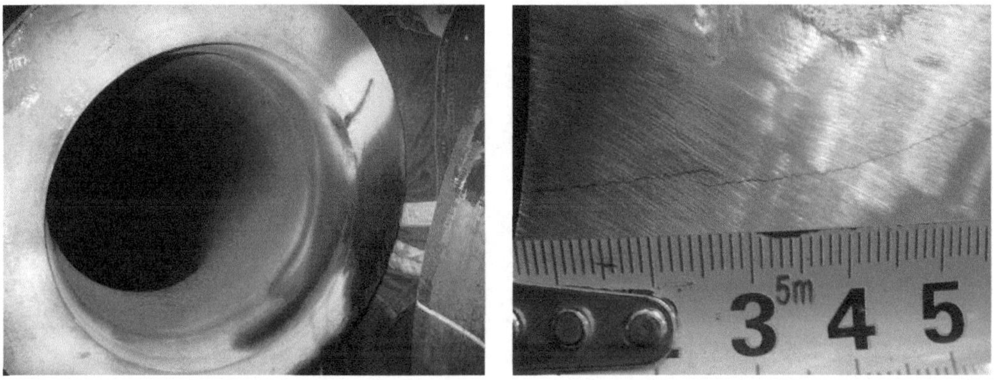
(a) 裂纹整体形貌　　(b) 端部裂纹

图 2-26　P92 钢制 90°弯头端部裂纹

18mm、14mm，最深 3mm）。分析表明由于弯头端部切割不齐，导致弯头坡口位置缺损，随后进行补焊，裂纹产生区域为补焊区。图 2-27（b）为某电厂 600MW 亚临界机组锅炉 12Cr1MoVG 钢制导汽管弯管（ϕ133×13mm）外弧侧表面裂纹，随机抽取有缺陷弯管进行解剖，证实内壁无裂纹，外壁裂纹深度均小于 0.5mm，弯管的化学成分、金相组织、力学性能满足相关标准。图 2-27（c）示出了异径管（P91，ID673×25.4mm）管口附近内表面的丛状裂纹，面积 180mm×200mm。

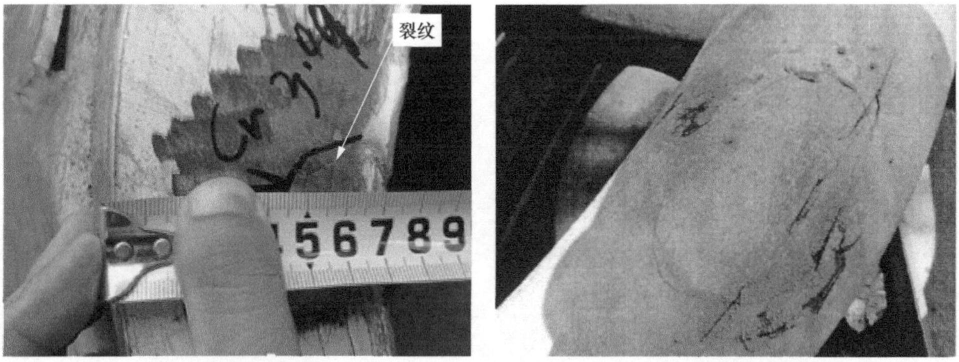

(a) 弯头端部补焊区裂纹　　(b) 弯管外弧侧表面裂纹

图 2-27　弯头、弯管、异径管表面裂纹（一）

(c) 异径管管口附近内表面丛状裂纹

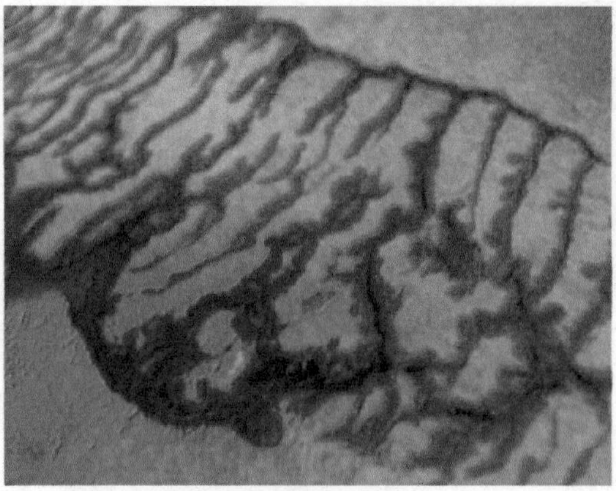

(d) 给水弯头外弧侧表面裂纹

图 2-27　弯头、弯管、异径管表面裂纹（二）

除了裂纹，工程中常发现有的弯头、异径管内外表面存在凹坑、机械损伤、引弧灼伤等缺陷（见图 2-28）。

管件的表面裂纹、划痕、凹陷等缺陷通常予以打磨，圆滑过渡，打磨深度不应小于管件设计的最小壁厚；若打磨深度超过强度计算的最小壁厚，可补焊。美国 ASME SA182 规定，对管件的非焊缝区域的缺陷，当修补面积超过外表面积的 10%，修补壁厚超过壁厚的 1/3 或 10mm 两者中的最小值，应征得购买方的同意，但 DL/T 695—2014

(a) 弯头内弧侧内壁表面凹坑，深约2.5mm

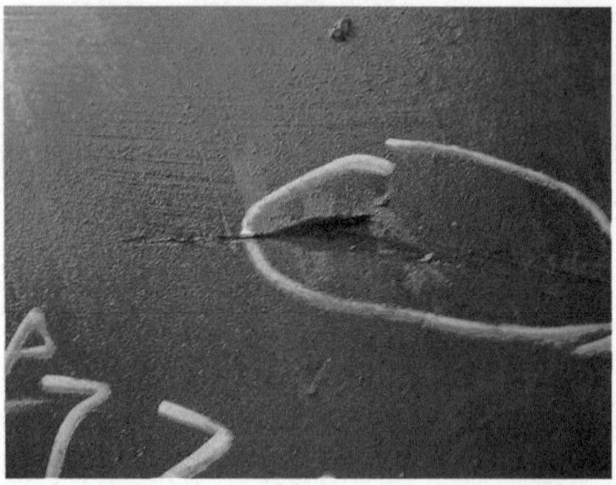

(b) 弯头外弧面严重划伤

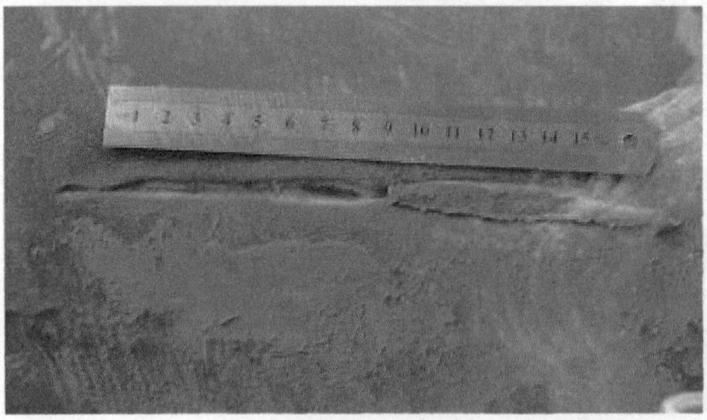

(c) 弯头外表面重皮

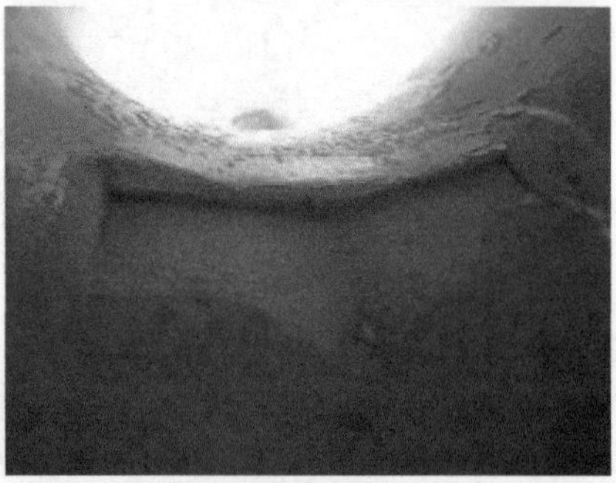

(d) WB36弯头内壁凹坑，深4~5mm

图 2-28　管件表面缺陷（一）

(e) WB36弯头中性面下凹，最大深度3mm

图 2-28 管件表面缺陷（二）

《电站钢制对焊管件》中无此规定。对于管件补焊，同一位置挖补次数碳钢不超过三次，合金钢不超过两次。补焊前应采用机机械加工、铲削或打磨方法完全去除缺陷，并进行磁粉或渗透检测，禁止使用碳弧气刨消缺。依据管件材料和补焊区域的大小，确定管件补焊工艺，补焊应按照评定合格的焊接工艺，由合格焊工操作。焊接修补后，焊接部位应通过机加工或打磨光滑过渡至合理的形状，并进行超声波、磁粉（或渗透）检测。如有必要，应进行射线检测。经过补焊的管件，应进行相应的焊后热处理，并详细记录补焊区域和补焊工艺。

管件表面裂纹是最危险的缺陷，在高温高压下服役很易引起裂纹扩展。例如某电厂 600MW 机组 4 号炉 2006 年 2 月投运，2012 年 10 月（机组累计运行约 5 万 h）发现主蒸汽管道（温度 572℃，压力 25.65MPa）P91 钢制三通（ϕ575.1×540mm，壁厚 78×74mm）处保温层滴水，检查发现三通内壁有 3 条裂纹。裂纹部位如图 2-29 所示，三通两侧肩部过渡区各 1 条，沿管道纵向开裂，一条长约 150mm，宽 5mm，这条裂纹贯穿三通内外壁（见图 2-29 中 A 位置）；一条长 130mm，宽 4mm，这条裂纹未贯穿三通本体，超声波测深约 40mm（见图 2-29 中 B 位置）；一条位于三通支管焊缝下部约 20mm（见图 2-29 中 C 位置）。切割三通检测内壁的裂纹形貌如图 2-30 所示。

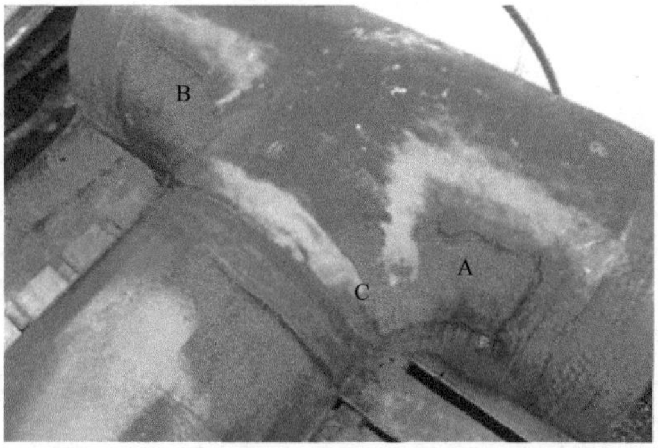

图 2-29 三条裂纹位置

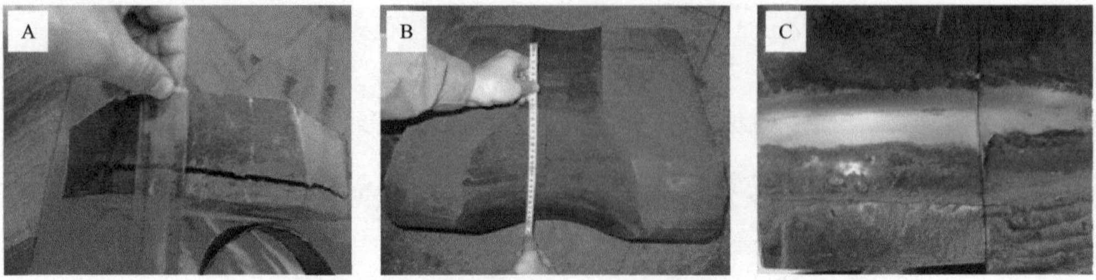

图 2-30 三通肩部内壁三条裂纹的形貌

对三通宏观检查发现肩部过渡区内壁有明显的内凹区带（最大宽度约 20mm，长约 160mm），而肩部过渡区的主裂纹均在内壁的内凹区带处。微观检验表明，在肩部过渡区内壁内凹区带宽约 10~15mm 范围内出现块状 α 铁素体（见图 2-31），深度距离内壁约 200μm。α 铁素体应在 830～930℃两相区形成，三通的实际运行温度 572℃，远低于此温度范围，表明 α 铁素体是在三通制造中产生的，正火温度偏低或正火后冷却速度较慢，导致出现 α 铁素体。

热压三通一般由直管热挤压成型，成形工艺为径向补偿法，通常采用多次压制—合模成型。在压扁工序中管坯被压成椭圆形，在椭圆长轴方向两端（合模成型后主管和支管之间肩部过渡区的中心面）变形量最大，中心面受剪切应力。如果变形较大，在长轴方向形成曲率半径较小的弧面，在合模过程中金属向挤压管口方向流动，处于自由状态的内壁变形不受约束，形成肩部过渡区内凹区带。变形越大，中心面剪切力越大，形成裂纹。分析表明主裂纹 A、B 在三通成型过程中即已产生，三通服役期间在高温、内压应力作用下裂纹扩展直至泄漏。

图 2-32 示出了某电厂 2 号机组（1000MW）一侧主汽 - 高旁 P92 热压三通（ID337.7mm×135.2mm/ 238.3mm×60.7mm）肩部内壁裂纹形貌，自机组投运至三通开裂，机组累计运行 85515h，启停 47 次。失效分析表明，三通两侧肩部内壁存在较大的补焊区（弧长 × 宽 × 深 = 约 326mm×58mm×45mm），两侧肩部外壁过渡面曲率半径超过标准要求的上限值，两侧肩部内壁过渡面形状不规则，按设计时的许用应力校核未

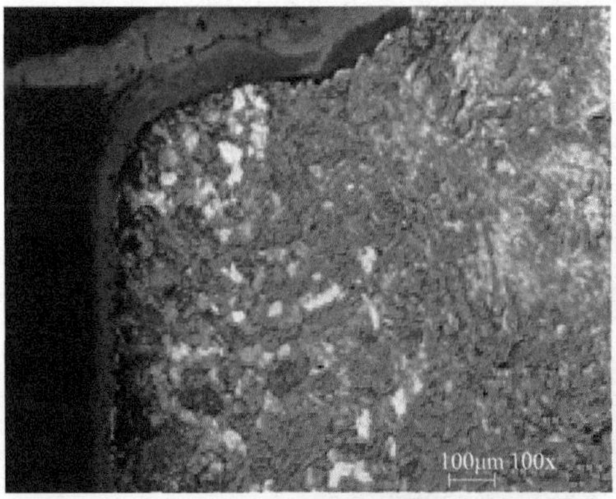

图 2-31 肩部过渡区的块状 α 铁素体

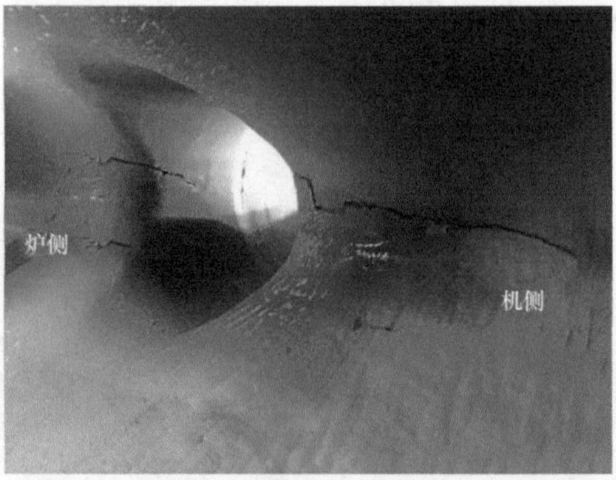

图 2-32 P92 热压三通肩部内壁裂纹形貌

裂透侧的开孔补强不满足标准要求。引起三通肩部开裂的原因主要为两侧肩部内壁尺寸超标的补焊区和肩部结构强度不足。

汽水管道中的低温再热蒸汽管道三通多采用焊接成型，常发现焊缝存在裂纹。图 2-33 示出了某电厂 2 号机组低温再热蒸汽管道焊制三通（A672B70CL32，ϕ1016×38/ϕ219×12mm，）主管整条纵焊缝表面裂纹。某电厂 5 号机组低温再热器汽管道焊制 T 形等径三通（A691Gr1-1/4CrCL42，ϕ1016×22.23mm）支管角焊缝内壁发现 8 处裂纹（见图 2-34）。

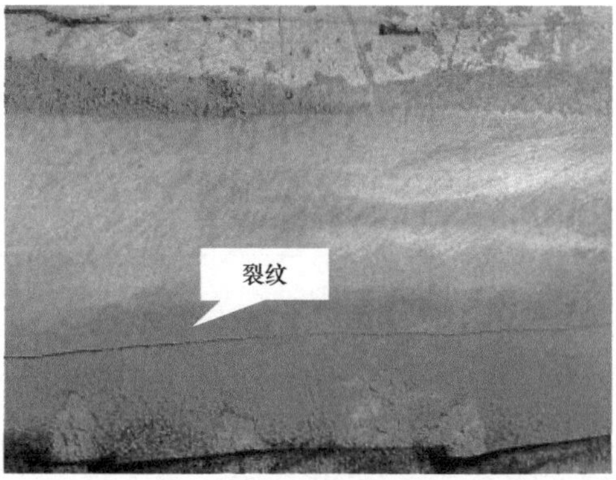
裂纹

图 2-33　焊制三通主管纵焊缝表面裂纹

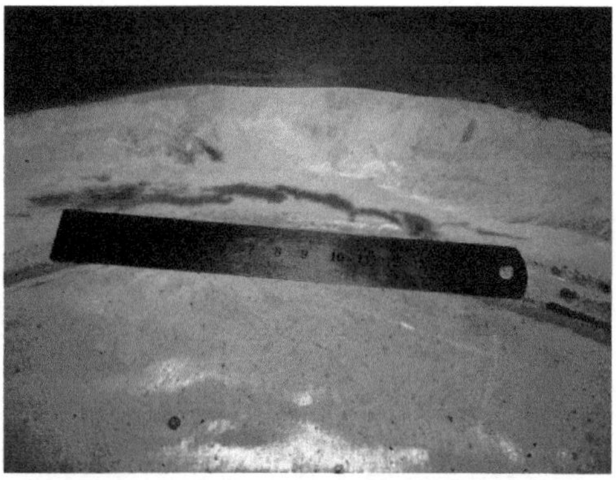

图 2-34　焊制 T 形等径三通焊缝裂纹

图 2-35 示出了斜三通焊缝内、外壁易出现裂纹的位置，对于直三通，焊缝内、外壁裂纹多出现在肩部、腹部的 4 个对称位置。

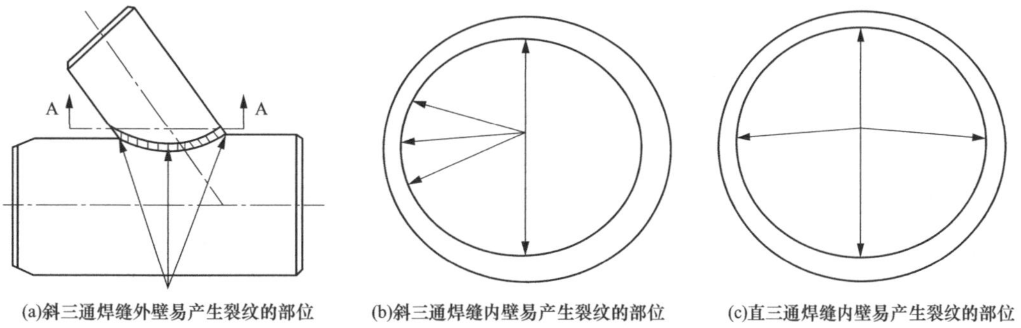
A
A
(a)斜三通焊缝外壁易产生裂纹的部位
(b)斜三通焊缝内壁易产生裂纹的部位
(c)直三通焊缝内壁易产生裂纹的部位

图 2-35　三通焊缝内、外壁易出现裂纹的位置

二、管件硬度、金相组织不满足相关标准规定

与管道钢管、锅炉集箱等部件相似，在汽水管道制造、安装过程中经常会出现管件、直管段硬度偏低的情况，偶尔也发现管件硬度偏高的情况。例如，某电厂 1 号机组（300MW）运行 6 年 2 个月后检查，发现 P91 钢制主蒸汽管道、高温再热蒸汽管道少数弯头、直段硬度低于 DL/T 438—2016 规定的下限（见表 2-13）。主蒸汽管道设计温度 571℃，根据机组运行时间和 P91 钢制管道在高温下的硬度下降规律，硬度偏低的弯头、

直管段应在制造、安装阶段产生。类似的一台330MW机组，运行16055h后检查P91钢制主蒸汽管道（温度541℃，压力17.26MPa），发现弯头W1硬度142～206HBW、W4硬度134～264HBW、W7硬度143～266HBW、W8硬度141～218HBW，硬度极不均匀，弯头不同部位硬度值相差最高超过100HBW，其下限值明显低于DL/T 438—2016规定的下限（180HBW）。

表2-13　　硬度异常的P91弯头、直段

管道名称	弯头硬度（HBW）	直管段硬度（HBW）
主蒸汽管道	W1弯头局部区域130～160	R10焊缝炉左侧2200mm区段130～166
	W3弯头局部区域123～150	与异径管相连的1200mm直管段130～170
	W6弯头局部区域132～172	L6焊缝前、后各1000mm区段145～160
高温再热蒸汽管道	三通局部区域130～160	R13焊缝炉前侧1100mm区段135～165
	W4弯头局部区域130～160	R6焊缝炉后侧1500mm管段139～180

工程中还常发现P92或WB36钢制管件硬度低于或高于DL/T 438—2016规定，例如，某电厂P92钢制高温再热蒸汽管道弯头（ID883×51mm）有4个弯头硬度低于DL/T 438—2016规定的下限，其中硬度偏低的三个管件端口变形超出标准规定，重新热处理并进行了端口整形。某电厂3个高温再热蒸汽管道P92钢制锻三通局部区域硬度偏低（140～155HBW），硬度偏低的区域金相组织异常。某电厂P92钢制高温再热蒸汽管道弯头局部硬度高达275～403HBW，重新进行回火。某电厂两台机组WB36钢制给水弯头硬度偏低，其中3号机组42个弯头、4号机组10个弯头局部硬度低于180HBW，重新进行正火+回火处理。

材料成分的偏差、钢件表面脱碳，热处理加热温度、保温时间不足或冷却能力不足、回火温度偏高或偏低、保温时间不足等均会造成管件硬度偏低或偏高，与热处理炉温的均匀性、炉温的波动、仪表指示温度和管件实际温度的差异等因素也密切有关。

生产中往往由于炉温不均导致同炉批管件硬度差异。例如，某管件厂制作的P91主蒸汽管道弯头，硬度偏低且很不均匀，有的硬度仅（140～160HBW）。有的已安装在系统中的P91钢制管道的硬度值为138、139、141、144、146HBW，而有的P91弯头硬度高达300HBW。

管件硬度偏低，金相组织中通常会出现铁素体。对某电厂330MW机组P91钢制主蒸汽管道硬度偏低的弯头更换取样在实验室进行硬度、拉伸试验和金相组织检查，发现有明显的铁素体（见图2-36），硬度为154、156HBW，拉伸屈服强度267MPa（标准≥415MPa），抗拉强度471MPa（标准≥585MPa）。

工程中有时发现管件用钢与设计不符，如某电厂3号机主蒸汽管道三通设计为P92（ID292×72/ID419×103mm），但光谱检验为P91。

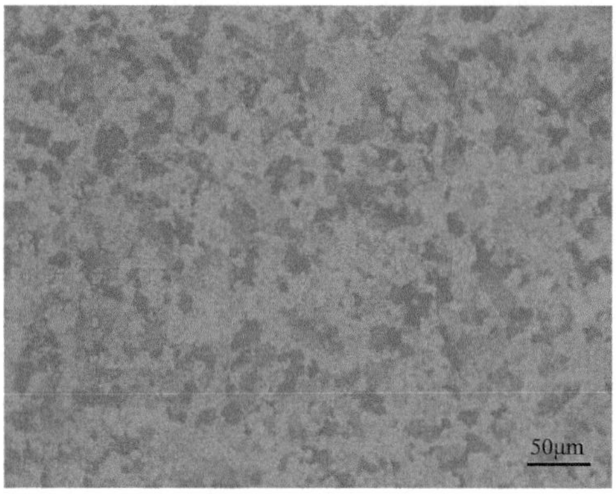

图 2-36　P91 钢制主蒸汽管道弯头中的铁素体

三、管件几何尺寸偏差

工程中常发现管件的椭圆度、壁厚超差，某电厂 6 个 P91 钢制高温再热蒸汽管道弯头（ϕ610×25mm）外弧侧大面积（约 800×160mm）壁厚减薄，实测壁厚 20.6～23.4mm，不满足强度校核的最小壁厚，重新下料制作。某电厂 1 号、3 号机组主给水管道 31 个 90° 热压弯头（WB36，ϕ559×60mm，），检测 7 个弯头壁厚偏薄，背弧侧壁厚均小于公称壁厚 60mm，最小壁厚 55.8mm。3 号机组低温再热蒸汽管道一个 90° 弯头（A691Gr1-1/4CrCL22，ϕ914×32mm）实测内弧侧最小壁厚 27.9，小于公称壁厚 32mm。

工程中通常比较关注弯头（弯管）外弧侧的壁厚，较少关注弯头（弯管）内弧侧的壁厚。根据 GB/T 50764—2012《电厂动力管道设计规范》，弯头（弯管）加工完成后的最小壁厚 S_m 按外径确定壁厚时采用第一章中的式（1-5）计算，弯头（弯管）外弧侧、内弧侧的壁厚修正系数 I 按第一章中的式（1-6）、（1-7）计算。

采用第一章中的式（1-5）、（1-6）和（1-7）计算 3 个 P92 钢制主蒸汽管道弯头的内、外弧侧壁厚见表 2-14，由表 2-14 可见，从弯头（弯管）的强度考虑，内弧侧壁厚需大于外弧侧壁厚的 30% 以上。

表 2-14　P92 钢制弯头的内、外弧侧壁厚计算

弯头外径 D_o（mm）	弯曲半径 R（mm）	公称壁厚（mm）	设计压力（MPa）	设计温度（℃）	计算的内弧侧壁厚（mm）	计算的外弧侧壁厚（mm）
381	571.5	76	34.6	610	85.0	65.6
505	757.5	100	34.6	610	112.6	87.0
520	780	60	12.9	628	66.7	49.4

注　3 个弯头的内弧侧 I=1.25，外弧侧 I=0.875。

文献［11］对 14MoV63 和 X20CrMoV121 弯管在 550℃下进行了 19000h 的蠕变爆破试验（见图 2-37），弯管的几何尺寸和试验参数见表 2-15。图 2-38 示出了弯管内、外弧侧的蠕变损伤，由图 2-38 可见：内弧侧的蠕变损伤较外弧侧严重。所以，在工程实际中，弯管内弧侧的壁厚与损伤应引起重视。

表 2-15　　弯管的几何尺寸和试验参数

材料	d_a（mm）	S（mm）	椭圆度（α）	S_E（mm）	S_I（mm）	S_K（mm，90℃）	S_K（mm，270℃）	P_i（ba）	F_0（kN）
14MoV63	235	30	1.1	26.96	32.03	29.22	29.04	200	48
X20CrMoV121	235	25	2.5	23.20	25.84	23.86	24.02	234	56

注　1. 椭圆度 $\alpha=2(d_{amax}-d_{amin})/(d_{amax}+d_{amin})\times100\%$；
2. 弯矩为 32kN・m。

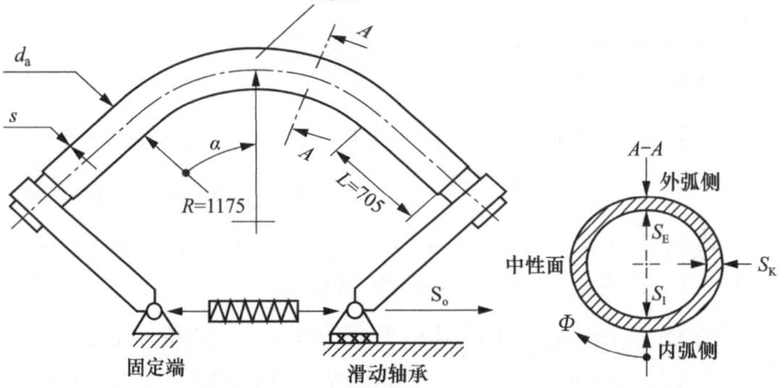

图 2-37　弯管的蠕变爆破试验装置

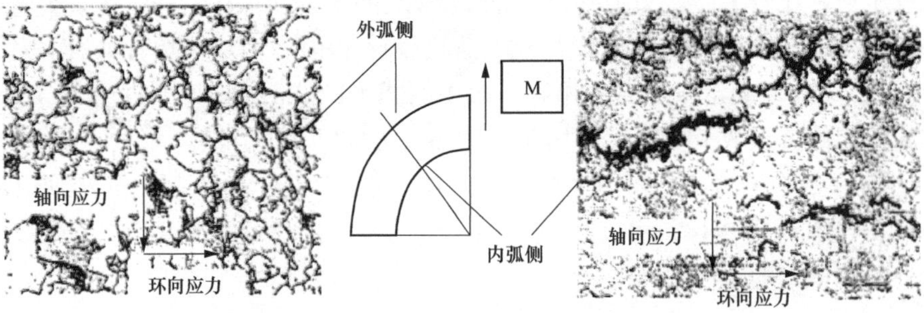

图 2-38　弯管内、外弧侧的蠕变损伤

某电厂 WB36 钢制主给水弯头（ϕ406.4×45mm 和 ϕ406.4×50mm）壁厚严重不均，管口与外弧侧的最大、最小壁厚相差 12.7mm（见表 2-16 和图 2-39）。另外，该批弯头中有的两中性面内壁扁平（见图 2-40），用内卡钳和直尺从内壁测量椭圆度，其中 9 个弯头中椭圆度最小为 5.9%，最大 10.6%。DL/T 695—2014《电站钢制对焊管件》中规定："设计压力不小于 9.8MPa 时，弯头的椭圆度应不大于 3%；设计压力小于 9.8MPa 时，弯头的椭圆度应不大于 5%；管件端部接口处的椭圆度不应超过其端部外径公差值与公称外径之比，且不应大于 2%。

表 2-16　　弯头壁厚测量结果

测点	1	2	3	4	5	6	7	8	9	10
壁厚（mm）	63.7	63.7	62.5	62.2	51.5	53.9	51.0	67.3	63.1	65.9

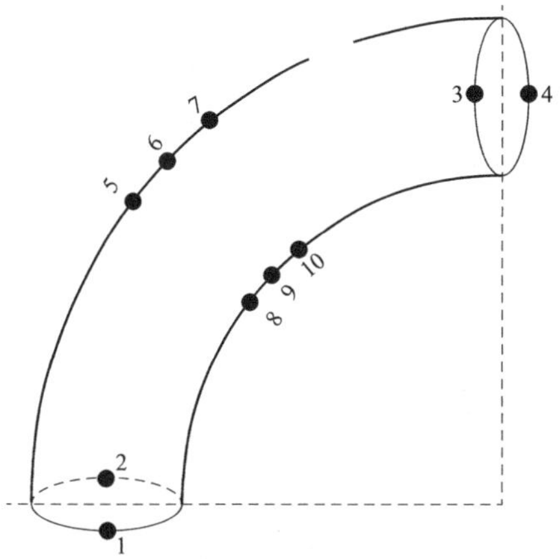

图 2-39　弯头壁厚测量示意图

图 2-40　弯头两中性面内壁扁平

第三节　汽水管道组配件和安装焊接缺陷

汽水管道组配件的制作、检验和验收按 DL/T 850—2004《电站配管》执行，安装及安装质量验收、监控执行 DL/T 5190.2—2012《电力建设施工技术规范　第 2 部分：锅炉机组》、DL/T 5190.5—2012《电力建设施工技术规范　第 5 部分：管道及系统》、DL/T 5210.2—2018《电力建设施工质量验收及评价规程　第 2 部分：锅炉机组》、DL/T 5210.5—2009《电力建设施工质量验收及评价规程　第 5 部分：管道及系统》和 DL/T 5210.7—2010《电力建设施工质量验收及评价规程　第 7 部分：焊接》等规范。

汽水管道组配件及安装缺陷主要为：①焊缝缺陷；②焊缝及母材硬度不符合标准规定；③组配件几何尺寸缺陷；④组配件附件缺陷。

一、焊缝缺陷

汽水管道组配件焊缝常发现裂纹，例如，某电厂 P92 钢制主蒸汽管道、高温再热器管道在组配过程中 50 多道焊缝出现裂纹、未熔合缺陷，裂纹长约 3～5mm，深度约 3mm。导致这一问题的主要原因是配管厂对 P92 钢的焊接缺乏经验，施焊过程输入线能量过大，且焊后放置 10 多天才进行热处理。对 P91、P92 类钢最好焊后立即进行热处理，若不能立即进行热处理，瓦卢瑞克公司的《T91/P91 钢手册》和华能电力集团公司制定的《P92 钢管道焊接工艺导则》均规定焊后放置最长时间不应超过 7 天，且应保持部件干燥。华能电力集团公司制定的《P92 钢管道焊接工艺导则》中还规定：工厂化配管时，P92 钢管道焊接完毕后缓冷至 80～100℃均温 1～3h，随后立即升温至 300～350℃，进行 2h 的后热处理。P92 管道现场焊接接头在遇到特殊情况不能及时进行焊后热处理时也应进行后热处理。图 2-41 示出了 P91、P92 钢制蒸汽管道焊缝裂纹、未熔合、咬边等缺陷。

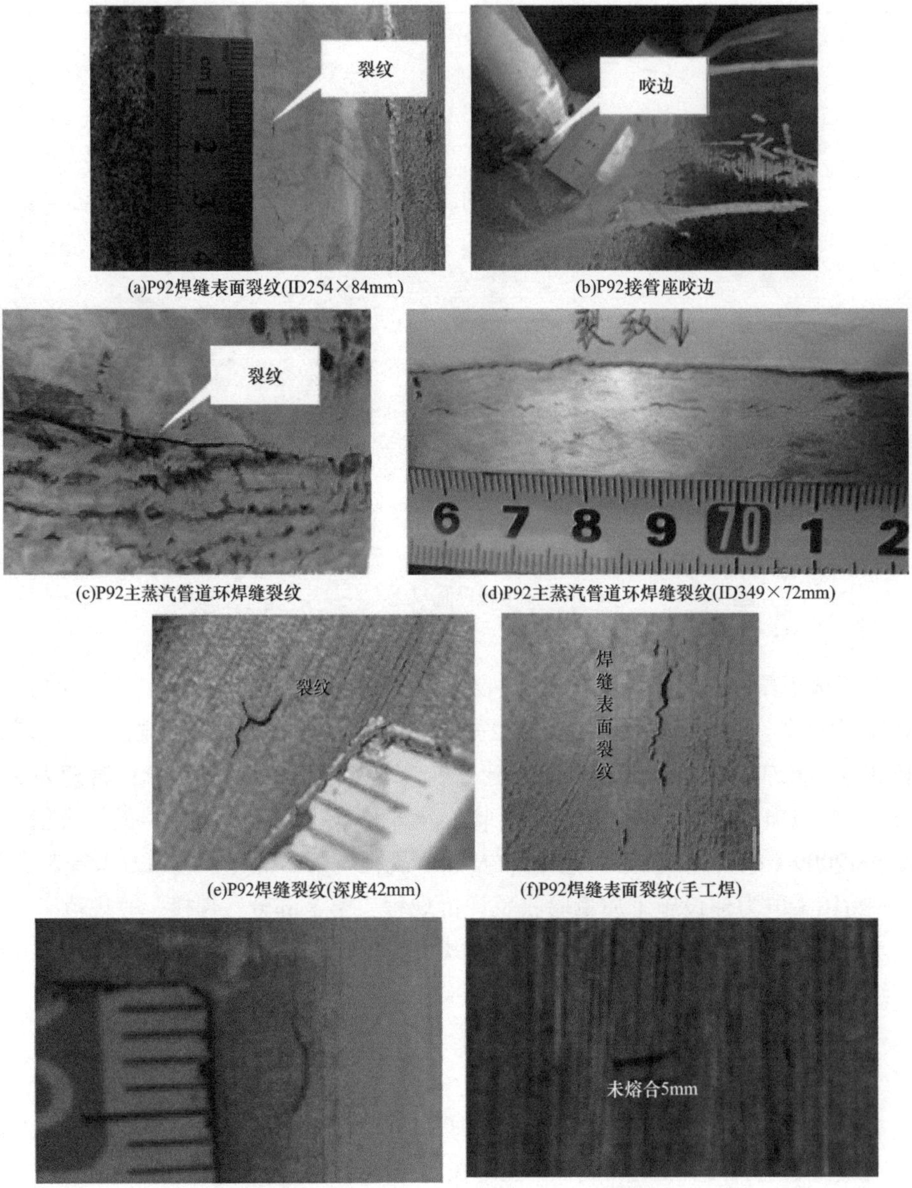

(a)P92焊缝表面裂纹(ID254×84mm)　(b)P92接管座咬边

(c)P92主蒸汽管道环焊缝裂纹　(d)P92主蒸汽管道环焊缝裂纹(ID349×72mm)

(e)P92焊缝裂纹(深度42mm)　(f)P92焊缝表面裂纹(手工焊)

(g)P92焊缝未熔合(手工焊)　(h)P91焊缝横向未熔合

图 2-41　P91、P92 钢制管道焊缝缺陷

图 2-42 示出了某电厂 660MW 超超临界机组 P92 钢制主蒸汽管道（ϕ457×85mm）运行 2976h，机组检修期间发现的焊缝裂纹，裂纹紧邻熔合区整圈断续分布，最深处约 5mm。

除了焊缝表面缺陷外，超声波检测常发现焊缝中间存在埋藏缺陷。某电厂一道 P92

钢制管道（ID224×62mm）焊缝，热处理前进行超声波检测，发现距外表面 55～62mm 处存在长 150mm 的裂纹，挖除发现确为裂纹。某电厂一条 P22 钢制管道（ϕ508×79mm）运行 3 年后机组检修，发现 1 道焊缝距外表面 35～55mm 处存在长 200mm 的未熔合或裂纹缺陷（见图 2-43），割除解剖证实为裂纹。焊缝中存在的裂纹、未熔合等缺陷，在高温高压下运行易引起裂纹扩展。

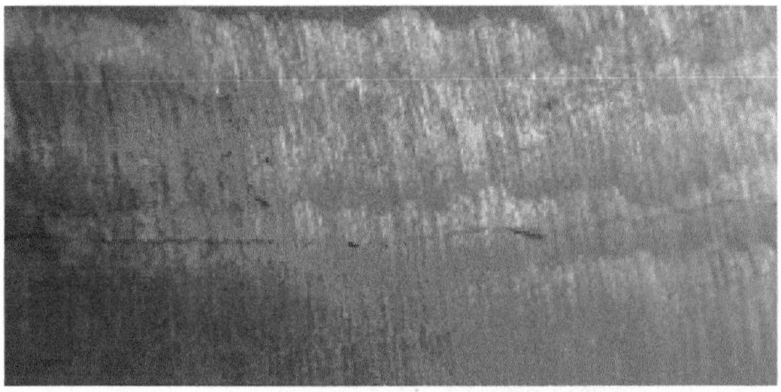

图 2-42　P92 管道焊缝裂纹

图 2-43　P22 管道焊缝内部裂纹

在 20 世纪 90 年代引进俄罗斯 300MW 及以上机组的 15Χ1Μ1Φ（俄罗斯牌号，相当于中国的 15Cr1Mo1VG）钢制主蒸汽管道，运行约 20000h 检查管道焊缝，几乎全部焊缝存在横向裂纹（见图 2-44）。对裂纹的微观分析和焊缝取样的拉伸试验表明，裂纹为沿晶开裂，拉伸塑性严重降低。对母材的微观组织分析和拉伸试验表明，组织正常，拉伸性能符合相关标准规定，分析表明焊缝开裂主要与母材成分、焊材相关。短时间运行出现开裂的焊缝焊材均选用 R337，选 R317 焊材的焊缝裂纹较少或运行时间较长才出现微裂纹。R317 焊材属 Cr-Mo-V 系列焊材，R337 属 Cr-Mo-V-Nb 系列焊材，选 R337 焊材易出现裂纹可能与焊材中的强碳化物元素 Nb 有关，焊接过程中 Nb 与 C 结合形成的 NbC 在随后的冷却凝固过程中易沿晶界析出，导致晶界强度下降。鉴于选 R317 焊材的焊缝也出现裂纹，这表明 15Χ1Μ1Φ 钢的可焊性较差，易出现裂纹。70 年代，苏联也对 15Χ1Μ1Φ 钢的焊接采用 R337，运行约 20000h 后，约 60%～70% 的焊缝出现大量横向裂纹，后改为 R317 焊材。

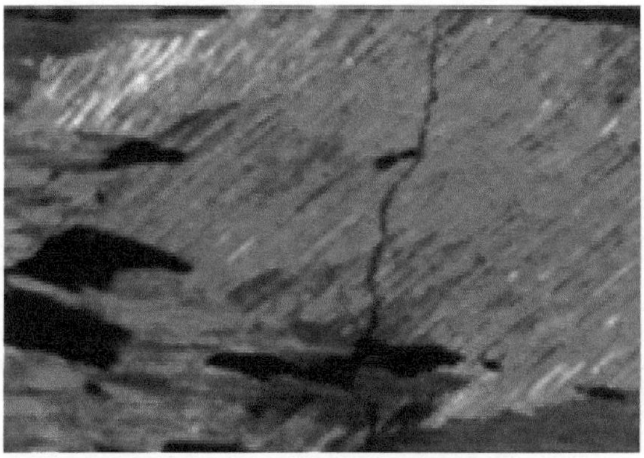

图 2-44　15Χ1Μ1Φ 钢焊缝裂纹

工程中也常发现电熔焊管（带纵焊缝管道）焊缝裂纹，某电厂 2 号机组低温再热器管道组配件焊制异径管（A672B70CL32，ϕ1016×38/ϕ711×27mm）近 2CW45 焊缝区域发现多处长 5~10mm 的裂纹（见图 2-45）。

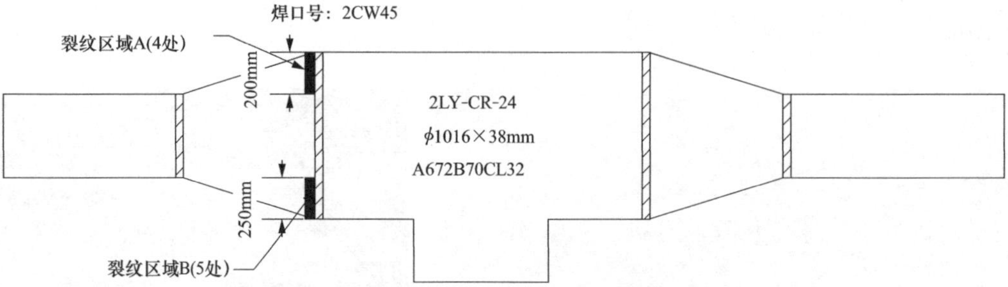

(a)低温再热器管道组配件焊缝裂纹

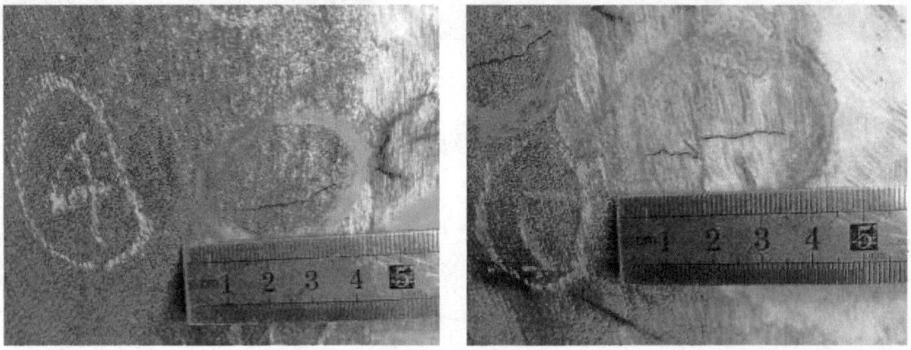

(b)区域B的两处裂纹形貌

图 2-45　低温再热器管道组配件裂纹

与集箱接管座角焊缝相似，汽水管道上的接管座角焊缝也常发现裂纹，图 2-46 示出了某燃机电厂低温再热蒸汽管道组配件（15CrMoG，ϕ660×20mm）热处理前发现的压力表管座角焊缝整周裂纹，挖除后重新焊接。

图 2-46　压力表管座角焊缝整周裂纹

有时发现制造厂在配管过程中随意在管道（P91，ID387×43mm）上焊接配重块

[见图 2-47（a）]，不符合 DL/T 869—2012《火力发电厂焊接技术规程》中规定的“严禁在被焊工件表面引燃电弧、试验电流或随意焊接临时支撑物，高合金钢材料表面不得焊接对口用卡具”。对焊接配重块的部位打磨清理，渗透探伤，发现长约 15mm、7mm 裂纹两处 [见图 2-47（b）]。

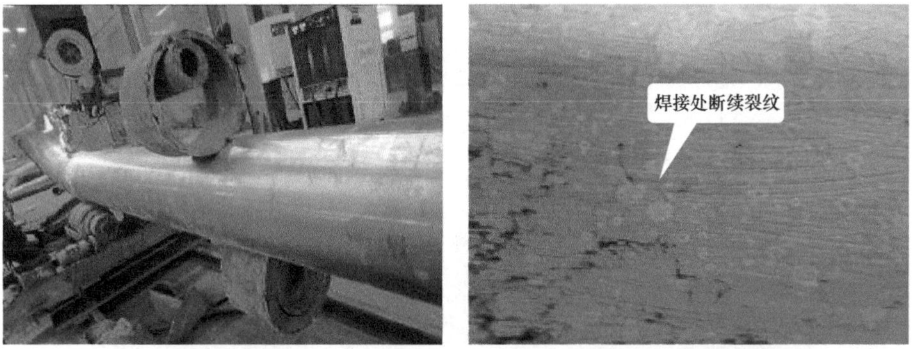

(a)随意焊接配重块　　(b)配重块焊缝处断续裂纹

图 2-47　主蒸汽管道上随意焊接配重块

在配管过程中，常发现接管座角焊缝内壁凹陷、未焊透、裂纹等缺陷（见图 2-48），有时在 P91、P92 管道上随意点焊也会造成表面裂纹，图 2-49 示出了某电厂 P92 钢制主蒸汽管道表面随意点焊造成的裂纹。

图 2-48　管道接管座角焊缝内壁未焊透

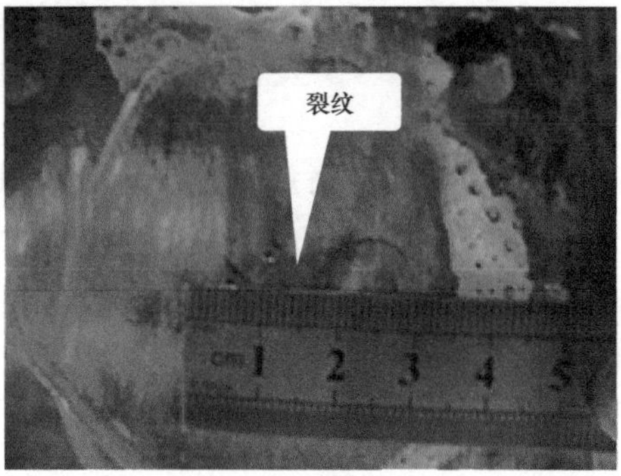

图 2-49　P92 管道上随意点焊导致表面裂纹

除了焊缝裂纹外，配管焊缝还经常出现未焊透、夹渣、气孔等缺陷。对以上所述表面缺陷，应进行打磨，根据缺陷深度，必要时进行挖补。

锅炉受热面管、钢结构、集箱以及压力容器、汽水管道等焊缝出现裂纹、未熔合等缺陷，主要是未严格执行焊接工艺。工程中发现焊接 P91 管道时竟然无保温措施，只是在焊接前随意搭接一根加热带，并在氩弧焊打底、手工焊预热时，无热电偶控温措施。有的配管厂焊接高温再热蒸汽管道组配件（P22，ID699×38mm），埋弧焊焊接前未按工艺要求进行预热，尽管监理人员对其当场制止，但制造厂仍然继续施焊。

工程中有时还出现用错焊材的问题。例如，某电厂 P92 主蒸汽管道，焊缝中间错用了 WB36 钢焊材，但焊缝打底焊和近表面采用 P92 焊材。随后对错用焊材的焊缝全部挖除，重新焊接。

二、焊缝与母材硬度不满足相关标准规定

与直管段、管件一样，组配管段、管件也常出现母材硬度偏低，焊缝硬度偏高的情况，有时伴随着金相组织异常。例如，某电厂 P92 钢制管道（ID660×38mm）直管对接环焊缝硬度超标（最高 288HBW，DL/T 438—2016 规定不超过 270HBW），且该焊缝局部区域高度低于母材 2mm（见图 2-50）。某电厂 P92 钢制主蒸汽管道共 8 件配管组件焊缝硬度偏高（最高 298HBW）。

图 2-50　环焊缝硬度超标且焊缝局部低于母材

某电厂 WB36 钢制高压给水管道（ϕ406.4×32mm）13 件组配件热处理后母材、焊缝硬度全部低于 180HBW，最低的仅 125HBW（DL/T 438—2016 规定 WB36 母材硬度 180～252HBW），制造厂随后进行了正火 + 回火，热处理后硬度检测合格。某电厂 12Cr1MoVG 钢制高温再热蒸汽管道减温器管段（ϕ559×22mm）筒体硬度 116～130HBW，低于 DL/T 438—2016 规定的下限 135HBW，重新正火 + 回火。

某电力集团公司 2009 年火电机组汽水管道制造质量统计，发现缺陷 172 项，缺陷设备 545 件，硬度缺陷占 58%，材质缺陷、焊接缺陷、金相组织、几何尺寸等其他缺陷占 42%。

焊缝性能不合格（例如硬度偏离规程规定值）会导致部件焊缝的早期失效。图 2-51 示出了某电厂 320MW 超临界机组 1 号炉 15Х1М1Ф 主蒸汽启动减温器管（ϕ325×60mm）运行 129921h 焊缝开裂的形貌，炉侧、机侧的甲、乙侧管道有 4 道焊缝开裂。最长的机侧焊缝裂纹长 250mm，裂纹开口最大处 4.5mm，裂纹平直。主蒸汽启动减温器定制管段为主蒸汽管道的一部分，为保护管段内壁不受减温水与主蒸汽温差产生的热疲劳效应影响，管段内设置保护套管，开裂处套管的规格为 ϕ168×13mm，上下保护套管分别有 4 个支撑与管段焊接固定。

(a)机侧管段焊缝　(b)炉侧机侧管段焊缝　(c)开裂部位取金相样

图 2-51　主蒸汽启动减温器管段焊缝开裂形貌

对开裂部位取样进行金相组织检查，发现焊缝熔合区较宽，大部分为铁素体等轴晶，硬度仅 110、130$HV_{0.2}$，表明焊缝熔合区有明显的软化，这种软化与焊接工艺密切相关。主蒸汽管道在高温高压下服役，在软化区与其邻近的正常区交界处会产生应变的不协调，由此产生应力应变集中，易产生裂纹，继而扩展。

三、组配件几何尺寸缺陷

汽水管道组配件几何尺寸缺陷主要表现为焊缝错口；环焊缝两侧壁厚小于直管段；钢管不圆度较大时，局部有效壁厚小于设计值；不合理的焊缝配置。例如，某电厂 P92 钢制高温再热蒸汽管道组配件（ID914×35mm）环焊缝内外均有错口（最大 4mm），内壁存在未焊满缺陷（长约 250mm），且环焊缝钢印端壁厚不足，最小壁厚 33.2mm，壁厚不足区域 800mm× 半周（见图 2-52）。对壁厚不足的管段更换，并对所有高温再热蒸汽管道组配件直管段进行 100% 壁厚复检。某电厂 P92 钢制高温再热蒸汽管道组配件（ID914×47mm）焊缝外壁错口量约 3mm。

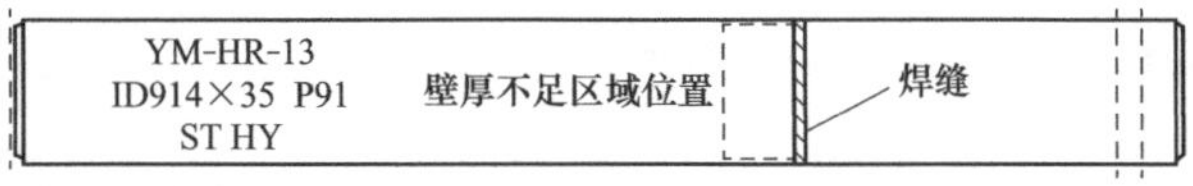

图 2-52　焊缝附近壁厚不足的区域

图 2-53 示出了某电厂 1 号机组低温再热蒸汽管道组配件（A672B70CL32，ϕ1016×29mm）支吊架卡块（环向均匀分布 4 个）角焊缝与环焊缝交叉，出现不合理焊接结构。

图 2-53　低温再热蒸汽管道支吊架卡块与环焊接相交

四、组配件附件缺陷

汽水管道系统中支吊架承受管道载荷、控制管道位移。支吊架失效会导致管道系统偏离设计状态，引起应力增大，降低管道寿命。工程中常发现支吊架卡块角焊缝裂纹、未熔合、未焊透等缺陷。某电厂 P92 钢制管道（ID279×81mm）卡块焊缝，磁粉检查有两处表面裂纹，长 3mm、6mm（见图 2-54），修磨补焊。另外支吊架卡块、管夹还常出现硬度低于标准的规定，例如某电厂 3 个主蒸汽管道支吊架 Gr92 钢制管夹、1 个卡块硬度 139～169HBW，3 个高温再热蒸汽管道支吊架（Gr92）卡块硬度 130～151HBW，低于 DL/T 438 规定的下限 180HBW。其中一个支吊架管夹设计材质为 Gr92，但光谱检验为碳钢（见图 2-55）。

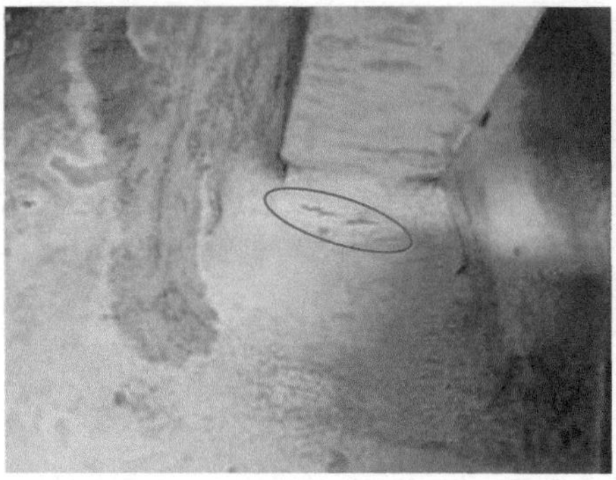

图 2-54　P92 管道支吊架卡块裂纹

图 2-55　管道支吊架管夹错材

工程中有时出现管道温度套管结构不合理导致的套管角焊缝开裂。图 2-56 所示的温度套管结构无法焊透，加之焊缝存在层间未熔合、未焊透等缺陷，易导致角焊缝开裂。将温度套管结构修改为如图 2-57 的结构，从结构上比图 2-56 更为合理。另外，坡口改为图 2-58 所示的盆形结构，有利于保障焊接质量。

工程中有时发现汽水管道温度套管错材，某电厂 21 件温度套管与设计材料不符，其中与 P92 材质不符的 17 件，与 P22 材质不符的 4 件。P22 温度套管 1 件为碳钢，3 件的 Cr 元素含量远低于 P22 的规定。错用为碳钢或合金元素含量较低的材料易导致高

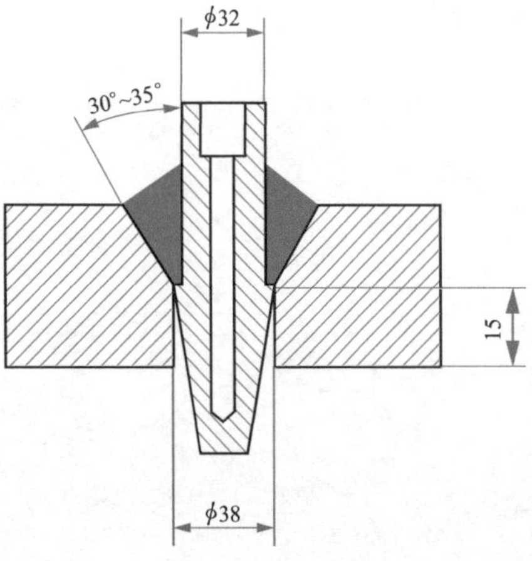

(a)温度套管结构

(b)温度套管角焊缝开裂

图 2-56　温度套管角焊缝开裂

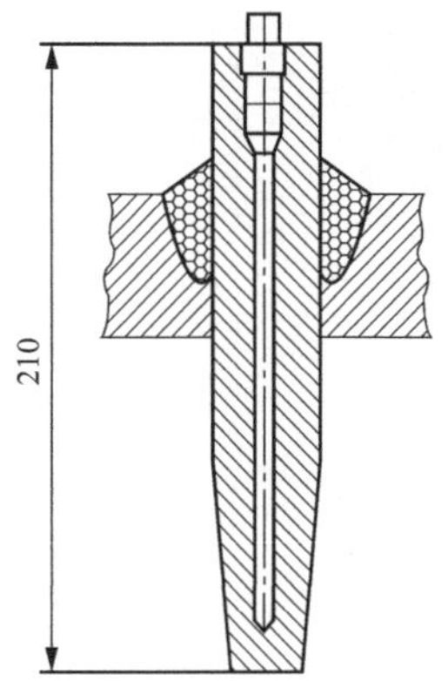

图 2-57　修改后的温度套管结构

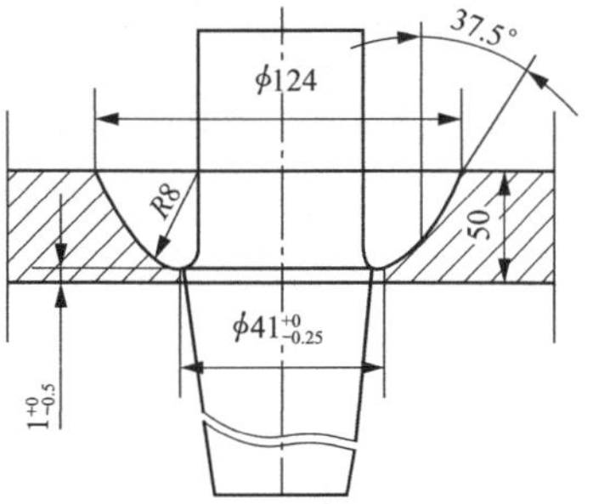

图 2-58　盆形结构坡口

温运行下的早期失效。

工程中有时发现汽水管道材料为 P91 或低合金钢而温度套管采用 1Cr8Ni9Ti 奥氏体不锈钢。由于 P91 与 1Cr8Ni9Ti 的电极电位差较大，不锈钢的电极电位高于碳钢，如果相互接触，在潮湿环境下两者之间会形成了电化学原电池。在这个原电池里，腐蚀电位较正的不锈钢为阴极，腐蚀电位较负的碳钢为阳极，阳极金属的溶解速度较其原来的腐蚀速度有所增加，阴极金属则有所降低。这种腐蚀是由不同金属组成阴、阳极，因此，称为电偶腐蚀，又称为双金属腐蚀，又因其在两金属接触处发生，又称为接触腐蚀。同时，碳钢和不锈钢焊接，由于不锈钢的 Cr 含量远高于碳钢，在熔合线处存在较高的 Cr 元素浓度梯度，加之高温下原子的扩散速度较高，故不锈钢侧的 Cr 含量降低，产生晶间腐蚀。所以与管道相接的温度套管材料以与管道材料相同为宜。

五、汽水管道及锅炉现场安装焊接缺陷

汽水管道及锅炉部件现场焊接的预热、施焊和焊后热处理条件相对于制造厂较差。若对工程质量不够重视，则焊接接头易出现缺陷。根据对汽水管道制造、安装质量的监控，发现现场施工的焊接接头质量存在诸多缺陷。

鉴于火电机组汽水管道安装焊缝缺陷，各电力集团公司开展有关新建机组和投运时间不长机组汽水管道缝的质量检查。对某电厂新建的 1 号超临界机组（600MW）汽水管道安装焊缝质量检查，发现存在以下缺陷：①高压给水管道三通给水泵侧接管角焊缝裂纹长达 140mm，约为接管座角焊缝半周（见图 2-59）；②高温再热蒸汽管道 1 道对接焊缝磁粉探伤发现一处长达 10mm 的裂纹；③高压给水管道、低温再热蒸汽管道焊缝各有 1 道存在超标缺陷，其中给水管道焊缝存在长 230mm 夹渣；④高温再热蒸汽管道焊缝、主蒸汽管道部分焊缝硬度超标。

对另外一个新建电厂两台高效超超临界机组（660MW）安装焊缝质量检查，发现存在以下质量缺陷：

（1）1 号机组。① P92 钢制主汽管道 2 道焊缝存在超标缺陷，其中 1 道焊缝错口达 6mm；② P92 钢制高温再热蒸汽管道焊缝硬度最高 327HBW、最低 298HBW，远超过

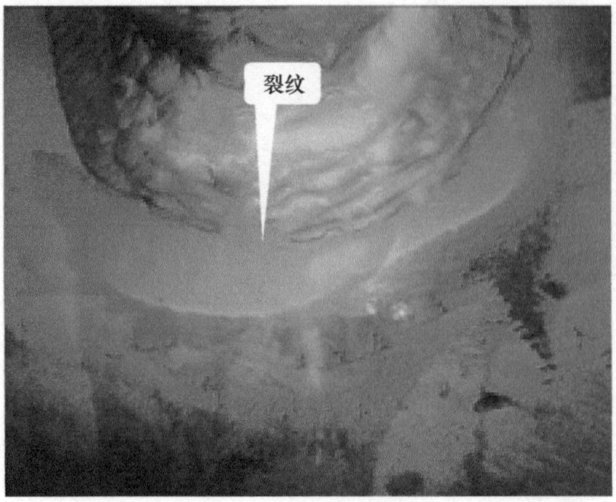

图 2-59　高压给水三通给水泵侧接管角焊缝裂纹

DL/T 438—2016 规定的上限 270HBW。③ T91 钢制一级过热器悬吊管 3 道安装焊缝存在超标缺陷。

（2）2 号机组。在已焊完的焊缝中，P92 钢制主蒸汽管道、高温再热蒸汽管道存在超标缺陷的焊缝比例高达 50%（主蒸汽管道共 26 道焊缝，不合格 12 道；高温再热蒸汽管道共 22 道焊缝，不合格焊缝 15 道），焊缝缺陷主要为夹渣、整圈群气孔，深度靠近管子内壁，且大部分焊缝外观成形较差，部分焊缝咬边严重。其中：①三级过热器出口集箱与主蒸汽管道相连的焊缝（P92）收弧处存在 2 处裂纹；2 道主蒸汽管道焊缝（P92）存在整周断续超标缺陷（见图 2-60）；② P92 钢制低压旁路管道（ID546×44mm）1 道焊缝两侧热处理区局部母材硬度为（142~149HBW），远低于 DL/T 438—2016 规定的下限 180HBW；③ T91 钢制一级过热器悬吊管（ϕ51×10.5mm）抽检 5015 道焊缝，其中 114 道有超标缺陷，2 道焊缝漏焊（见图 2-61）；对 480 道悬吊管焊缝进行硬度检测，19 道焊缝上部热处理区域母材硬度偏低（165HBW 以下）、57 道焊缝硬度值偏高（300HBW 以上），不满足 DL/T 438—2016 规定的硬度（180~290HBW）。

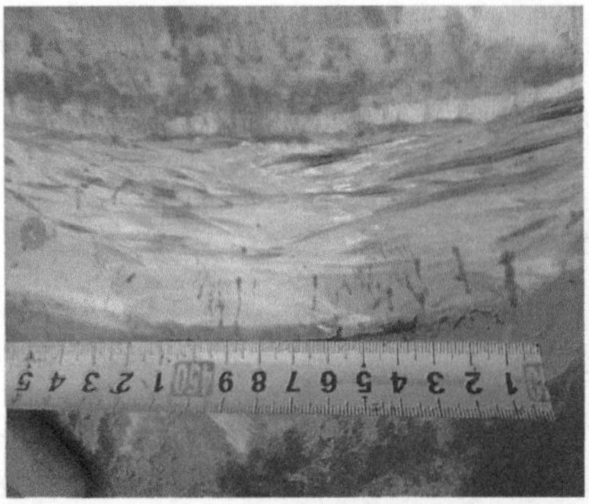

图 2-60　主蒸汽管道焊缝内部缺陷

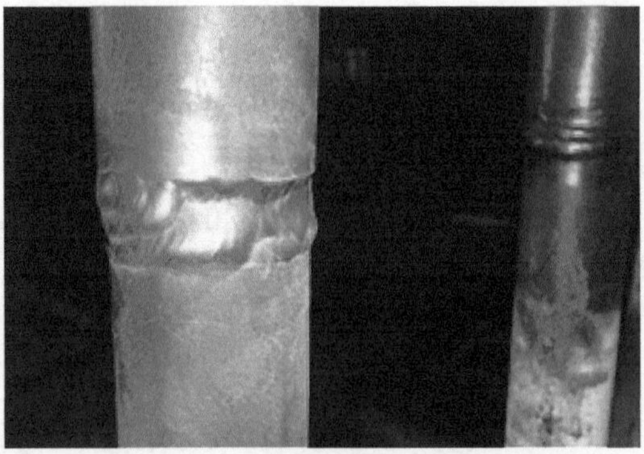

图 2-61　一级过热器悬吊管焊缝漏焊

某电厂 1 台二次再热 660MW 高效超超临界机组分别在运行 6 个月、2 年后对主蒸汽管道、一 / 二次再热蒸汽管道、高 / 中压旁路管道进行检查，发现以下缺陷：

（1）6 个月后第一次检查。共查 23 道焊缝（制造厂 8 道，现场安装 15 道），制造厂 8 道焊缝硬度满足 DL/T 438—2016 规定，13 道现场安装焊缝硬度高于 300HBW，最高 348HBW，远超过 DL/T 438 规定的上限 270HBW，但查阅原现场安装焊缝硬度检测数据（约 230HBW），与此次检测数据普遍相差 50～70 HBW，随后对 13 道硬度超标焊缝进行了重新回火。

（2）2 年后第二次检查。共检查 42 道安装焊缝，28 道焊缝硬度超标。超声波检测发现 3 道焊缝存在裂纹类缺陷。其中低压旁路进口总管（ID749×38mm）1 道焊缝存在裂纹类超标缺陷，缺陷深度距外壁 27.2mm，长 20mm，评为Ⅲ级焊缝；中压导汽管（ID749×38mm）1 道焊缝存在夹渣超标缺陷，缺陷深度距外壁 20.1mm，长 47mm，评为Ⅲ级焊缝；主蒸汽管道（ID254×83mm）1 道焊缝有 5 处缺陷，最大一处距外壁 65mm，长 420mm，几乎贯穿管道壁厚（见图 2-62）。

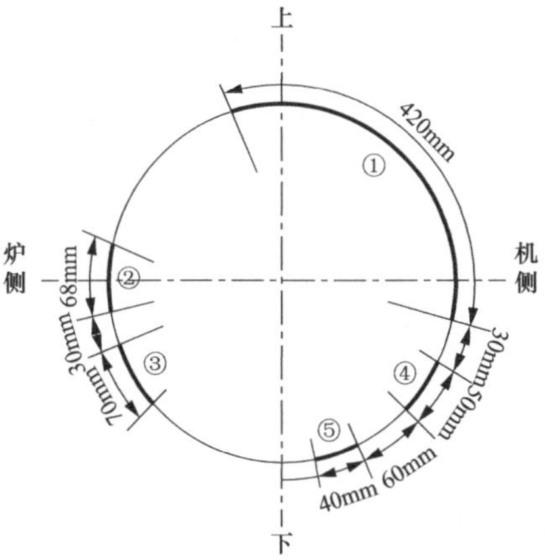

图 2-62　主蒸汽管道焊缝缺陷示意图

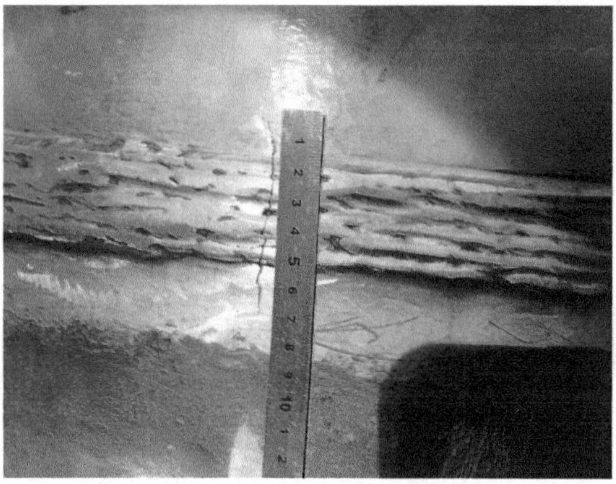

图 2-63　主蒸汽管道焊缝裂纹

工程中常发现 12Cr1MoVG 钢制三通出口第一道环焊缝开裂，有的刚焊完就开裂，有运行一段时间后开裂，有的开裂后修复挖补后运行一段时间又开裂。图 2-63 示出了某电厂 12Cr1MoVG 钢制集箱三通出口第一道环焊缝的横向裂纹形貌，机组运行时间不长就出现 6 道横向裂纹。对于此种开裂，挖补修复难度很大，有的电厂直接更换三通。

导致机组汽水管道和受热面管焊缝质量缺陷的原因主要在于：现场施焊过程中未能严格执行焊接工艺，未预热或预热效果不佳，层间温度偏低，层间清渣不彻底；有的焊工技能水平较差；焊后热处理工艺控制不严格，温度控制偏差较大，热电偶绑扎不规范、未严格控制升降温速度；焊缝无损检测不够认真，有的超声波探头选择不合理，不能保证缺陷检出率；焊接质检跟踪监督不到位，对安装初期发现的焊接质量问题不够重视，没有及时举一反三查找原因、制定有效对策。现场施焊环境相对于制造厂较差。

为此，有的发电集团对新建机组汽水管道的安装质量设置了专项检查。主要内容包括：①安装单位的质量管理：包括质量管理规章制度；焊接及热处理工艺技术文件；焊工和热处理人员资质；电焊机、热处理加热元件、热电偶、补偿导线、控温柜、测温仪的校验；焊材库管理及焊材质量证明书、焊材复检报告、领用记录审查等。②工程质量的监理：包括监理方案（含监理人员设置）及监理大纲；锅炉及管道安装监理控制点；金属焊接监理控制措施；焊接人员岗前考试记录、焊接过程巡检记录、超标缺陷处理情况监理记录及焊接专题会相关记录。③工程质量的检测：包括检测机构的检验方案；检验工艺规程、工作程序、检验作业指导书及工艺卡等；超声波检测及探头、射线仪、磁粉、光谱、硬度及金相显微镜等检测仪器的有效性；焊缝质量检测仪器使用前的校验、检测时机、检验方法、现场检测情况及检验报告。④安装过程的监督检查：包括焊接环境温度、防风、防潮、防雨、防雪等措施；焊接坡口尺寸、粗糙度、清洁度、组对间隙及错口；焊材领用及回收记录；焊材烘干、保温情况；焊前预热加热带加热范围、热电偶的数量、布置方式及预热温度；定位焊点的方式、定位块材质及定位块去除后的表面检查；施焊过程中焊接电流、电压、充氩情况、层间温度控制及层间清理；焊后热处理的加热带捆绑方式、热电偶、补偿导线的数量及布置方式、测温系统的校验、热处理参数及热处理记录曲线；缺陷处理情况（消缺、补焊）、超标缺陷焊缝返修方案、返修后焊接质量检验记录等。⑤焊接质量抽检。重点抽检检测机构检查有记录缺陷、位置受限及高应力区的焊缝，包括对接焊缝两侧的母材厚度测量，对接焊缝及接管座、仪表管光谱复检；对接焊缝的无损检测；接管座角焊缝磁粉检测；焊缝及邻近母材的硬度检测及金相检验。采用以上措施，以提高汽水管道和锅炉现场安装的焊缝质量。

汽水管道系统焊缝的安装质量和在役检测，特别要注意直管段与三通、阀门相连的焊缝。由于直管段与三通、阀门连接处焊接拘束度大，属于高应力集中部位，加之施焊、热处理与焊缝超声波检测相对困难，管道在高温运行过程中直管段与三通、阀门的热膨胀变形不协调，在直管段与三通、阀门的焊缝处产生应变集中，易产生裂纹。某电厂 660MW 超临界 5 号、6 号机组分别运行 7.4 万、7 万 h 后发现 3 个 P91 钢制主蒸汽管道和高温再热蒸汽管道汇聚三通焊缝环向开裂。主蒸汽三通和高温再热蒸汽三通的设计压力 / 温度分别为 25.4MPa/576℃、4.52MPa/576℃，规格分别为 ID311×59/ID311×59/ID438×82mm、ID673×24/ID673×24/ID953×33mm。图 2-64 示出了开裂三通的裂纹形貌。

分析表明：三通焊缝开裂的原因主要是三通与直管连接处焊缝拘束度大，高应力集中。从三通实际结构来看，三通与直管相连的过渡斜面角度过大（超过 60°），在焊缝部位形成严重的应力集中，焊缝熔合线部位也是焊缝金属最薄弱区域。其次，管道设计和安装中存在不合理的隐患，其中，锅炉本体特别是炉墙存在比较大的振动，管道又与锅炉钢梁相连，因此，在机组运行中管道长期处于振动和晃动状态，增大了焊缝部位的附加弯矩；另外，三通壁厚达 139mm，管道壁厚 59mm，壁厚差 80mm，导致锅炉启停过程中升降温时速率不一致形成温差应力以及机组参与深度调峰运行导致的温差应力。在上述因素综合作用下，导致焊缝的开裂。

类似的焊缝开裂在某电厂 600MW 亚临界 3 号机组高温再热蒸汽管道三通与直管相连焊缝中也曾出现，该机组运行 7 年后发现 12Cr1MoVG 钢制高温再热蒸汽管道三通主

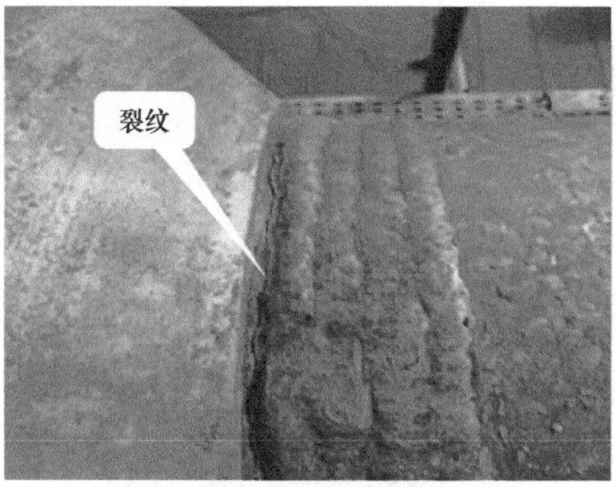

(a)5号炉主蒸汽汇聚三通裂纹

(b)5号炉高温再热蒸汽炉侧三通裂纹

(c)6号炉高温再热蒸汽炉侧三通裂纹

(d)6号炉高温再热蒸汽炉侧三通裂纹

图 2-64　P91 钢制三通焊缝裂纹

管（ϕ1058×51.4mm）两侧焊缝裂纹。

一旦发现此焊缝开裂，首先对相同结构部位的焊缝进行宏观检查与超声波检测，若裂纹轻微，挖除补焊；若裂纹长度、深度尺寸较大，机组运行时间较长，最好更换新的三通。

第三章

焊接缺陷及预防

锅炉部件受热面管、集箱、钢结构以及压力容器等部件，常出现焊缝裂纹、咬边、凹坑、漏焊、焊缝高度不足等缺陷，特别是受热面管、钢结构表现突出。GB/T 6417.1—2005《金属熔化焊接头缺欠分类及说明》中根据焊接缺陷（缺欠）性质、特征分为六大类：裂纹、未熔合与未焊透、夹杂（渣）、气孔、几何形状与尺寸缺欠、其他缺陷。裂纹类有纵 / 横向裂纹、放射状裂纹、弧坑裂纹、间断裂纹群、枝状裂纹；未熔合有侧壁未熔合、焊道间未熔合与根部未熔合；未焊透主要为根部未焊透；夹杂（渣）有焊缝中存在固体夹杂物或金属颗粒、残留在焊缝中的熔渣与焊剂渣、凝固时残留在焊缝中的金属氧化物；几何形状与尺寸缺欠主要有咬边、焊缝超高与下塌、焊瘤、错边、未焊满、烧穿等。图 3-1、图 3-2 示意地标示了不同焊接形式一些常见的焊接缺陷和焊接接头的几何尺寸缺欠。

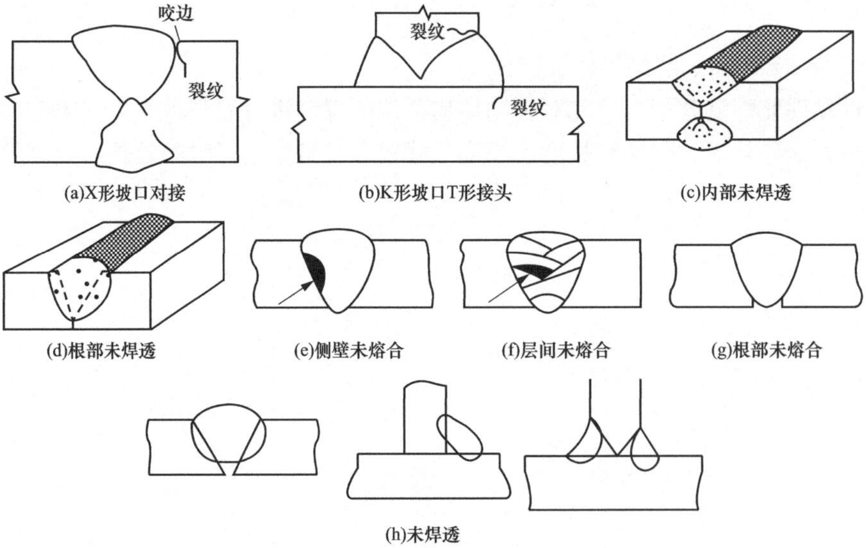

图 3-1　不同焊接型式一些常见的焊接缺陷

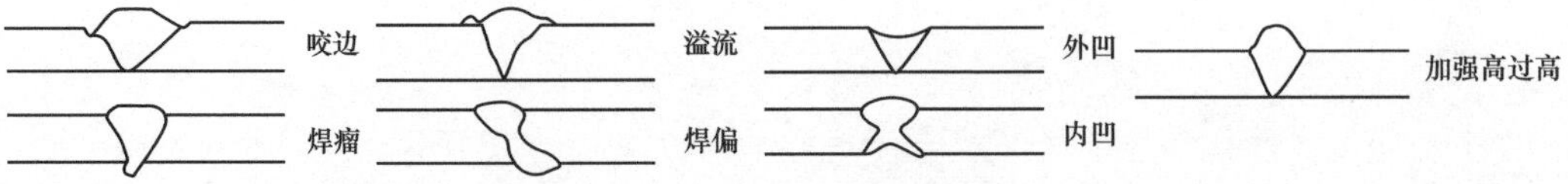

图 3-2　焊接接头的几何尺寸缺欠

在这些缺陷（缺欠）中，裂纹是最危险的缺陷。下面主要介绍火电机组金属设备常见的焊接裂纹、火电机组用钢的焊接及裂纹预防，其他缺陷的性状予以简要介绍。

第一节　焊接裂纹、原因及控制措施

焊接裂纹可从不同的角度分类。根据裂纹的分布形态，可分为纵向裂纹（与焊缝轴线平行）、横向裂纹（与焊缝轴线垂直）、放射状裂纹；根据裂纹的尺度可分为宏观裂纹与微观裂纹；根据裂纹的部位，有表面裂纹、埋藏裂纹、弧坑裂纹、热影响区（HAZ-Heat Affected Zone）裂纹；相对于焊缝断面位置可分为焊缝中心裂纹、根部裂纹、焊趾裂纹、焊道下裂纹和层状撕裂；根据裂纹的产生机理和性质可分为热裂纹、冷裂纹、再热裂纹。下面简述焊接裂纹、产生原因及控制措施。

一、热裂纹

焊接过程中，焊缝和热影响区金属冷却到固相线附近的高温区产生的焊接裂纹称之为热裂纹，热裂纹常发生在焊缝中心区域，也有发生在热影响区中。热裂纹包括结晶裂纹、多边化裂纹、液化裂纹和弧坑裂纹。结晶裂纹是在焊缝金属结晶后期，是由于低熔点共晶形成的液态薄膜削弱了晶粒间的联结，在稍高于固相线的温度区间产生的沿奥氏体晶界开裂的裂纹；液化裂纹是在焊接热循环峰值温度作用下，在焊接热影响区和多层焊的层间发生重熔，在固相线以下稍低温度和焊接应力作用下产生的沿晶裂纹；多边化裂纹是在固相线以下再结晶温度区间，由晶格缺陷发生移动和聚集而形成的二次边界处于低塑性状态，在焊接应力作用下产生的沿奥氏体晶界开裂的裂纹；弧坑裂纹为引弧或息弧时在弧坑中产生的热裂纹。

图 3-3（a）为 HR3C ＋ T91 异种钢焊缝的热裂纹宏观形貌，图 3-3（b）、图 3-3（c）为奥氏体耐热钢的沿晶裂纹和液化裂纹微观特征。

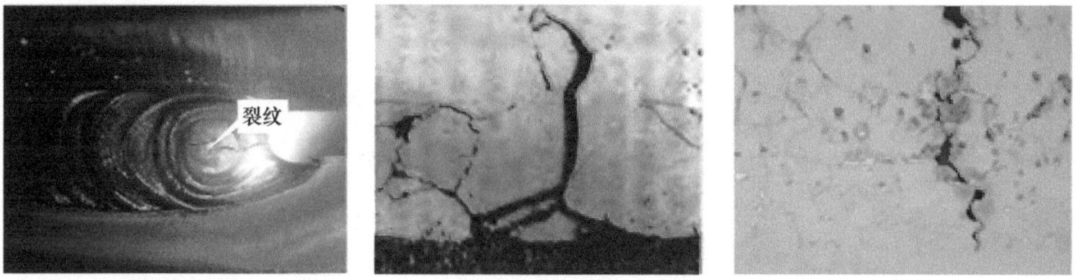

(a)HR3C+T91热裂纹　(b)沿晶裂纹　(c)HAZ区液化裂纹

图 3-3　焊缝中的热裂纹

焊接过程是一个金属熔化结晶的过程。先结晶的金属比较纯，熔点较高；后结晶的金属杂质元素含量相对较高，熔点较低。例如，焊缝中硫元素含量较高时，在熔化结晶过程中可形成 FeS，于是在已结晶的晶粒边界会形成一层很薄的 FeS-Fe 低熔点共晶液态薄膜。由于先凝固的焊缝金属收缩使后冷却的焊缝中心区域受到一定的拉伸内应力，这时焊缝晶粒间中液态薄膜就会被拉开而形成结晶裂纹。磷在钢的凝固过程中会造成很大的偏析，在树枝晶生长时，枝干上含磷较低，枝间含磷较高。由于树枝晶枝干和枝间塑性不同，在金属凝固过程中金属收缩产生的拉应力作用下就可能从枝晶间开裂。图3-4示出了沿焊缝中心线长度开裂（纵向开裂）和焊缝内部沿树枝状结晶交界处产生的结晶裂纹特征。

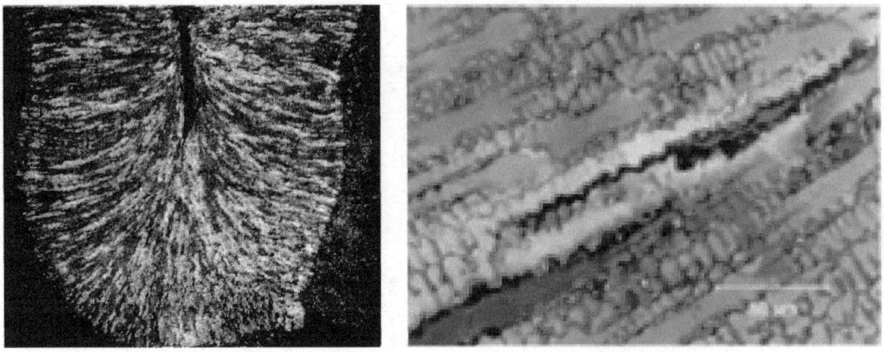

(a)15MnVN钢结晶裂纹　　(b)不锈钢枝晶间凝固裂纹

图3-4　焊缝中的结晶裂纹

结晶裂纹多出现于含杂质较多的碳钢、低合金钢以及单相奥氏体钢和镍基合金焊缝中（特别是含S、P、C、Cu、Ni、Pb、Zn、Si较多的钢种），有时也出现于焊缝的热影响区。理论分析和试验表明：S、P、C是钢中增加结晶裂纹倾向的有害元素，可增大合金的结晶温度区间，易生成多种低熔点共晶。C元素的存在加剧了S、P的有害作用，Mn元素具有脱硫作用，在钢中可形成MnS以减少FeS含量，也可改变硫化物的形态，可将薄膜状的FeS改善为球状的FeS，从而提高钢的抗裂性。对于钢来说，随着钢中碳含量的增加，可适当地提高锰含量。图3-5示出了Mn/S比值对结晶裂纹倾向大小的影

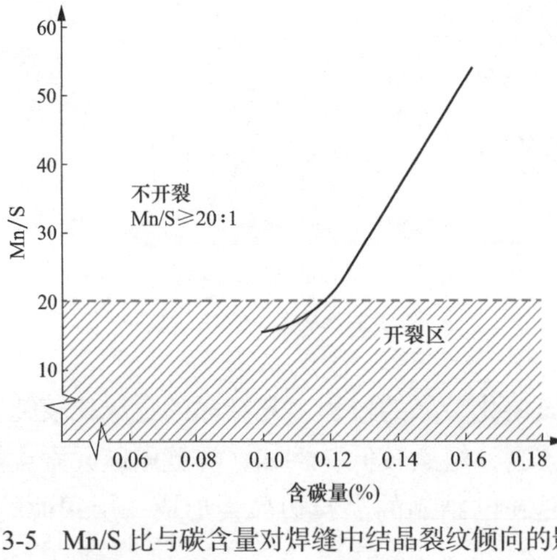

图3-5　Mn/S比与碳含量对焊缝中结晶裂纹倾向的影响

响，由图 3-5 可见，无论碳含量的高低，较低的 Mn/S 易引起焊缝结晶裂纹；碳含量小于等于 0.16%，Mn/S 比值大于等于 20，焊缝基本不出现结晶裂纹。

当碳含量超过 0.16% 时，由于 P 对形成结晶裂纹的作用超过了 S 的作用，此时再增高 Mn/S 比值对消除结晶裂纹的作用大大减弱，所以需严格控制钢中的 P 含量。合金元素对碳钢和低合金钢焊接时结晶裂纹倾向的影响见表 3-1。

表 3-1 合金元素对碳钢和低合金钢焊接时结晶裂纹倾向的影响

促进结晶裂纹形成	量少影响不大，量多促进开裂	降低焊缝开裂倾向
S、P、C、Cu、Ni、Pb、Zn	Si（≤0.4%）、Cr（≤0.8%）	Ti、Zr、Re、Al 等，Mn（< 0.8%）

通常，用碳当量 C_{eq} 来表示碳和合金元素对结晶裂纹倾向大小的影响，C_{eq} 值越大，表明结晶裂纹的倾向性越大[12]。

当 C=0.09～0.14% 时

$$C_{eq}=C+2S+\frac{P}{3}+\frac{Si-0.4}{10}+\frac{Mn-0.8}{12}+\frac{Ni}{12}+\frac{Cu}{15}+\frac{Cr-0.8}{15} \qquad (3\text{-}1)$$

当 C=0.15～0.25% 时

$$C_{eq}=C+2S+\frac{P}{3}+\frac{Si-0.4}{7}+\frac{Mn-0.8}{8}+\frac{Ni}{8}+\frac{Cu}{10}+\frac{Cr-0.8}{10} \qquad (3\text{-}2)$$

当 C=0.25～0.35% 时

$$C_{eq}=C+2.5S+\frac{P}{2.5}+\frac{Si-0.4}{5}+\frac{Mn-0.8}{6}+\frac{Ni}{6}+\frac{Cu}{8}+\frac{Cr-0.8}{8} \qquad (3\text{-}3)$$

焊缝金属在结晶过程中，晶粒的大小、形态、结晶方向及焊缝结晶时的析出初生相等对焊缝的抗裂性能有大的影响。焊缝一次结晶的晶粒越粗大，柱状晶方向越明显，产生结晶裂纹的倾向越大，钢中常加入一些细化晶粒的元素，如 Ti、Mo、V、Nb、Al 等，一方面可扰乱柱状晶方向，另一方面可破坏液态薄膜的连续性。若焊缝的初生相是 γ 相，由于 γ 相溶解 S、P 量较小，产生结晶裂纹的倾向就大；若焊缝的初生相是 δ 或 γ+δ 相，由于 δ 相比 γ 相能溶解更多的 S、P，故产生结晶裂纹的倾向就小；γ+δ 双相组织中的 δ 相由于分散存在扰乱了奥氏体粗大柱状晶的方向，并有细化晶粒的作用，这些均有利于提高焊缝的抗裂性。

焊接结晶裂纹是一个比较复杂的问题，与母材的化学成分、组织状态、焊接材料、焊接工艺和规范以及部件结构、焊缝部位的拘束度大小等因素密切相关。

二、再热裂纹

焊后未发现裂纹，而在焊后消除应力处理（回火）过程中产生裂纹，即所谓的消除应力处理裂纹（stress relief cracking），简称 SR 裂纹。有些部件，即使焊后消除应力处理不产生裂纹，但在 500～600℃下运行一段时间也会产生裂纹。把以上两种情况下产生的裂纹统称为再热裂纹（reheat cracking）。

再热裂纹主要与结构处的应力拘束度和焊接工艺相关，若焊缝结构处拘束度大，就会存在较大的拘束应力，若焊前预热不佳，焊后存在较大残余应力，在热处理或高温运行条件下，由于应力松弛引起局部应变，热影响区粗晶区的塑性不足以协调应力松弛产生的应变，则沿晶界开裂。

再热裂纹的微观特征是出现在焊缝热影响区的粗晶区，沿熔合线在奥氏体粗晶边界扩展，终止于细晶区（见第一章的图 1-79）。有些裂纹并不是连续的，而是断续的。某电厂 600MW 亚临界机组 2 号炉屏式再热器管（12Cr1MoVG，$\phi63\times4$mm）改造更换后运行 1776h 即出现 3 根管沿焊缝熔合区环向开裂（见图 3-6），裂纹起始于管子外壁。开裂处管子变形量较小，壁厚未见明显减薄，断口表面平整，呈明显脆性断裂特征。微观观察表明：焊缝晶粒粗大，晶界有断续开裂。

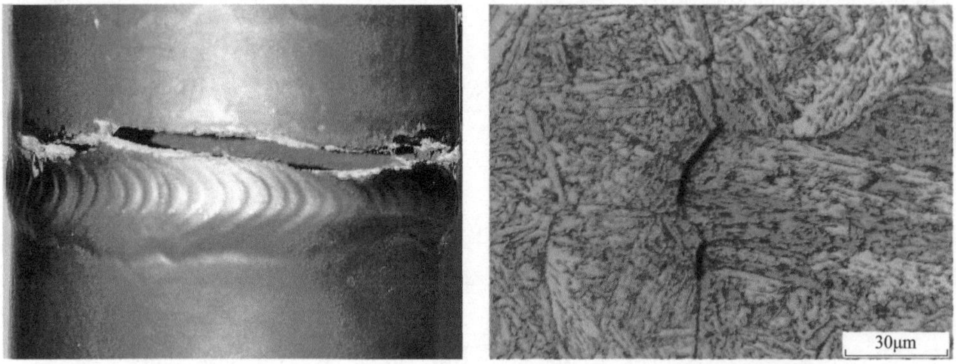

(a)焊缝开裂宏观形貌　　(b)开裂焊缝的微观形貌

图 3-6　焊缝的再热裂纹

图 3-7 为 T23 钢制水冷壁管（$\phi38.1\times6.8$mm）焊缝的裂纹形貌，裂纹均在机组运行时间不长时出现，在对接焊缝出现横向裂纹，管子与鳍片焊缝处也出现裂纹，微观分析为再热裂纹。一般是因为施焊过程中未进行预热，焊后未进行热处理。、

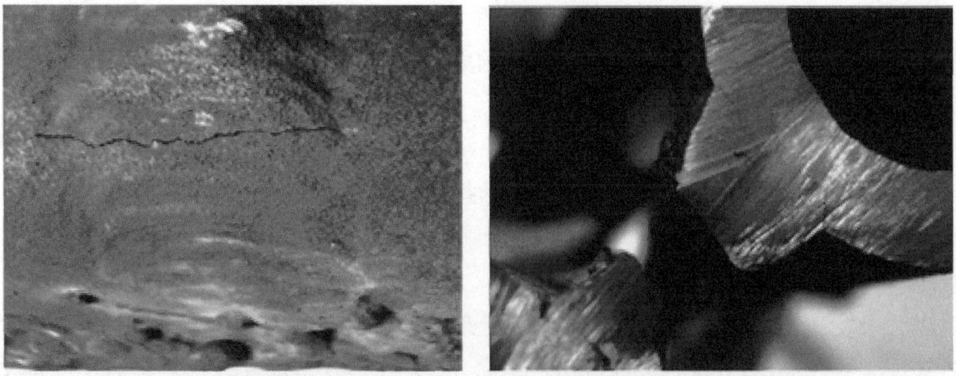

(a)对接焊缝开裂形貌　　(b)管子与鳍片焊缝开裂形貌

图 3-7　T23 钢焊缝裂纹形貌

再热裂纹多出现在一些含 Cr、Mo、V、Nb、Ti、B 等元素的低合金高强钢、奥氏体不锈钢以及镍基合金焊接接头的粗晶区，高强钢厚壁容器的接管座角焊缝也常出现再热裂纹。采用高温金相显微镜和扫描电子显微镜对再热裂纹的微观开裂机制观察，发现再热裂纹的产生是由于晶界的优先滑动导致微裂纹的产生发展，也就是说，在焊后热处理或高温下运行，晶界发生弱化而晶内强化，由此关于再热裂纹开裂机制。有人强调晶界弱化是主要矛盾，有人强调晶内强化是主要矛盾。

晶界弱化强调再热裂纹的产生是因为钢中的杂质元素 P、S、Sb、Sn、As 在 500～600℃下在晶界析出和聚集，降低了晶界的塑性变形能力。这种现象从某种意义上来说与回火脆性有相似之处。

晶内强化强调低合金高强钢含有 Cr、Mo、V、Nb、Ti、B 等强碳化物、氮化物形成元素，含有 γ′沉淀相［Ni3（Al、Ti）］的镍基合金，在焊后回火或高温下运行，沉淀相在晶内呈细小弥散析出引起晶内强化，相对来说晶界就弱化，在应力松弛过程中产生的塑性应变就集中于晶界，产生再热裂纹。

除了晶界弱化、晶内强化机制，还有学者提出蠕变断裂机制。焊缝在再热过程中产生应力松弛，在发生应力松弛的晶界末端，即三角晶界处产生应力集中，若应力超过晶界的结合力，此处就产生“楔形开裂”。

影响再热裂纹的主要因素有：材料的化学成分、焊接工艺和结构拘束度。

化学成分对再热裂纹的影响因钢种而异。图 3-8 示出了 Cr-Mo-V 低合金耐热钢中 C、Cr、Mo、V 含量对再热裂纹的影响。由图 3-8 可见：钢中的 Mo 量越高，Cr 的影响越大；同时当钢中的 Mo 量从 0.5% 增至 1.0% 时，再热裂纹倾向最大的 Cr 量从 1.0% 降至 0.5%。随着钢中钒量的增加，碳对再热裂纹的影响增大。

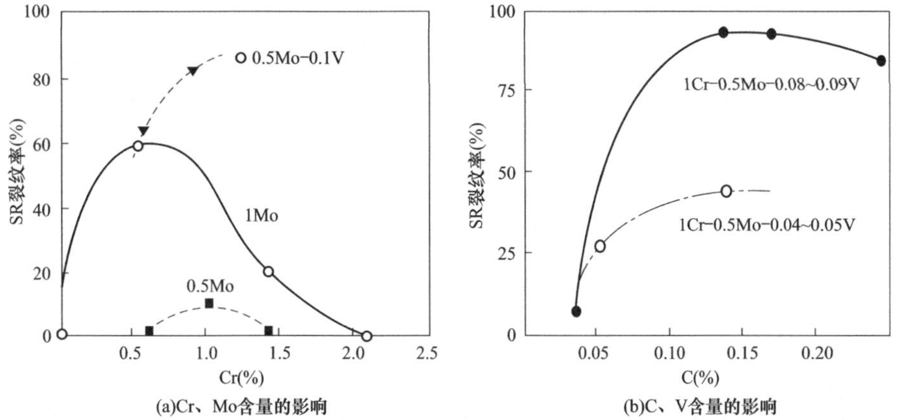

图 3-8　合金元素含量对再热裂纹的影响（600℃、2h 炉冷）

图 3-9 示出了晶粒度对 A387 钢再热裂纹倾向的影响，由图 3-9 可见：晶界的开裂应力与晶粒直径平方根的倒数呈线性关系，晶粒度越大（晶粒越粗），晶界开裂应力越小，越易形成再热裂纹。

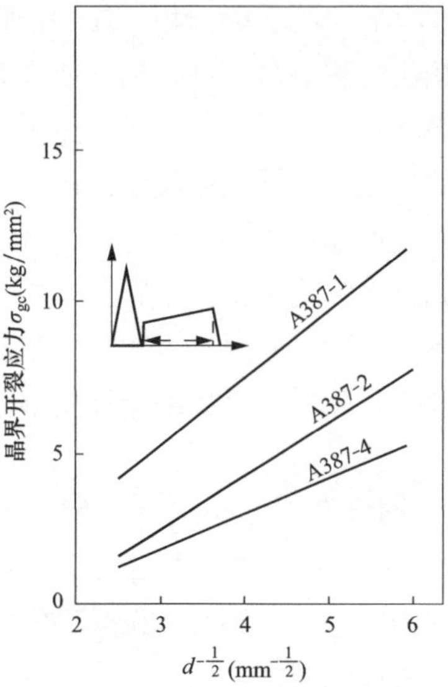

图 3-9　晶粒直径对 A387 钢再热裂纹倾向的影响

在 HT80 钢焊接接头的不同部位加工机械缺口，然后在 600℃下进行 2h 的热处理。结果表明：只有粗晶区且有缺口时对再热裂纹最敏感，焊道加强得太高或有明显咬边（产生应力集中）时，同样增加了粗晶区对再热裂纹的敏感性。

焊接过程中的线能量对再热裂纹的影响比较复杂，与钢的化学成分、热影响区的粗晶状态、结构应力等因素有关。线能量大有利于降低拘束应力，降低过热区的硬度，但却使过热区晶粒粗大，因此，对某些对晶粒长大敏感的钢种，较大的线能量更易促进再热裂纹的产生。相反，对某些淬硬倾向较大的钢种，较小的线能量的再热倾向大。

适当提高预热温度或焊后立即进行后热有利于降低再热裂纹的产生，选用合适的焊接材料，适当降低焊缝强度，提高焊缝的塑性变形能力，可降低再热裂纹敏感性。

较大的结构拘束度会导致焊接过程中产生较大的应力集中，增加再热裂纹敏感性。工程中厚壁集箱接管座角焊缝的开裂，图 3-6 所示的 12Cr1MoVG 钢制屏式再热器管服役 1776h 后沿焊缝熔合区的环向开裂，其结构拘束度大是产生再热裂纹重要因素，所以从结构上要采取一些降低拘束度的措施。另外，焊缝的咬边、未焊透以及焊缝表面的余高均会产生一定的应力集中，不同程度增加再热裂纹敏感性。

三、冷裂纹

焊接接头冷至较低的温度（约在马氏体转变温度 M_S 以下及附近），由于拘束应力、淬硬组织和氢的作用产生的裂纹即为冷裂纹。根据裂纹性质冷裂纹可分为淬硬脆化裂纹（主要由淬硬组织在焊接应力作用下产生的裂纹）、低塑性脆化裂纹［在较低温度下（约 400℃以下），由于被焊材料的塑性储备不足而产生的裂纹］、延迟裂纹和层状撕裂。

冷裂纹是锅炉压力容器焊接中常见的裂纹，在焊缝区和热影响区都可能出现。常见的冷裂纹有焊趾裂纹、焊道下裂纹和根部裂纹三种形态（见图 3-10）。焊趾裂纹起始于焊缝与母材交界处，有明显应力集中的部位（如咬边），裂纹通常与焊道平行，一般由焊趾表面向母材深处扩展。焊道下裂纹常出现在淬硬倾向较大、氢含量较高的焊接热影响区，裂纹通常与熔合线平行。焊根裂纹主要产生于氢含量较高的焊条和余热温度不足的情况下，与焊趾裂纹相似，起始于焊缝根部最大应力处，可能出现在焊接热影响区，也可能出现在焊缝金属中。冷裂纹的宏观特征表现为无分支，微观为穿晶开裂、断口表面无氧化色。图 3-11 示出了冷裂纹的宏观形貌。

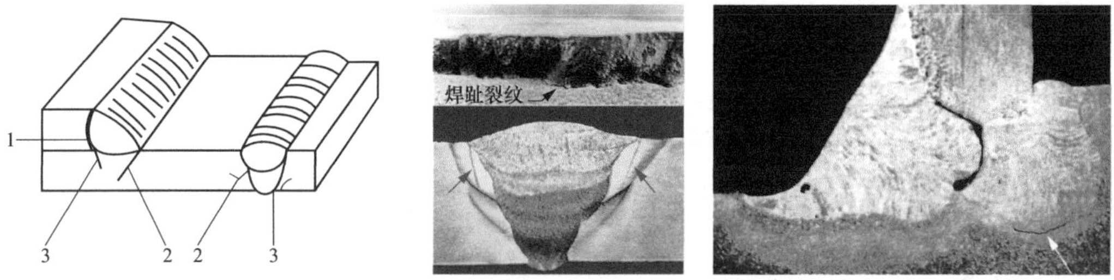

(a)冷裂纹三种形态示意图　　(b)焊趾裂纹　　(c)焊道下裂纹

图 3-10　冷裂纹的三种形态

1—焊道下裂纹；2—焊趾裂纹；3—根部裂纹

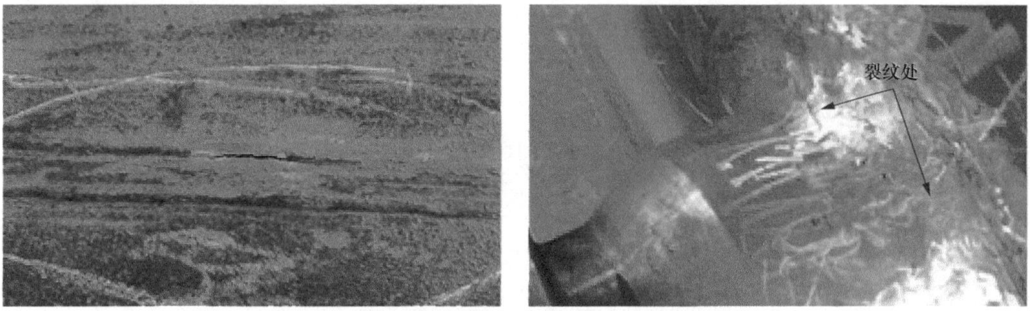

图 3-11　焊缝冷裂纹宏观形貌

钢的淬硬倾向主要取决于其化学成分，随着碳含量和合金元素含量增多，钢的淬硬倾向增大。焊接接头中的氢与焊条类型、焊材中的水分、焊件坡口表面的油污、铁锈、环境湿度、温度以及焊后冷却速度有关。焊条药皮中的水分含量越高，空气湿度越大，则焊缝中的氢含量越高。

文献［12］列出了日本 IL 委员会提出的合金元素的裂纹敏感系数

$$P_{cm}=C+\frac{Si}{30}+\frac{Mn+Cu+Cr}{20}+\frac{Ni}{60}+\frac{Mo}{15}+\frac{V}{10}+5B \tag{3-4}$$

在焊接过程中，由于电弧的高温作用，氢分解为原子或离子状态，并大量溶解于熔池中，在随后的冷却凝固过程中，由于氢的溶解度急剧下降，氢极力向外逸出，但因冷却较快，氢来不及逸出而残留在焊缝中，使焊缝中的氢处于过饱和状态。理论分析和试验表明：对于低合金高强度钢，在焊缝熔合线附近易形成富氢带，诱发焊道下裂纹；若某些部位有应力集中缺口，则易产生根部裂纹或焊趾裂纹。为了加快焊缝中氢的扩散，控制氢含量，可适当增加预热温度、层间温度和热输入量，减小焊层厚度，增加前后两焊层的间隔时间，焊后缓冷和后热。

金属材料的组织状态对裂纹和氢脆也有一定的影响，金属组织对裂纹和氢脆的敏感程度按下列顺序递增：铁素体或珠光体→贝氏体→低碳马氏体→马氏体贝氏体混合组织→高碳马氏体。

除了金属的化学成分、微观组织对冷裂纹倾向的影响之外，焊接工艺和焊缝的拘束应力也是重要的影响因素。焊接工艺过程对冷裂纹的影响包括：焊接材料、焊前预热、焊接线能量、焊后后热、多层焊等因素。焊前预热可减缓焊接接头的冷却速度，减少或避免淬火组织，有利于氢的逸出，也可减少焊接过程中焊接接头的热应力。DL/T 869—2012 给出了火电机组常用钢的焊接预热温度。焊接线能量的选择通常要根据经验选取，较高的线能量可延长焊接接头的冷却时间，避免焊接接头热影响区淬火，有利于氢的逸出，降低冷裂纹倾向；线能量过大时又会引起较高的焊接应力，促进热影响区产生过热组织，晶粒粗大，降低焊接接头的抗裂性。焊接冷裂纹与氢的扩散和逸出有关，若焊后快冷至 100℃以下，氢来不及逸出，可能产生延迟裂纹，特别对于厚壁部件的多层焊，随着焊道数目的增加，焊缝金属中的氢逐层增多。对厚壁部件多层焊后采取后热或将预热温度在焊后仍保持一段时间，使氢充分逸出，可有效降低厚壁部件的延迟开裂倾向。一些低合金高强度钢制厚壁部件，通常在焊后于 250～300℃保温 1h，可有效降低延迟裂纹倾向。图 3-12 示出了一些常用低合金高强度钢制厚壁部件的后热温度和后热时间，由图 3-12 可见：后热温度越高，后热时间越短。采用多层焊时，次层焊道对前层有消氢作用，能改善前焊缝和热影响区的淬硬组织，因此，多层焊的预热温度可适当低于单层焊。

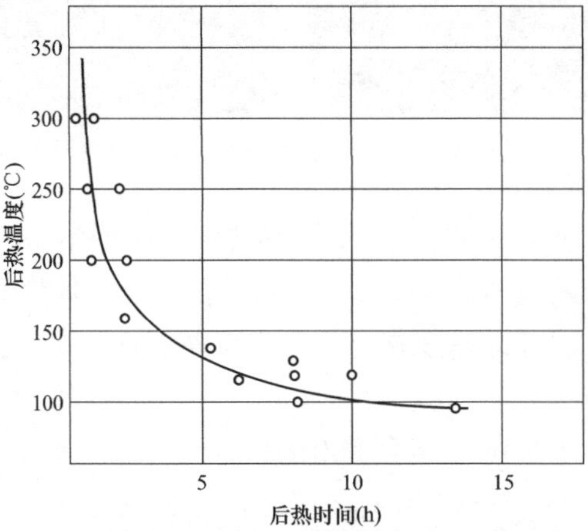

图 3-12　常用低合金高强度钢制厚壁部件的后热温度和后热时间

延迟裂纹是冷裂纹中比较常见的裂纹，主要特点是焊后并不立即出现，而是焊后要经过几小时、几天甚至更长时间开裂（所谓延迟裂纹）。延迟开裂的产生决定于材料的淬硬倾向、焊接接头的应力状态和焊缝的氢扩散。某电厂 T91 钢制末级过热器出口集箱接管焊缝焊后热处理经射线检测未发现裂纹，但在停留一段时间后，焊接接头熔合区出现

图 3-13 所示的裂纹。该机组靠近海边，现场施焊坡口清理不彻底，未严格控制预热和焊材烘干，焊接中焊材、坡口的油污、空气中的水分均会分解出氢原子或氢离子进入熔池；施焊过程中线能量过大，层间温度过高导致熔合区晶粒粗大；现场施焊强制对口引起较大的拘束应力，以上因素导致了焊缝的裂纹。随后的施焊注意坡口的清洁和焊条烘干，严格控制预热温度、层间温度和焊接线能量，焊后及时进行后热处理，避免了焊缝开裂。

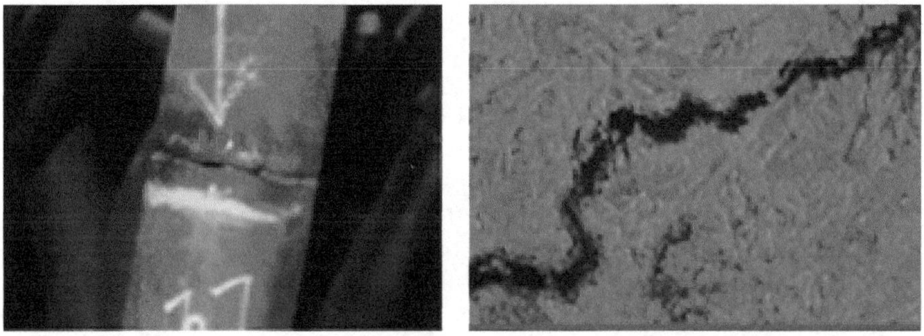

(a)裂纹宏观形貌　　(b)裂纹微观形貌

图 3-13　T91 钢焊缝裂纹

大型焊接结构中的钢板厚度通常为 30～100mm 甚至更厚，轧制钢板中的硫化物、氧化物和硅酸盐等低熔点非金属夹杂物，尤以硫化物的作用为主，在轧制过程中被延展成片状，与钢板表面平行分布，有时厚板中还存在分层缺陷。在垂直于板厚度方向的焊接应力作用下，分层部位或夹杂物界面会开裂并扩展，并在各层之间相继发生，连成一体，从而在焊接热影响区及其附近的母材上，或远离热影响区的母材上，出现阶梯状裂纹，这种裂纹就是层状撕裂裂纹（见图 3-14）。层状撕裂经常产生在 T 形接头、十字接头和角接接头的热影响区中。

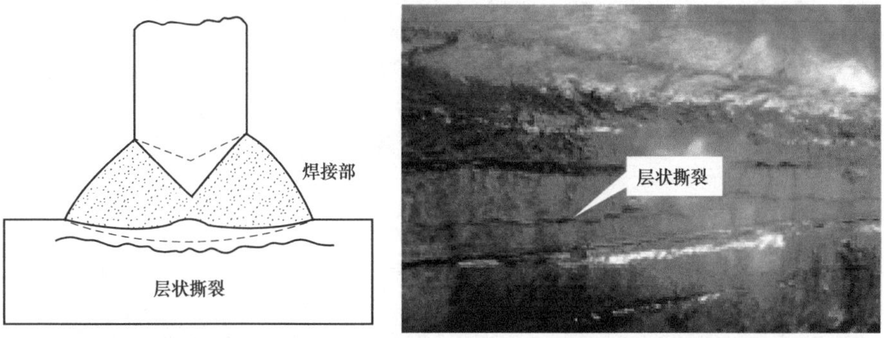

(a)T形接头层状撕裂示意图　　(b)焊接接头的层状撕裂

图 3-14　焊接接头的层状撕裂

四、其他缺陷

焊接接头除裂纹缺陷外，还有未熔合、未焊透、夹杂（渣）、气孔、几何形状与尺寸缺欠。图 3-15 示出了焊接接头一些其他缺陷。

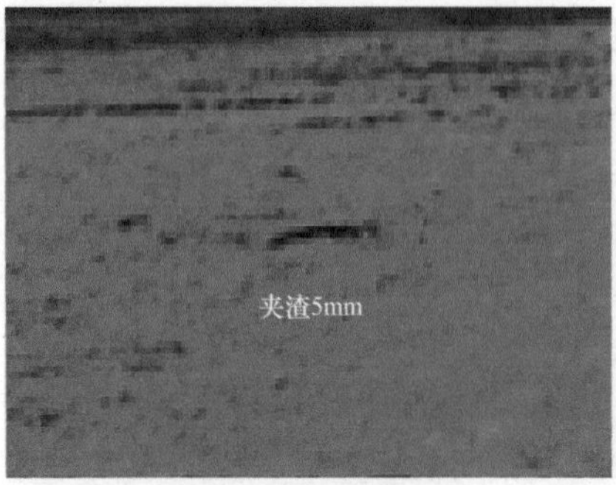

(a)P91钢焊缝中的夹渣

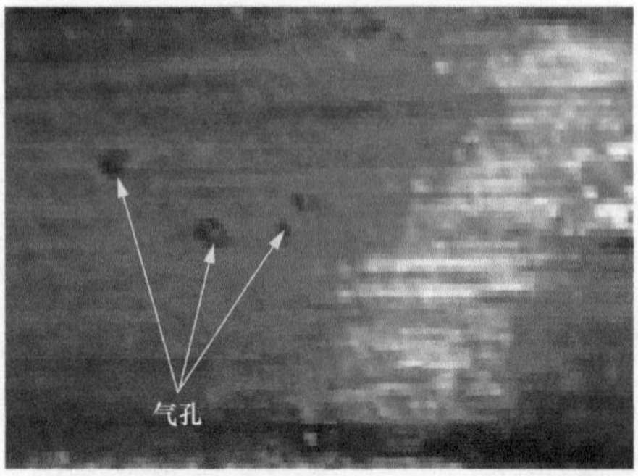

(b)P91钢焊缝中的气孔

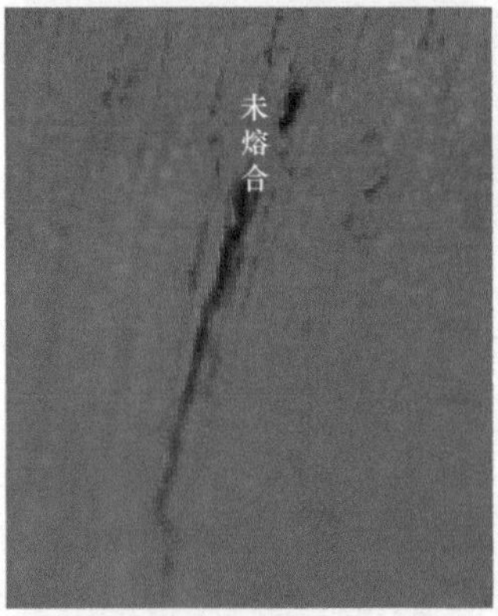

(c)P91钢焊缝中的未熔合

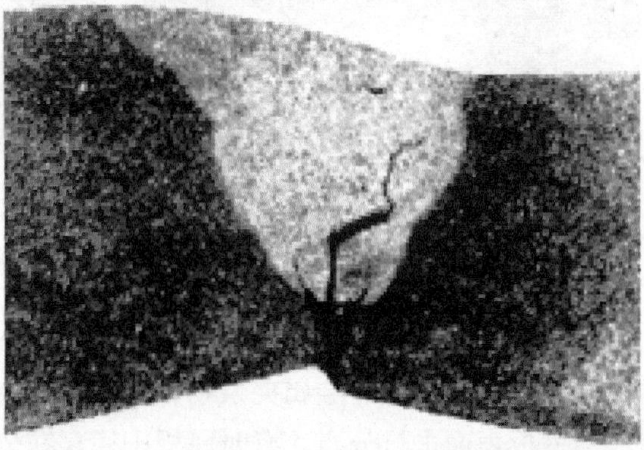

(d)12CrMoG焊缝根部严重未焊透

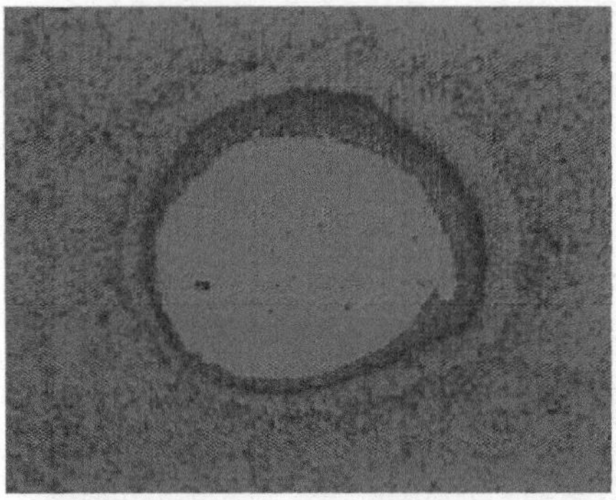

(e)P92钢焊缝中的钨夹杂

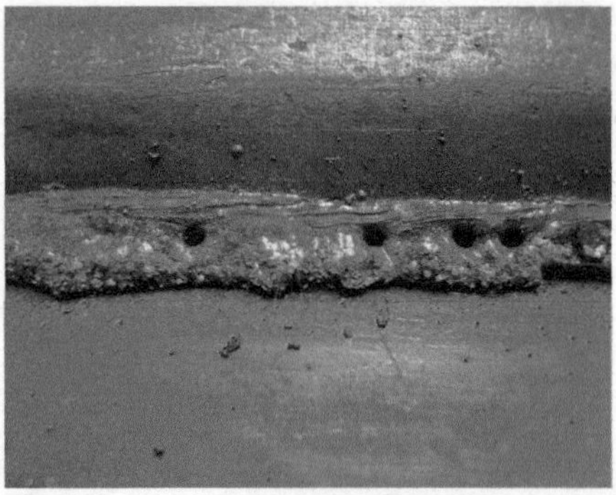

(f)水平烟道侧墙管屏气孔

(g)水冷壁管严重咬边与焊瘤

(h)水冷壁管烧损

图 3-15 焊接接头一些其他缺陷（一）

(i)锅炉钢结构翼板对接焊缝未焊满

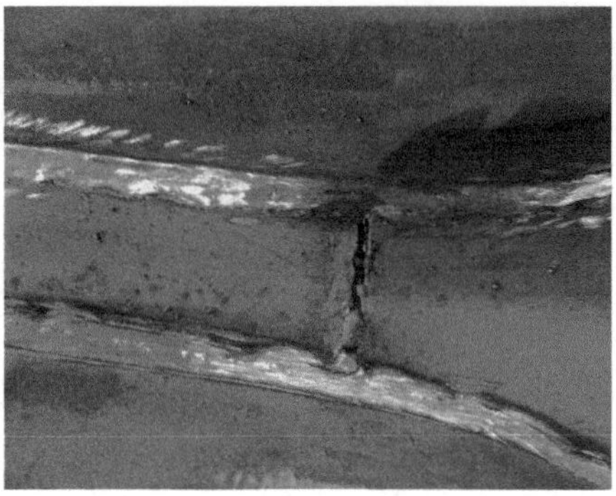

(j)漏焊的扁钢对接焊缝

图 3-15　焊接接头一些其他缺陷（二）

第二节　低合金耐热钢焊接裂纹防止措施

火电机组常用低合金耐热钢包括 12CrMoG、15CrMoG、12Cr1MoVG、12Cr2MoG（P22、10CrMo910）、12Cr2MoWVTiBG 等。此类钢的合金元素含量不超过 5%，具有一定的淬硬倾向，焊缝和热影响区对冷裂纹较敏感。钢中的 C、S、P 等有害元素会使焊缝产生热裂纹，Cr、Mo、W、V、Ti 等强碳化物形成元素使钢具有再热裂纹倾向。由此，对此类钢的焊接，可采用以下措施防止焊接接头产生冷裂纹、热裂纹、再热裂纹和层状撕裂。

一、防止冷裂纹焊接措施

可采用以下措施防止低合金耐热钢焊接冷裂纹：

（1）焊接材料。通常低合金耐热钢焊材选配的原则是焊缝金属的成分与强度、塑性基本与母材相一致或达到产品技术标准中规定的最低性能指标。为了防止焊接冷裂纹的产生，在焊缝根部和有应力集中的焊缝表面可选择强度级别较低的焊材，这样既可解决焊缝根部、焊缝表面的冷裂纹问题，又可保证焊缝的整体强度。

（2）焊接方法。采用惰性气体保护电弧焊方法，能最大限度地控制焊缝中的氢含量，一般推荐非熔化极气体保护焊（TIG-Tungsten Inter Gas Welding）、熔化极惰性气体保护焊（MIG-Metal Inter Gas Welding）焊接方法。

（3）坡口形状与焊接顺序。选用最佳的坡口形状，尽可能使应力集中在焊缝表面，同时坡口表面的水、油污、铁锈、漆、垢及氧化物要清除干净。合理安排焊接顺序，采用多层多道焊。

（4）焊前预热。根据钢的化学成分、几何结构和焊接接头部位的拘束度选择合适的预热温度，通常为 150～300℃。

（5）焊接线能量。对拘束度较小、壁厚较薄的部件可选用较大的线能量以降低接头的冷却速度，减小淬硬性。但对拘束度大、壁厚较厚的部件，应适当控制线能量，尽可能减小晶粒长大。

（6）后热（消氢）和焊后热处理。焊后后热可有效地降低冷裂纹敏感性，焊后热处理可降低焊缝应力，改善焊缝性能。DL/T 869—2012 给出了此类钢的焊后热处理规定。

二、防止热裂纹焊接措施

可采用以下措施防止低合金耐热钢焊接热裂纹：

（1）合金成分。尽可能降低焊缝金属中的 S、C、P、Cu、Ni、Pb、Zn 含量，适当提高 Mn、Ca 含量，在不同程度上对防止热裂纹有良好的效果。

（2）焊接工艺。选择不会形成梨形焊缝的焊接规范，以增大焊缝成型系数。

（3）坡口形状。尽可能选择底部圆角半径较大的 U 形坡口。

（4）焊接热输入量。采用较低的热输入量，特别对于拘束度较大的焊接接头。收弧时须衰减焊接电流，并填满弧坑。

三、防止再热裂纹焊接措施

可采用以下措施防止焊接再热裂纹：

（1）焊接材料。在焊材标准范围内，适当降低 C、Cr、Mo、V 含量，即降低焊缝金属强度、提高韧性和焊缝金属的高温塑性，降低再热裂纹的敏感性。

（2）尽可能降低焊接残余应力和避免应力集中。设计合理的焊接接头形式，减少熔敷金属的填充量，降低接头的拘束度；改善焊缝外形尺寸，避免产生咬边、未熔合等焊接缺陷；对称施焊。

（3）预热及后热。适当提高预热温度，保持预热温度、层间温度高于 250℃，增加焊后后热消氢处理，可延缓焊接冷却速度，降低焊接残余应力。

（4）焊接规范。采用较小的焊接规范施焊，减少热输入，改善母材热影响区的组织，降低焊接残余应力。

（5）焊后热处理。选择合理的焊后热处理工艺，及时进行焊后热处理。尽量缩短在敏感温度区间（500～700℃）的保温时间。

四、防止层状撕裂的措施

可采用以下措施防止层状撕裂：

（1）严格控制钢材的含硫量和非金属夹杂物，对厚板进行超声波检测，以避免分层缺陷，降低钢中 S、O、Si、Al 等含量，并在钢中加入稀土元素，选用精炼的抗层状撕裂用钢。

（2）焊接接头采用低匹配。选用较母材强度较低的低氢焊条以增加焊缝金属的塑性和韧性，降低热影响区的应变，可改善焊接接头的抗层状撕裂性能。

（3）改进焊接工艺、焊接方法。采用气体保护焊、埋弧焊有利于改善抗层状撕裂性能。适当提高预热温度，采用适当小的热输入以减少焊接热应力；对称施焊使应力、使应变分布均衡，减少应力、应变集中；还可采取中间退火消除应力。

（4）改善接头形式及坡口形状，与焊缝相连接的钢板表面堆焊几层低强度焊缝金属作为过渡层，以避免夹杂物处于高温区。

第三节 9%～12%Cr 钢焊接裂纹防止措施

中国目前超（超）临界火电机组用于高温蒸汽管道、管件和集箱的 9%～12%Cr 钢主要为 10Cr9Mo1VNbN（T/P91）、10Cr9MoW2VNbBN（T/P92），有少量的 10Cr11MoW2VNbCu1BN（T/P122）钢制部件。20 世纪 70 年代的 200MW 机组的主蒸汽管道、再热蒸汽管道也有采用 X20CrMoV121（F12）、X20CrMoWV121（F11），90 年代引进东欧的 500MW 机组主蒸汽管道、再热蒸汽管道也有采用 CSN417134。超超临界机组高温铸钢件也采用 9%～12%Cr 型耐热钢，其化学成分、力学性能与高温蒸汽管道相当。

试验研究表明，9%～12%Cr 钢有一定的冷裂纹敏感性，其防止冷裂纹的预热温度通常为 200～250℃。由于 9%～12%Cr 钢的冶炼采用电弧炉 + 炉外精炼并经真空精炼处理，或氧气转炉 + 炉外精炼并经真空精炼处理，或电渣重熔法冶炼，大大降低了钢中的有害元素含量（S≤0.01%、P≤0.02%）和非金属夹杂物含量，故其热裂纹敏感性较低，但若焊接工艺参数控制不当（如焊接线能量过大），也会在焊层中和收弧处产生细微的热裂纹。由于 9%～12%Cr 钢的合金元素含量高达 10%，故其可焊性相对于低合金耐热钢较差。

国内外对 9%～12%Cr 钢的焊接进行了大量的试验研究，华能国际电力股份有限公司根据国内首次对玉环电厂 1000MW 超超临界机组 P92 管道焊接研究实践，制定的《P92 钢管道焊接工艺导则》中表明，采用以下焊接规范可避免或减少管道焊接裂纹：

（1）焊材选择。9%～12%Cr 钢选用的氩弧焊丝、电焊条、埋弧焊丝的成分、强度、塑性基本与母材一致，严格控制焊材的杂质元素含量，至少不超过母材中最高含量许可值。P92 钢选用的焊材中 Si≤0.01%、P≤0.02%、Al≤0.02%。存放一年以上的焊材若对其质量有疑，应重新做出鉴定。对 P92 焊条烘焙前应随机抽取样品检查，若钢芯生锈不得使用。焊材可选德国伯乐（Bohler）、英国曼彻特（Metrode）、法国液化空气（Liquid Air）奥林康公司生产的 P92 焊材，原则上不允许采用 Mn、Ni 含量过高的日系焊材，特殊情况下需要使用时应征得电厂同意，并制定针对日系焊材的焊接和热处理工艺。ASTM A335 中规定：P91 钢焊材中的 Mn+Ni 含量不超过 1%。

（2）焊接方法。9%～12%Cr 钢在制造厂的焊接采用氩弧焊打底，焊条电弧焊和埋弧焊填充及盖面的组合焊接方法；现场焊接采用氩弧焊打底，焊条电弧焊填充及盖面的组合焊接方法。

（3）坡口形状及清洁。选用最佳的坡口形状，焊前坡口表面的水、油污、铁锈、漆、垢及氧化物要清除干净。

（4）焊前预热与层间温度。DL/T 869—2012 规定，9%～12%Cr 钢的焊前预热温度为 200～250℃。当采用 TIG 打底时，可按下限温度降低 50℃。当管道外径大于 219mm 或壁厚大于等于 20mm 时通常采用电加热预热。层间温度的控制依焊接方法的不同有差异，焊条电弧焊时，层间温度不宜超过 250℃；埋弧焊时，层间温度不宜超过 300℃。华能国际电力股份有限公司颁布的《P92 钢管道焊接工艺导则》规定，氩弧焊打底的焊前预热温度推荐 100～200℃，温度升至预热温度后至少保温 30 分钟。手工电弧焊预热温度推荐 200～250℃，层间温度为 200～300℃。

（5）焊层的控制。华能国际电力股份有限公司颁布的《P92 钢管道焊接工艺导则》推荐：氩弧焊打底两层，厚度约 2.8～3.2mm；工厂化配管中，手工电弧焊焊至 10mm 左右时，经检验合格后以埋弧焊填充及盖面。由于埋弧焊焊缝中氧含量高，且熔深大，母材稀释率大，造成焊缝中 Mn、Ni 含量降低，而 Nb 等合金元素含量升高，易导致冲击韧性降低。因此应严格执行焊接工艺，控制层间温度不超过 300℃，合理调整焊丝偏移量，优化焊层形状，避免出现焊接裂纹。

（6）焊接线能量。若焊接电流过低，由于熔池钢液黏度大，流动性差，易造成未焊透、未熔合、夹渣等缺陷。焊接电流控制在保证钢液拉得开，熔池清晰，熔合良好，在此基础上提高焊接速度，减小焊层厚度和宽度，可降低焊接线能量。

（7）后热和焊后热处理。DL/T 869—2012 规定，9%～12%Cr 钢焊后不宜进行后热，当被迫后热时（管道组配件不足一个热处理炉时），后热应在焊件温度降至 80～100℃，保温 1～2h 后立即进行，确保整个焊接接头区域温度均降至马氏体转变温度 M_S 点以下，后热温度 300～350℃，时间 2h。焊后热处理应在焊件温度降至 80～100℃，保温 1～2h 后立即进行。

P92 钢的焊后热处理温度推荐 760±10℃，根据每批焊材的 Mn、Ni 含量、奥氏体转变温度 A_{C1} 的值可适当调整热处理温度。不同焊材制造商提供的焊材合金元素含量略有差异，焊材中扩大奥氏体区的 Mn、Ni 含量偏高，使 A_{C1} 线下降。所以焊后热处理温度的选取应考虑焊材的 Mn+Ni 含量。

德国 V&M《P91/P92 钢手册》规定，P91、P92 钢焊后热处理最长不能超过 7 天，若不能及时进行热处理，则需进行后热处理，并采取特殊保护措施。否则，即使进行了严格的焊后热处理，焊缝表面仍会产生图 3-16 所示的微裂纹。经过大量试验分析，发现这类裂纹既非常见的焊接热裂纹，也不是延迟裂纹（氢致裂纹），而是 P91 钢焊缝在潮湿环境下产生的应力腐蚀裂纹。应力腐蚀开裂在奥氏体不锈钢中常见，但在马氏体耐热钢中很少出现。P91、P92 钢焊缝中应力腐蚀裂纹，与焊缝金属的较高的残余应力及潮湿环境有关，其产生的时机如图 3-17 所示。

目前大多数 9%～12%Cr 钢制管道、集箱的对接焊缝采用“U”形坡口，对于厚壁管道、集箱来说，焊材消耗量大，焊接热输入大。国外制造商对厚壁 9%～12%Cr 钢制集箱采用窄间隙焊接技术。相对于传统的“U”坡口焊接，窄间隙焊接可降低焊材消耗量 30% 以上、缩短焊接时间、降低焊缝氢脆、焊接接头韧性好、焊缝质量高等特点。同时，窄间隙焊接已经成功用于国内锅筒纵焊缝、汽轮机低压焊接转子的制造，因此，开展厚壁 9%～12%Cr 钢制管道、集箱管道窄间隙焊接技术的研究与应用，对提高超超临界机组高温管道、集箱的制造质量具有重要的技术意义和工程应用价值。

9%～12%Cr 钢制汽缸与 P91、P92 钢制管道的焊接以及 9%～12%Cr 钢制铸钢件的补焊可参照 9%～12%Cr 钢制管道、集箱的焊接。

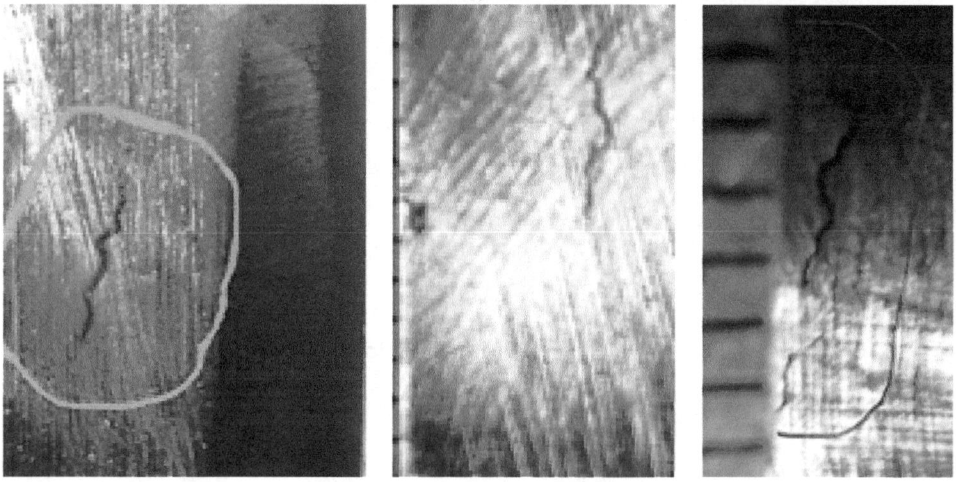

图 3-16　P91 钢焊缝表面裂纹

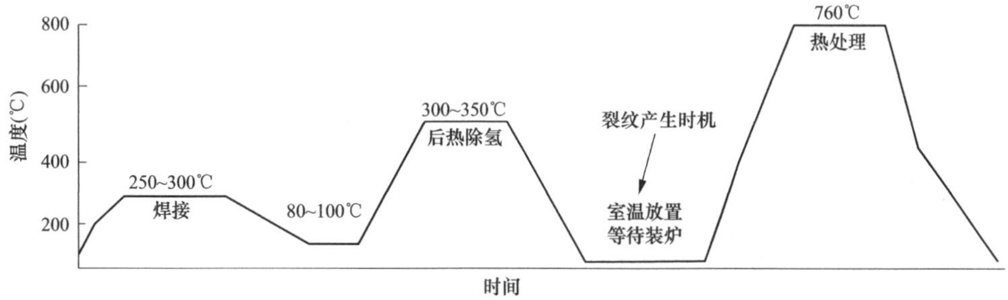

图 3-17　P91 钢焊后热处理热循环示意图

第四节　奥氏体耐热钢焊接裂纹防止措施

中国目前超（超）临界锅炉高温过热器、再热器管常用的奥氏体耐热钢主要为 07Cr25Ni21NbN（TP310HCbN、HR3C、DMV310N）、内壁喷丸的 10Cr18Ni9NbCu3BN（S30432、Super304H、DMV304Hcu），温度较低的区段选 07Cr19Ni10（TP304H）、07Cr18Ni11Nb（TP347H）、TP347HFG 以及 07Cr19Ni11Ti（TP321H）。奥氏体耐热钢管的碳含量相对较低（0.07%～0.13%），冶炼采用电弧炉 + 炉外精炼并经真空精炼处理，或氧气转炉 + 炉外精炼并经真空精炼处理，或电渣重熔法冶炼，大大降低了坯料中的有害元素（S≤0.015%、P≤0.03%）和非金属夹杂物含量。由于奥氏体耐热钢的导热系数小（仅为低碳钢的一半），线膨胀系数为 18% 左右（低合金钢约为 12%），这就导致在焊接加热过程中产生较大的热应力，会增大热裂纹倾向。由于奥氏体不锈钢含有较多的合金元素以及 P 含量略高于低合金钢和 9%～12%Cr 钢，在奥氏体晶界会形成杂质富集以及低熔点共晶相，易产生晶间开裂。奥氏体不锈钢焊缝金属柱状晶粗大，方向性强，尤其是单相组织的焊缝。这样的组织易导致低熔点共晶，如 Ni_3S_2（熔点 645℃）、$Ni+Ni_3S_2$（熔点 625℃）在晶间形成液态间层。

研究和工程实践表明，Super304H 的热裂纹敏感性明显低于 TP347H，HR3C 的热裂纹敏感性略高于 TP347H。P 含量对 HR3C 的热裂纹敏感性影响较大，应尽量降低 HR3C 及焊材中的 P 含量。焊材的选择对 Super304H、HR3C 焊接接头的室温拉伸性能影响不大，无论选用同质焊材还是镍基焊材，焊接接头的室温拉伸性能均可满足要求[13]。文献［14］研究了 HR3C 采用 Thermanit 617 镍基焊材与同质 YT-HR3C 焊材焊接接头的高温强度，结果表明：采用 Thermanit 617 焊材与 YT-HR3C 焊材的焊接接头母材、焊缝和 HAZ 硬度均匀，均约 200HB；650℃下的屈服强度均约 230MPa，采用 Thermanit 617 焊材焊接接头的抗拉强度约 510MPa，略高于 YT-HR3C 焊材焊接接头的抗拉强度（465MPa）。但 Thermanit 617 焊丝的工艺性能不理想，熔化和流动性较差，易出现未熔合、根部未焊透等缺陷。

国内外对奥氏体不锈钢的焊接进行了大量的试验研究，实践表明，采用以下焊接规范可避免或减少焊接裂纹：

（1）焊接材料。相同奥氏体不锈钢焊接的焊材应与母材的化学成分、力学性能相当，焊接工艺性能良好；奥氏体不锈钢与铁素体不锈钢、马氏体不锈钢以及 10Cr 型马氏体耐热钢的焊接焊材采用镍基合金，例如 ERNiCrCoMo-1 焊丝。钨极氩弧焊时宜选用直径不大于 2.5mm 的焊丝，焊条电弧焊时宜选用直径为 2.5～3.2mm 的焊条，压力管道和耐腐蚀部件异种材料焊接时宜选用镍基焊材。

（2）坡口形状及清洁。坡口宜采用机械加工，当采用等离子切割加工坡口时，应预留不少于 5mm 的加工余量。应避免母材与碳钢或其他合金钢接触，防止铁离子污染坡口，测量坡口和焊缝尺寸应采用不锈钢材料或其他防止铁离子污染的专用检测工具。坡口清理、修整接头、清理焊渣和飞溅用的电动或手动打磨工具，宜选用无氯铝基无铁材料制成的砂布、砂轮片、电磨头，或选用不锈钢材料制成的錾头、钢丝刷或其他专用材料制成的器具，焊接前宜采用酒精或丙酮等溶剂对坡口及其与热影响相邻区域进行清洗。

（3）焊前预热与层间温度。一侧为奥氏体型钢，可选较低的温度对另一侧非奥氏体型钢预热，层间温度不超过 150℃。压力管道和耐强腐蚀介质部件焊接时，应采取小的线能量焊接，层间厚度不宜大于焊条（丝）直径。焊接宜采用多层多道焊，焊接过程中采用红外测温仪或其他测量器具测量层间温度，层间温度应控制在 150℃以下。当用水冷却时，宜采用二级除盐水。

（4）焊后热处理。DL/T 869—2012 规定，奥氏体不锈钢管，采用奥氏体焊材焊接，焊后不宜进行热处理。奥氏体与异种钢焊接接头，当一侧为奥氏体型钢，若需焊后热处理，应避开脆化温度敏感区，防止晶间腐蚀和 σ 脆性相的析出。

（5）不含稳定化元素奥氏体不锈钢焊缝的晶间腐蚀。奥氏体不锈钢常在焊缝和热影响区（HAZ）出现晶间腐蚀。晶间腐蚀主要出现在不含稳定化元素（Nb、Ti）而又不是超低碳的不锈钢中。

奥氏体不锈钢焊缝和热影响区（HAZ）晶间腐蚀可根据“贫铬理论”来解释。在奥氏体钢的敏化温度区间，碳原子向晶界扩散，与铬原子形成 $Cr_{23}C_6$，晶内的铬来不及扩散到晶界，导致晶界出现贫铬，则易出现晶间腐蚀。

防止奥氏体不锈钢焊缝晶间腐蚀的措施，可选碳含量较低的焊材，焊缝采用双相组织（γ+δ）（δ 含量约 2%～3%），少量的 δ 铁素体可扰乱柱状晶方向，且 δ 相可溶解更多的有害元素。可采用较小的焊接线能量，快速多层多道焊，防止熔池过热，采用强制冷却，减小接头的残余应力。

防止奥氏体不锈钢 HAZ 敏化区晶间腐蚀从选材上考虑，一方面选用含 Nb、Ti 的不锈钢，另一方面选碳含量较低的超低碳不锈钢。从焊接工艺上考虑采用小的热输入，快速冷却。

（6）含稳定化元素奥氏体不锈钢焊缝的刀蚀。在含稳定化元素 Nb、Ti 奥氏体不锈钢 HAZ 的过热区中，紧邻熔合线的局部产生沿熔合线走向的深沟状且类似刀刃状的晶间腐蚀，称为刀状腐蚀（Knife-like attack），简称刀蚀。

刀蚀的产生，一方面是钢中的 TiC 或 NbC 在高温过热区发生溶解，另一方面是该过热区经过了再次中温敏化加热。焊接过程中，接头过热区的温度超过 1200℃，TiC 或 NbC 将全部固溶于奥氏体基体内，释放出的 C 原子和钢中 C 原子向晶界转移并偏聚，由于 Cr 的扩散速度大于 Nb、Ti 的扩散速度，所以，在奥氏体晶界优先沉淀析出 $Cr_{23}C_6$，导致晶界贫铬，产生晶间腐蚀。

防止刀蚀的产生，可从从接头设计和焊接工艺考虑。如双面焊接接头，可将过热并发生奥氏体晶界富碳与产生中温敏化 $Cr_{23}C_6$ 沉淀析出的一侧，布置在不与腐蚀介质相接触的一侧；选用超低碳不锈钢和碳含量较低的焊材；焊接采用小能量，偏小的焊接电流，快速施焊，强制冷却，采用多层多道焊，控制层间温度低于 60℃。

（7）奥氏体耐热钢焊接接头紧邻熔合线的不完全熔化区和 HAZ 还会出现液化裂纹，有的液化裂纹还出现在多层焊的前一层焊缝 HAZ 中。液化裂纹沿晶界产生。

奥氏体不锈钢易出现应力腐蚀，应力主要来自于焊前的冷弯成形、切削、打磨等以及焊后矫行不当引起的残余应力。焊接接头的成形不良易导致介质在局部区域的沉积与浓缩，也会促进奥氏体不锈钢应力腐蚀的发生。

第四章

大型铸钢件、锻件缺陷

火电机组汽轮机蒸汽室、汽缸和汽水管道中的阀门为铸钢件；主汽阀、调节汽阀、再热汽阀、再热调节汽阀等大多数为铸钢件，也有部分为锻件。汽轮机高中压转子、发电机转子及汽轮机低压转子叶轮为锻造成型。汽轮机高中压转子、高中压内缸、主汽阀、调节汽阀以及锅炉主蒸汽、高温再热蒸汽管道系统中的阀门在高温高压下服役，再热汽阀、再热调节汽阀压力较低，但温度很高，铸钢件、锻件的质量优劣与设备的安全运行密切相关。铸钢件缺陷主要为表面裂纹，补焊区裂纹、气孔、冷隔、疏松、夹渣等；转子锻件缺陷主要为裂纹，拉伸强度、冲击吸收能量偏离标准规定值以及残余应力过高导致的转子弯曲等。下面简述火电机组大型铸钢件、锻件的质量缺陷。

第一节 大型铸钢件缺陷

对于汽轮机、锅炉铸钢件，其使用性能和工艺性能要求：①良好的室温、高温拉伸强度、塑性、冲击韧性和断裂韧度；②在高温及应力下长期服役的铸钢件，应具有较高的持久强度和塑性、良好的抗疲劳性能、优异的微观组织稳定性、一定的抗氧化性能；③铸钢件材料应具有良好的铸造性能、焊接性能和优异的淬透性。铸钢件按工作温度选用合适的铸钢材料：ZG 230-450（ZG25）、0.5Mo（WC1 -ASTM A217）用于工作温度≤450℃的汽轮机铸钢件和阀壳；ZG20CrMo 用于工作温度≤500℃的汽轮机铸钢件和阀壳；500℃到 570℃范围内服役的汽轮机铸钢件和阀壳，可选用 ZG15Cr1Mo（WC6-ASTM A217）、ZG15Cr2Mo1（WC9-ASTM A217）、ZG15Cr1Mo1V。工作温度超过 570℃的超（超）临界汽轮机高温铸钢件均采用 10%Cr 型铸钢（见表 4-1），也有采用 ZG14Cr1Mo1VTiB 制作高压内缸。再热温度 620℃高效超超临界汽轮机汽缸、主汽阀、调节汽阀、再热汽阀、再热调节汽阀主要采用 CB2［ZG13Cr9Mo2Co1NiVNbNB、GX13Cr9Mo2Co1NiVNbNB（西门子公司牌号）、GX13CrMoCoNiVNbNB9-2-1（欧洲）牌号］。电站阀门壳体用钢根据温度通常选用 WC1、WC6、WC9 和 CA12 -ASTM A217（相当于 91 级铸钢）。

表 4-1　　国内超超临界汽轮机高温铸件用钢

JB/T 11018—2010	国外企业牌号
ZG10Cr9Mo1VNbN	KA SFVAF28（三菱）
ZG12Cr9Mo1VNbN	G X12CrMoVNbN9-1（西门子公司 TLV9263 01）

续表

JB/T 11018—2010	国外企业牌号
ZG11C109MoVNbN	ZG1Cr10MoVNbN（欧洲）
ZG11Cr10Mo1NiWVNbN	ZG1Cr10Mo1NiWVNbN-5（DIN EN 10204/3.1） KT5917S0 铸钢（日立）
ZG12Cr10Mo1W1VNbN-1	G X12CrMoWVNbN10-1-1（西门子公司 TLV9257 01）
ZG13Cr11MoVNbN ZG14Cr10MoVNbN ZG12Cr10Mo1W1VNbN-2 ZG12Cr10Mo1W1VNbN-3	
JB/T 11018—2010《超临界及超超临界机组汽轮机用 Cr10 型不锈钢铸件 技术条件》	

汽轮机用铸钢件的技术标准主要有：

JB/T 6402—2018《大型低合金钢铸件　技术条件》

JB/T 7024—2014《300MW 以上汽轮机缸体铸钢件　技术条件》

JB/T 10087—2016《汽轮机承压铸钢件　技术条件》

JB/T 11018—2010《超临界及超超临界机组汽轮机用 Cr10 型不锈钢铸件　技术条件》

DL/T 753—2015《汽轮机铸钢件补焊技术导则》

相关铸钢件标准中推荐的汽轮机铸钢件无损检测标准有：

GB/T 5677—2007《铸钢件射线照相检测》

GB/T 9443—2007《铸钢件渗透检测》

JB/T 9630.1《汽轮机铸钢件　磁粉探伤及质量分级方法》

JB/T 9630.2《汽轮机铸钢件　超声波探伤及质量分级方法》

阀门壳体采用的技术标准为：

NB/T 47044—2014《电站阀门》

JB/T 5263—2005《电站阀门铸钢件技术条件》

JB/T 7927—2014《阀门铸钢件外观质量要求》

相关铸件标准中推荐的阀门壳体无损检测标准有：

GB/T 7233.2—2010《铸钢件　超声检测　第 2 部分：高承压铸钢件》

JB/T 6439—2008《阀门受压件磁粉探伤检验》

JB/T 6440—2008《阀门受压铸钢件射线照相检验》

JB/T 6902—2008《阀门液体渗透检测》

DL/T 718—2014《火力发电厂三通及弯头超声波检测》

铸钢件由于壁厚较厚，形状复杂，在浇铸凝固过程中易产生表面缺陷和内部缺陷，如裂纹、缩松、砂（渣）眼、气孔、脊状凸起（多肉）、冷隔、疏松、夹渣、变形、浇注不足等。裂纹是在铸造过程中内、外应力作用下导致的铸件开裂，铸件裂纹有热裂纹、冷裂纹。热裂纹是凝固产生的裂纹，在壁厚差较大的部位、局部热节处收缩受阻而形成，裂纹较宽（粗）、短，形状弯曲，内有氧化皮；冷裂纹是铸件凝固后，收缩受阻，产生较大的拉应力，在铸件壁厚差较大部位、薄弱区域形成，裂纹较细长，比较平直。砂（渣）眼是由于砂粒卷入熔融金属，在铸件内部或表面形成带有型砂（渣子）的孔洞。气孔是由于熔融的金属中混有气体，在铸件中形成大小不等，孔壁较光滑呈梨形、圆形、椭圆形或针状的孔洞。脊状凸起（多肉）为铸件表面呈刺（脊）状突起，形状极不规则，呈网状或脉状分布的毛刺。冷隔/皱折是由于液态金属充型能力不足，或充型条件较差，在型腔被填满之前，金属液便停止流动，使铸件产生冷隔缺陷或浇注不足。冷隔时，铸件虽可获得完整的外形，但因存有未完全熔合的接缝，铸件的力学性能严重受损；浇注不足时，会使铸件不能获得完整的形状。提高浇注温度与浇注速度可防止冷隔和浇注不足。缩松是指铸件凝固过程中体积收缩，最后凝固的区域没有得到液态金属的补缩形成分散和细小的缩孔，常分散在铸件壁厚的轴线区域、壁厚较厚的部位、冒口根部和内浇口附近。当缩松与缩孔容积相同时，缩松的分布面积要比缩孔大得多。铸件中存在的任何形态的缩孔和缩松，都会减小铸件的受力面积，在缩孔和缩松的尖角处产生应力集中，使铸件的力学性能降低。此外，缩孔和缩松还会降低铸件的气密性和物理、化学性能。

除铸造缺陷外，大型铸件还常由于残余应力消除不彻底在机械加工或机组运行中变形，例如，常发现汽缸结合面密封尺寸超标或运行中结合面漏气。还有的大型铸钢件存在成分区域偏析、晶粒粗大、硬度不均匀、拉伸强度偏离标准规定的情况，下面叙述铸钢件常见缺陷。

一、表面缺陷

大型铸钢件常见的表面缺陷主要为裂纹。铸钢件由于壁厚较厚、形状复杂、壁厚差大，在浇铸凝固过程中由于收缩的非均匀性，在截面较厚和截面尺寸变化较大的部位易出现表面裂纹。若铸造后热处理或时效处理应力消除不彻底，则会促进裂纹的形成或出现变形。铸件中的裂纹会减小其有效承载面积，且在裂纹周围会引起应力集中而降低铸件的强度和韧性，致使铸件报废。

某电厂 ZG15Cr1Mo1V-B2 钢制汽轮机高压外缸在制造厂进行水压试验，当压力达到 7.8MPa 左右时（尚未达到规定的试验压力），缸体下半局部开裂［见图 4-1（a）］。由图 4-1（b）所示汽缸开裂的宏观断面可见，断面边缘未见塑性变形，断面严重污染、氧化、磨损。图中浅灰色区域为始裂区，始裂区断面上可观察到密集分布的许多缩松类铸造缺陷［见图 4-1（c）］。始裂区位于补焊区，尺寸约为 20mm×50mm，由图 4-1（d）可见，补焊区有未熔合、微裂纹等焊接缺陷。对开裂汽缸解剖取样进行化学成分、拉伸性能、冲击性能、补焊区硬度/金相组织检查，解剖试料前先用盲孔法测试残余应力，测试位置为汽缸内壁一侧，距开裂面 50mm。

试验表明，汽缸材料的化学成分、拉伸强度满足制造厂企业标准，但拉伸断面收缩率和延伸率远低于标准规定值，补焊区焊缝、热影响区和母材的布氏硬度平均值分别为 270HBW、310HBW 和 196HBW，热影响区最高硬度 341HBW。垂直于开裂面的残余拉应力最高为 201MPa。汽缸始裂的补焊区未将缩松彻底清除，残留一个片状的缩松密集区，且与内壁表面垂直。由此，汽缸补焊后热处理状态不佳，导致补焊区硬度偏高，残余应力较高，加之补焊区存在的缩松密集区，使 ZG15Cr1Mo1V-B2 钢的塑性严重降低，脆性增大，应力集中效应加剧。水压试验压力与残余应力叠加，垂直作用于缩松密集区的力超过其承载极限，导致汽缸自缩松密集区开裂。

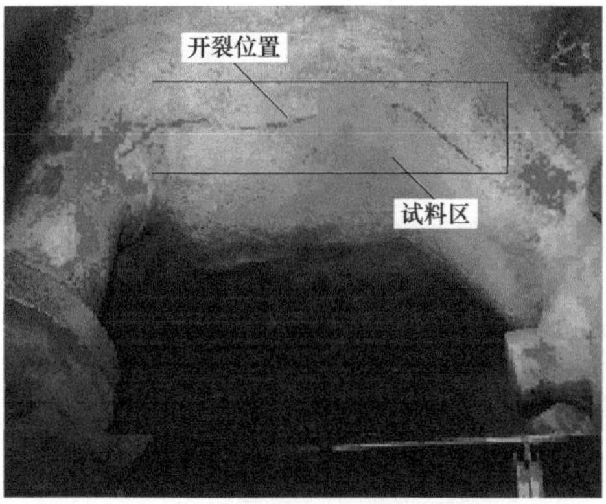

(a)开裂位置及宏观形貌

(b)开裂面宏观形貌

(c)始裂区的密集缩松

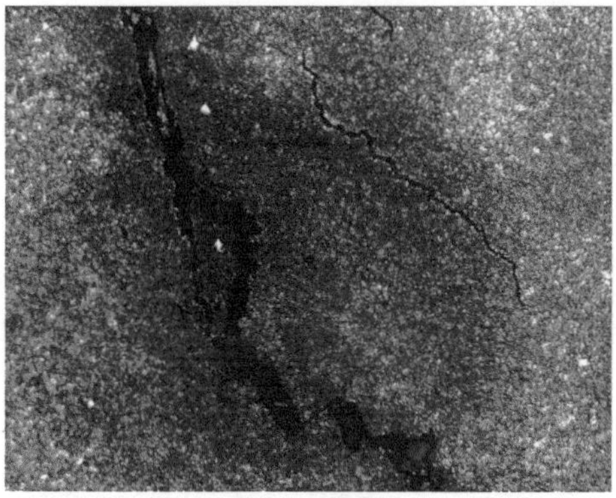

(d)焊缝与母材交界处的微裂纹

图 4-1　高压外缸下半开裂

图 4-2 示出了汽轮机汽缸裂纹形貌。图 4-2（a）为某电厂 6 号汽轮机低压缸下缸结合面的裂纹，长度为 5～200mm；图 4-2（b）为 ZG20CrMo 钢制汽缸的表面裂纹；图 4-2（c）示出了某电厂 3 号机组 1 号低压内缸电机侧第 7 级隔板套支撑键槽裂纹（长约 40mm）。

(a)低压缸下缸结合面裂纹

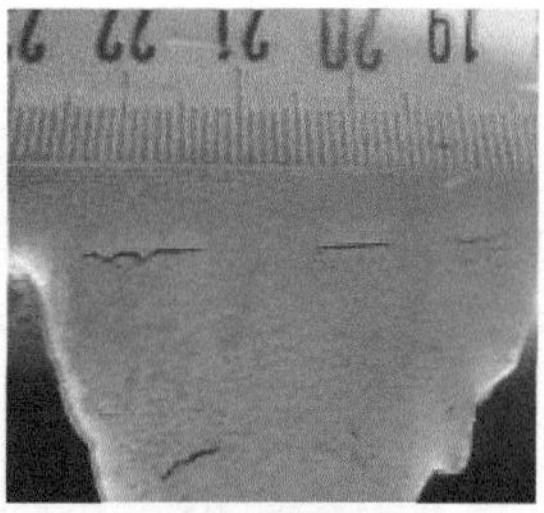

(b)汽缸表面裂纹

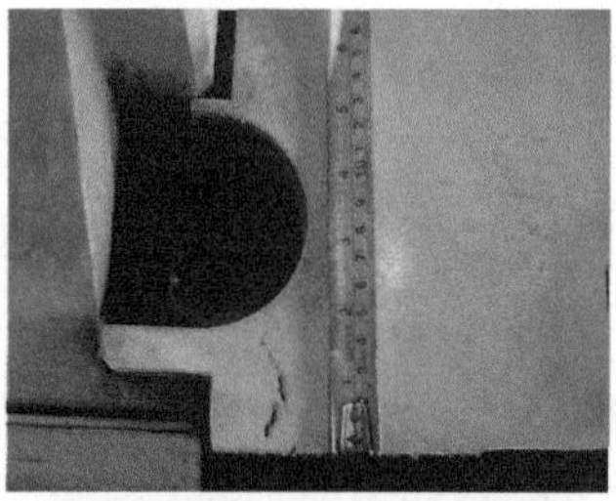

(c)低压内缸隔板套支撑键槽处裂纹

图 4-2　汽缸裂纹形貌

某电厂 ZG1Cr9Mo1VNbN-Ⅳ钢制高压缸、中压缸隔板套不同程度存在裂纹和线性开口缺陷（见图 4-3）。高压隔板套第 1 级中分面存在一处 25mm 的线性显示，高压隔板套第 6 级中分面存在一处 4mm 裂纹，中压隔板套第 2、第 3 级中分面各存在一处 5mm、4mm 裂纹，有的裂纹延伸已延伸到隔板套侧面 3mm。

图 4-3 高压缸隔板套线性缺陷与裂纹

某电厂 ZG1Cr9Mo1VNbN-Ⅳ钢制高压缸下半进汽管外壁存在微裂纹，车削后在管口外圆 3/4 周、轴向长度 200mm 区域仍存在多处 $\phi1\sim\phi10$mm 密集气孔，另一管口外圆 150mm×150mm 范围内存在多处 $\phi1\sim\phi6$mm 密集气孔（见图 4-4）。

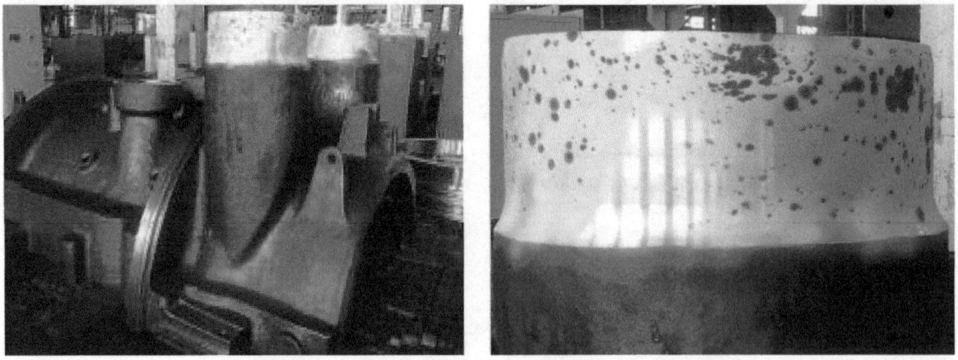

图 4-4 高压缸下半进汽管外壁微裂纹、气孔

某电厂 ZG15Cr2Mo1 钢制高中压外缸内侧、中压抽汽口附近有长 285mm、深度大于 20mm 的裂纹（见图 4-5），第一次补焊后汽缸运至电厂，28 天后在补焊区右侧又发现新裂纹，检查发现补焊区平均硬度约 260HBW，最高硬度 340HBW（ZG15Cr2Mo1 正常硬度约 170HBW）。随后对该汽缸毛坯件质量状况进行了调查，发现产生裂纹的部位曾在汽缸坯件制造的重机厂进行过补焊。虽然各汽轮机制造厂对汽缸坯件补焊区进行无损检测，但补焊区通常不进行硬度和金相组织检查。若补焊后回火不充分，硬度偏高，焊缝有马氏体淬硬组织，补焊应力消除不充分，缸体放置一段时间仍会产生微裂纹，进而扩展成为宏观裂纹。随后对裂纹进行第二次挖补，裂纹挖除过程中经渗透探伤

发现，下部有纵向裂纹 5 条（各 20mm），新增纵向裂纹一条（50mm），最后汽缸壁挖穿，挖除区域长 300mm、宽 70mm、深 130mm（汽缸裂纹处壁厚）。

(a)高中压外缸下半　(b)第一次发现的裂纹

(c)第一次补焊后新出现的裂纹　(d)第二次挖除

图 4-5　高中压外缸内侧裂纹

鉴于该汽缸第一次补焊后运至电厂 28 天后补焊区右侧又出现裂纹，制造厂与电厂对二次补焊工艺进行了讨论。焊接过程中尽量采用小规范，除根部和盖面焊外，其他焊层进行 100% 的锤击以消除焊接应力。同时将第一次补焊采用的 A302 奥氏体不锈钢（Cr23Ni13）焊材更换为镍基焊材 ENiCrFe-3，补焊过程中严格执行焊接工艺。第二次补焊后该汽缸已安全运行 4 年（2014—2018）。

对于厚壁汽缸的补焊，若采用奥氏体不锈钢焊材，其填充金属与汽缸母材的线膨胀系数差异较大（合金钢的线膨胀系数约 12×10^{-6}/℃，奥氏体不锈钢的线膨胀系数约 18×10^{-6}/℃），焊缝熔合线处会产生较大的焊接应力，特别在补焊填充金属量较多的情况下易出现裂纹，所以最好采用镍基焊材冷焊。若补焊区填充金属量较小，可采用奥氏体不锈钢焊材。

汽缸除制造产生裂纹外，运行期间还常发现裂纹。某电厂 600MW 超临界汽轮机 1 号机组，主蒸汽压力 / 温度 24.2MPa/538℃，运行 80952h 检修中发现高压内缸调节级区的外表面临近红套环部位发生整圈圆周裂纹（见图 4-6），裂纹位于过渡圆角处，深度 5～10mm（裂纹处缸体厚度 120mm），裂纹呈 45° 向缸体壁厚内部扩展。高压内缸材料为 DIN GS17CrMoV511（相当于 ZG15Cr1Mo1V 钢）。

根据国外资料，两班制调峰运行机组高压内缸的寿命为 20 万 h（约 30 年），非两班制调峰运行的寿命为 27 万 h（约 40 年）。分析认为，高压内缸开裂和裂纹扩展的主要原因是，原设计红套环部位曲率半径较小，近乎尖锐，造成应力集中、瞬态热应力过大。

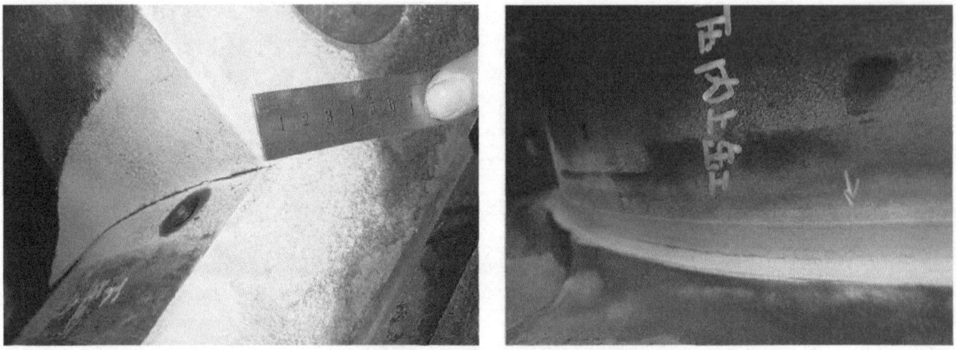

图 4-6　高压内缸调节级区外表面临近红套环部位整圈圆周裂纹

工程中常发现阀门壳体裂纹。某电厂 350MW 超临界机组 ZG15Cr2Mo1 钢制再热蒸汽调节阀壳体宏观检查发现一条长 80mm 裂纹，打磨后裂纹深 6mm，磁粉检测发现两处补焊区存在多条长度 5～8mm 的细小裂纹（见图 4-7）。图 4-8 示出了某电厂 600MW 机组高压调节阀门密封面裂纹，图 4-9 示出了铸件中的冷隔和缩松缺陷。

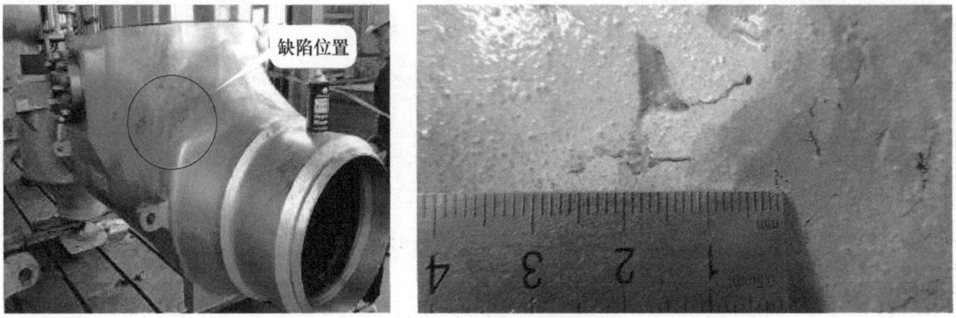

图 4-7　调节阀壳体表面裂纹

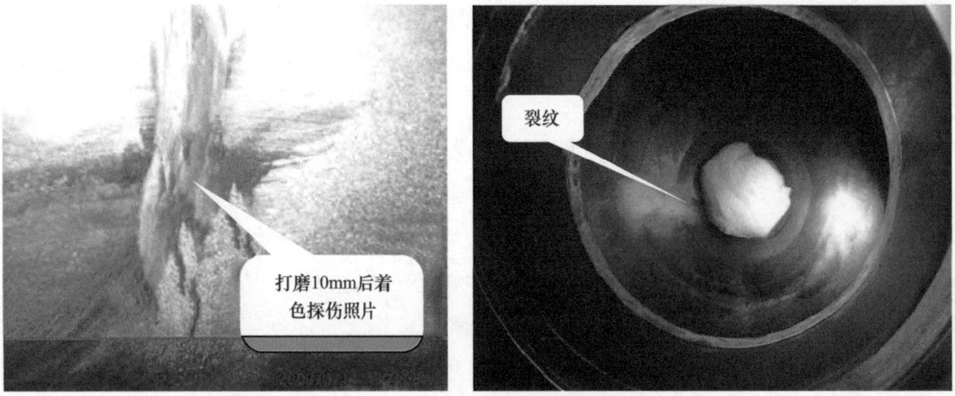

图 4-8　高压调节阀门密封面裂纹

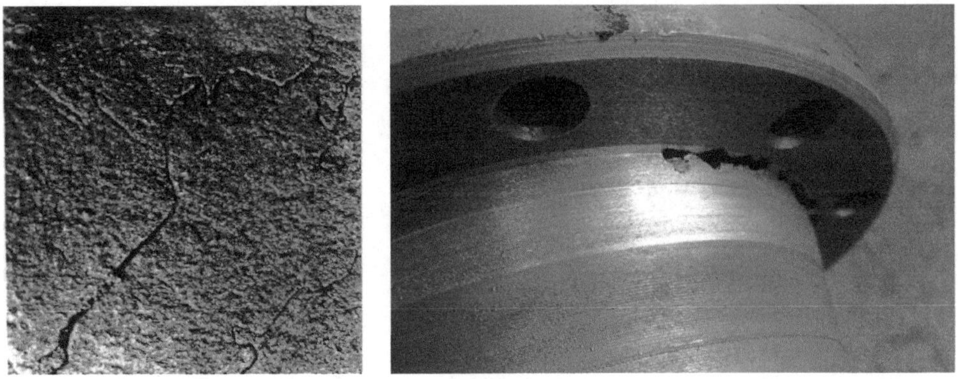

(a)冷隔 (b)缩松

图 4-9 铸件中的冷隔和缩松缺陷

工程中还常发现铸钢件水压堵阀壳体裂纹，有的运行一段时间后开裂。某电厂 1 号机组（1000MW）WCB（ASTM A216）钢（相当于 ZG25）制低温再热蒸汽水压堵阀磁粉检测发现三处裂纹，长度分别为 30、50、80mm，挖补深度约 8mm（见图 4-10）。某电厂 5 号机组低温再热蒸汽水压堵阀，安装现场发现裂纹，最深达 26mm。

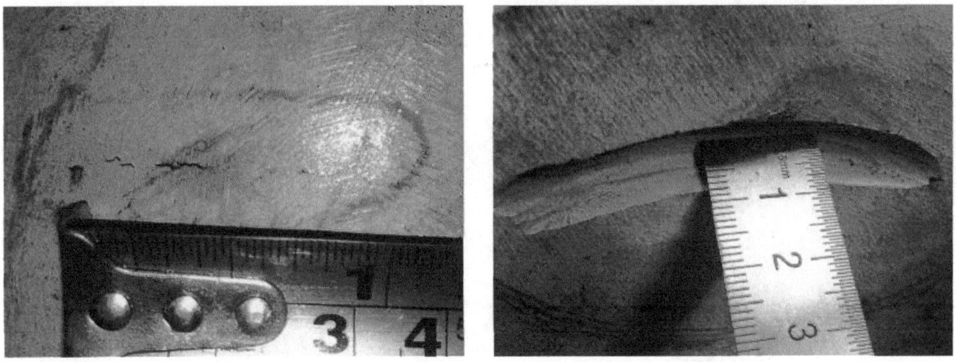

(a)表面裂纹 (b)挖补深度

图 4-10 低温再热蒸汽水压堵阀裂纹

某电厂 7 号机组（300MW）安装完毕，进行水压试验后防腐保护时 ZG20CrMoV 钢制低温再热蒸汽出口堵阀突然开裂，炉水大量喷出，造成低温再热蒸汽出口管道吊架损坏、管道严重位移。再热蒸汽堵阀阀体开裂为 3 大块，阀体断面无明显变形减薄，宏观为脆性断裂（见图 4-11）。

某电厂 6 号超临界汽轮机（600MW）运行 6500h，检修发现 1 个 C12A（成分与 P91 相同）钢制主蒸汽管道堵阀（ϕ575.1×84mm）、2 个 C12A 钢制高温再热蒸汽管道堵阀（ϕ682×23.5mm）和 2 个 WCB（相当于 25 号碳钢）钢制低温再热蒸汽管道堵阀（ϕ635×17mm）壳体表面有数量众多的小裂纹，打磨后又出现新裂纹，多处裂纹深度超过 10mm。其中 1 个高温再热蒸汽管道堵阀近焊缝处有一条长 100mm、深 17mm 的纵向裂纹（见图 4-12）。

图 4-11　开裂的再热蒸汽出口堵阀

图 4-12　高温再热蒸汽管道堵阀裂纹

堵阀经短时运行即出现裂纹，主要是因为堵阀制造后即带有微裂纹，铸造应力消除不彻底，在运行中微裂纹扩展为宏观长裂纹。

图 4-13 示出了某电厂 6 号超临界汽轮机（600MW）运行 2 年后检修，发现 C12A

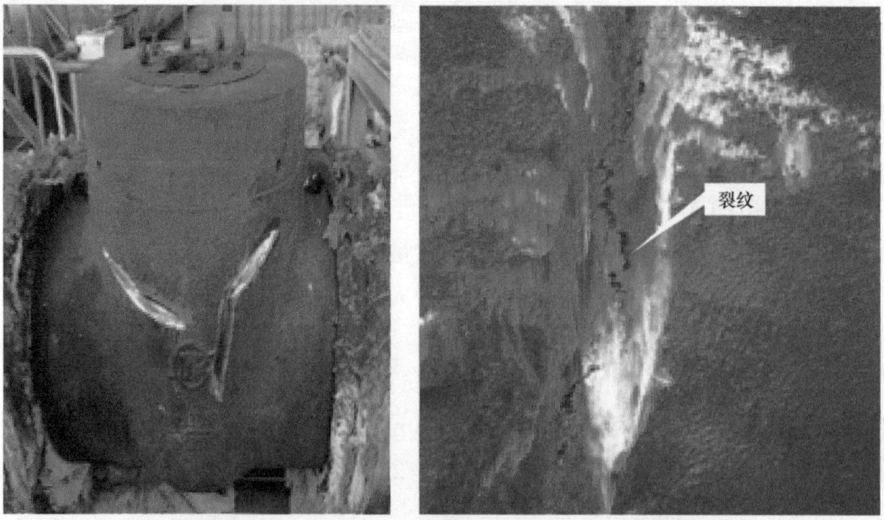

(a)打磨深度　　(b)打磨后显现的裂纹

图 4-13　主蒸汽管道堵压阀阀体表面裂纹

钢制主蒸汽管道堵阀阀体腹部表面有一长 15mm 的裂纹，后对阀体全面检查，发现阀体表面多处裂纹。裂纹打磨过程中发现阀体内部的裂纹长度远大于表面。打磨至 40mm 深（阀体壁厚 160mm）后仍无法消除裂纹，遂对堵阀予以更换。

鉴于大型铸钢件在制造、运行中常发现表面裂纹，其主要原因为制造产生，所以制造厂一定要控制铸件的冶炼、浇注和热处理工艺过程，加强表面质量检验。同时，发电厂在设备质量监理阶段也应加强铸件表面的宏观检查和无损探伤，特别注意缺陷挖除补焊部位的无损检测、硬度和金相组织检查。

二、铸钢件内部缺陷

大型铸钢件的内部缺陷如孔洞、夹渣、冷隔等。孔洞类缺陷包括气孔、针孔、缩孔、缩松、疏松等，气体在金属液结晶前未及时逸出，在铸件内生成孔洞类缺陷。气孔内壁光滑，明亮或带有轻微的氧化色；缩孔在铸件内部形成不规则的表面粗糙的孔洞，其中微小密集的孔洞称为缩松，常伴有粗大的树枝晶、夹杂物、裂纹等缺陷。铸件中的孔洞类缺陷会减小其有效承载面积，且在孔洞周围会引起应力集中，降低铸件的强度和抗腐蚀性。孔洞类缺陷还会降低铸件的致密性，致使某些高压气体、液态介质泄漏。

某电厂 350MW 超临界机组 ZG1Cr10MoVNbN 钢制中压内缸水压试验时渗漏严重，检查发现内缸下半缸体一处渗漏（见图 4-14）。随后在渗漏位置钻孔以消除缺陷（泄漏处壁厚约 70mm），钻孔呈椭圆形（2 个），面积约 60mm×30mm，深度为 58、55mm。在深度为 55mm 的部位肉眼可看到 2 处约 ϕ6mm 的圆形气孔，分别位于挖开处最左端和最右端。

(a)渗漏处(圈内有渗漏点)

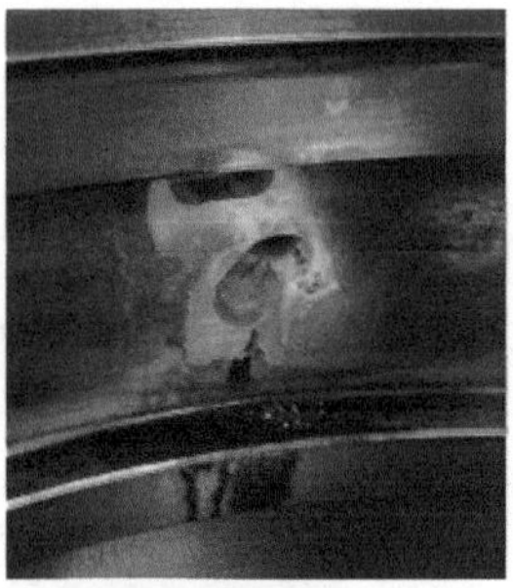

(b)渗漏处钻孔

(c)钻孔处的气孔

图 4-14 中压内缸下半缸体缺陷

另外，该台机组的 ZG15Cr2Mo1 钢制中压外缸下半水压试验时发现管口泄漏（见图 4-15），后对中压外缸 3 号抽汽管内壁表面渗透探伤，发现近管口内表面 100mm×100mm 范围内存在五处 $\phi2$～$\phi6$mm 点孔状缺陷，一处长约 15mm 线性缺陷［见图 4-15（b）］。

随后，对该机组内外缸体缺陷进行挖补，挖补前对中压内、外缸进行全面检验，包括无损检测、硬度、金相组织检查，特别关注补焊部位及缺陷位置。尽管经超声波检测未见大于 $\phi5$mm 气孔、疏松缺陷（挖补方案中要求对泄漏部位附近大于 $\phi5$mm 的气孔、疏松彻底去除），但缺陷挖除过程中可见 $\phi6$mm 的气孔、疏松。由此，对内、外缸体进行全面射线检测，中压内缸上半发现 2 个点状缺陷，其中 1 个 $\phi4$mm，1 个 5mm 线状缺陷；中压内缸下半原缺陷挖除部位附近发现牛角状两条疏松缺陷，一根进汽管根部有较长疏松缺陷，另一根进汽管根部左下方有疏松缺陷，右上方有圆形缺陷。中压外缸下半三段抽汽管道有明显疏松，内壁补焊区域也有疏松（见图 4-16）。

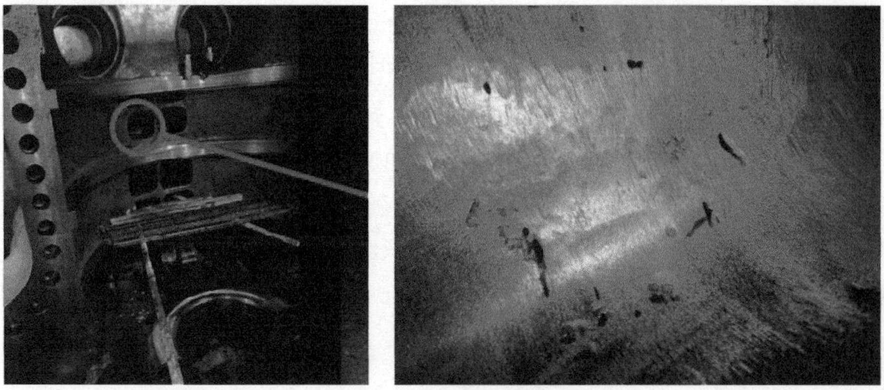

(a)圈内有渗漏点　　(b)管口内表面点状缺陷和线性缺陷

图 4-15　中压外缸下半管口泄漏

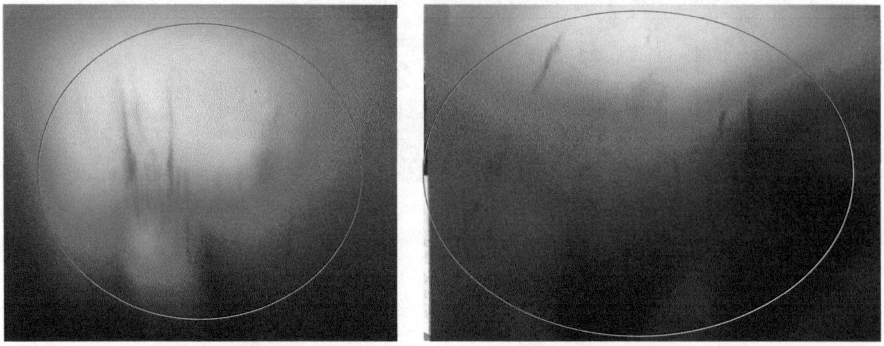

(a)抽汽管道疏松　　(b)抽汽管道内壁补焊区的疏松

图 4-16　中压外缸下半三段抽汽管道疏松

经查询发现该机组内外缸体毛坯出厂前的宏观检查、磁粉探伤和超声波探伤报告均为合格，这表明目前的超声波探伤技术仍然很难发现铸钢件的内部缺陷。

图 4-17 示出了某电厂退役的 50MW 机组 ZG20CrMoV 钢制汽缸解剖后铸造气

孔、缩松、疏松等缺陷。图 4-18 为某电厂 600MW 机组低压内缸下缸结合面螺栓孔内壁的裂纹和气孔。图 4-19 为某燃机电厂 1 号机组 ZG15Cr1Mo1V 钢制高压内缸上半精加工后水平中分面发现一处长 20mm 的裂纹，裂纹消除后形成了尺寸为 50mm×20mm×55mm（长 × 宽 × 深）的孔洞，且造成中分面螺栓孔损伤。

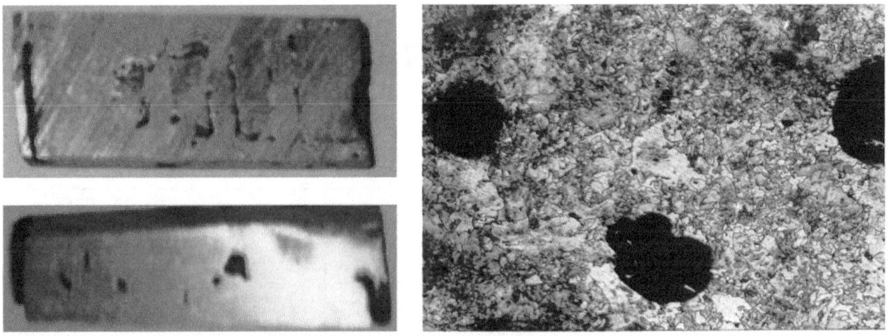

图 4-17　ZG20CrMoV 制汽缸的气孔

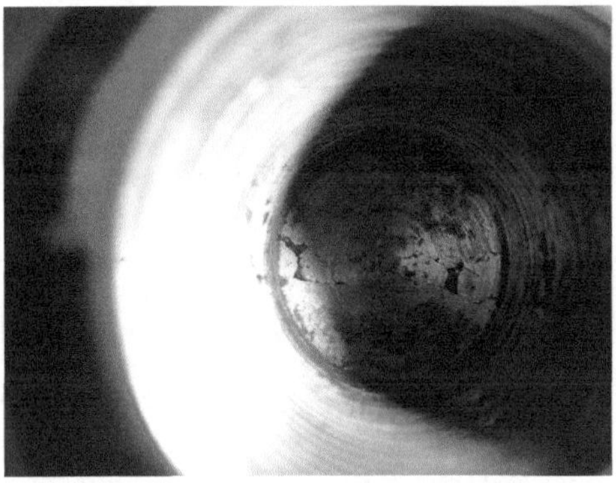

图 4-18　低压内缸结合面螺栓孔内壁缺陷

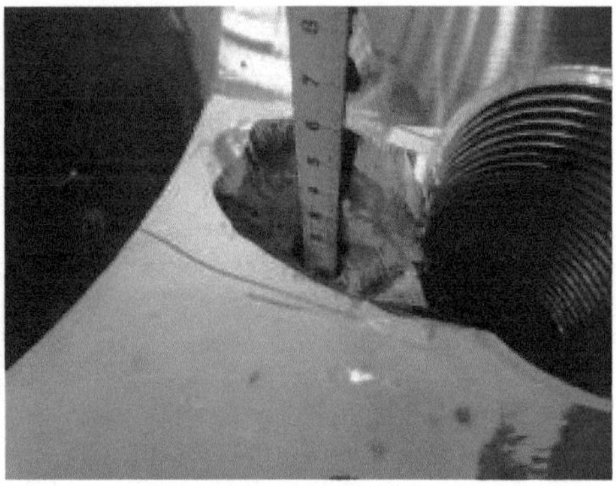

图 4-19　高压内缸结合面螺栓孔附近裂纹

三、铸钢件质量控制

1. ASME 锅炉及压力容器规范的规定

相对于锻件和轧制金属部件，由于铸钢件铸造缺陷较多且力学性能较差，所以在铸钢件设计中要考虑铸件质量系数。ASME《锅炉及压力容器规范　第一卷：动力锅炉》（*Boiler and Pressure Vessel Code Section I Rules for Construction of Power Boilers*）中规定：

（1）当铸件仅按材料技术条件的最低要求验收时，铸件质量系数不应超过 0.8。即铸件的强度设计中，其材料强度的选取不应高于铸件材料强度的 80%。

（2）当满足下列条件件时，应采用不大于 1 的铸件质量系数。

1）壁厚小于等于 114mm 的铸件。

a. 铸件所有关键部位，包括铸件浇口、冒口与截面突变处及焊缝端部的预加工处，应进行射线探伤。射线探伤结果的评判按 ASTM E446《壁厚小于等于 51mm 钢铸件的射线照片评级参考图》[Standard Reference Radiographs for Steel Castings Up to in.（50.8 mm）in Thickness] 或 ASTM E186《厚壁（51～114mm）钢铸件射线照片评级参考图》[Standard Reference Radiographs for Heavy-Walled（50.8 to 114 mm）Steel Castings]。若缺陷严重程度满足表 4-2 和表 4-3 的条件，铸造质量系数可取 1。

表 4-2　　ASTM E446 标准中的规定（铸件壁厚< 51mm）

不连续缺陷类型	缺陷级别	
	厚度≤25mm	厚度≥25mm
A	1	2
B	2	3
C 型 1、2、3、4	1	3
D、E、F、G	不允许	不允许

表 4-3　　ASTM E186 标准中的规定（铸件壁厚 51～114mm）

不连续缺陷类型	缺陷级别
A、B 和 C 型 1、2	2
C 型 3	3
D、E、F	不允许

b. 铸件所有表面，包括机械加工面，均应在热处理后进行磁粉或渗透探伤。缺陷评级按 ASTM E125《铁基金属铸件磁粉探伤缺陷显像评级标准参考图》（*Standard Reference Photographs for Magnetic Particle Indications on Ferrous Castings*）执行，对Ⅰ型 1 度、Ⅱ型 2 度、Ⅲ型 3 度、Ⅳ型 1 度和Ⅴ型 1 度的缺陷应消除。

c. 超过表 4-2 和表 4-3 的缺陷应消除，并进行补焊，同时对补焊区按 a.、b. 项进行探伤检查，挖补后的铸件应进行焊后热处理。

2）壁厚大于 114mm 的铸件。对铸件进行 100% 射线探伤。射线探伤结果的评判按 ASTM E280《壁厚（114～305mm）钢铸件的射线照片评级参考图》[*Standard Reference Radiographs for Heavy-Walled*（114mm～305mm）*Steel Castings*] 执行，若缺陷严重程度满足表 4-4 的条件，铸件质量系数可取 1。

表 4-4　　ASTM E280 标准中的规定

不连续缺陷类型	缺陷级别
A、B 和 C 型 1、2、3	2
D、E、F	不允许

铸件表面磁粉或着色探伤及补焊要求按“壁厚小于或等于 114mm 的铸件”的质量要求执行。

铸件的补焊深度超过 25mm 或截面厚度的 20% 两者中的较小值时，应对补焊区进行射线和表面探伤；对不能有效进行射线探伤的补焊区，应对第一层焊层、每 6mm 厚度焊层以及表面进行磁粉或着色探伤；铸件补焊后应进行焊后热处理。

表 4-2～表 4-4 中的缺陷类型为：A 类——气孔，1～5 级。B 类——夹砂和熔渣类夹杂，1～5 级。C 类——缩松，分 3 类：Ca 线性缩松，1～5 级；Cb 羽状缩松，1～5 级；Cc 海绵状缩松，1～5 级。D 类——裂纹。E 类——热裂缝。F 类——型芯夹杂。

2. 国内相关标准对铸钢件的质量要求

（1）汽轮机承压铸钢件质量要求

所有铸件内外表面应光洁，不允许有裂纹、嵌入物和超过标准的气孔、冷隔、夹砂、缩孔及机械损伤等缺陷。如有上述缺陷应彻底清除，若缺陷清除后壁厚超差，应进行补焊。

任何质量等级的汽轮机承压铸钢件，经超声波探伤，均不允许存在裂纹、线状缺陷和厚度超过铸钢件壁厚 1/3 的缺陷。汽轮机铸钢件的磁粉、超声波探伤，根据缺陷类型和程度分为 5 级（见表 4-5、表 4-6）。

表 4-5　　JB/T 9630.1 中汽轮机铸件磁粉探伤质量等级

缺陷类型	质量等级				
	机械加工表面		铸造表面		
	1	2	3	4	5
裂纹	不允许				
线状缺陷	≤3mm	≤5mm	≤5mm	≤8mm	≤10mm
缩松缩孔	Ⅰ-1	Ⅰ-2	Ⅰ-2	Ⅰ-3	Ⅰ-3
夹渣	Ⅱ-1	Ⅱ-2	Ⅱ-2	Ⅱ-3	Ⅱ-3
单个气孔	≤3mm	≤5mm	—	—	—
密集气孔	不允许	不允许	—	—	—
未熔化的芯撑、内冷铁	不允许				

表 4-6　　JB/T 9630.2 中汽轮机铸件超声波探伤质量等级

质量等级	在 15cm×15cm 评定框内允许存在的非线状缺陷		
	缺陷总面积（cm^2）	单个缺陷最大面积（cm^2）	
		内、外层	中间层
1	0	0	0
2	15	8	15
3	25	20	25
4	40	30	40
5	55	45	55

注　内、外和中间层以铸钢件的厚度划分，每层为 1/3 铸钢件厚度。对处于内、外层与中间层交界处的缺陷，如大部分在内、外层，则列入内、外层评定：如大部分在中间层，则列入中间层评定。

磁粉探伤质量等级的选择按铸钢件的服役条件决定。一般情况下，重要部位的机械加工面推荐选用1级；一般部位的机械加工面可选2级；重要部位的铸造表面，通常选3级；其他部位的表面，可选4级或5级。

（2）电站阀门壳体质量要求

JB/T 7927—2014《阀门铸钢件外观质量要求》中将阀门铸钢件裂纹、缩孔、砂（渣）眼、气孔、脊状凸起（多肉）、砂（渣）眼、冷隔、疏松、夹渣缺陷划分为A、B、C、D、E五个级别，A、B级可接受，C、D、E级不可接受。为避免同一标准对规格和壁厚差较大的铸件进行评判可能出现的差异，故标准中提供的缺陷照片为指定铸件表面任一100mm×125mm区域的实际尺寸。

DL/T 531—2016《电站高温高压截止阀闸阀技术条件》中规定，铸钢件表面允许存在下列缺陷（该缺陷应不影响强度和致密性）：①非加工面的集中缺陷面积不超过整个表面1%，且不大于2500mm^2。②有分散缺陷的区域，每100cm^{2}面积上不多于1个，其面积应小于1cm^2；整个表面上缺陷的面积总和不超过表面总面积的1.5%；两缺陷间距不小于该缺陷中最大直径的6倍；不影响强度和致密性，直径小于1.5mm针孔类缺陷，任意100cm^{2}面积上不多于4个；有缺陷的单元面积不超过所在区域总面积的10%。

GB/T 7233.2—2010、JB/T 6439—2008、JB/T 6440—2008和JB/T 6902—2008中均规定了铸钢件缺陷的分级与最大容许尺寸。表4-7和表4-8示出了JB/T 6439—2008《阀门受压件磁粉探伤检验》中规定的线性缺陷和非线性缺陷的等级及容许的最大长度。

表4-7　线性缺陷等级及最大容许长度　　单位：mm

缺陷等级	壁厚		
	≤13	13～25	＞25
	线性缺陷最大允许长度		
1	2	5	5
2	5	8	13
3	8	13	18
4	长度超过3级者		

表4-8　非线性缺陷的等级及最大容许长度　　单位：mm

缺陷等级	壁厚	
	≤13	＞13
	非线性缺陷最大允许长度	
1	2	5
2	5	8
3	8	13
4	长度超过3级者	

3. 铸钢件缺陷的处理

JB/T 10087—2016《汽轮机承压铸钢件　技术条件》中规定，铸钢件表面不允许有裂纹、粘沙、气孔、夹砂、缩孔、冷隔等缺陷，若有上述缺陷存在，应在最终热处理前清除干净，若缺陷清除后的壁厚超出尺寸公差要求，应进行补焊；机械加工过程中发现裂纹、气孔、夹渣、缩孔、砂眼等缺陷，应及时补焊。以下情况缺陷不允许补焊：①无法清除的裂纹、气孔、夹砂、缩松等缺陷；②缺陷所在部位无法补焊或补焊后无法进行检查；③经加工后发现的缺陷，经补焊不能保证部件质量。较大缺陷的补焊应事先征得需方同意。较大缺陷包括：①缺陷清除后的凹坑面积大于等于 $6500mm^2$；②缺陷清除后的凹坑深度超过铸件壁厚的 1/2 或 25mm（取较小者）；③裂纹长度超过裂纹所在方向铸件长度的 1/2 或 100mm（取较小者）。对内部缺陷，根据缺陷的级别确定是否挖补。缺陷补焊要彻底去除缺陷，在挖补中需有严格措施防止产生变形和裂纹向内部延伸。

GB/T 12229—2005《通用阀门 碳素钢铸件技术条件》中规定，铸件具有下列缺陷之一者不允许焊补：①图纸或订货合同中规定不允许焊补的缺陷；②有蜂窝状气孔者；③成品试压渗漏且焊补后无法保证质量者；④同一部位的焊补次数不得超过 3 次。DL/T 753—2015《汽轮机铸钢件补焊技术导则》中推荐采用 SNi6082、Ni6182 镍基焊材。DL/T 438—2016《火力发电厂金属技术监督规程》中专门针对大型铸钢件的质量监督规定：应见证汽缸坯料补焊的焊接资料和热处理记录，对挖补部位应进行无损探伤和金相组织、硬度检验。

铸钢件毛坯的补焊，焊材的选用应与铸钢件化学成分和性能相一致；铸钢件精加工后的补焊，焊材可选与铸钢件化学成分和性能相一致的材料，也可选镍基焊材。

四、开展铸钢件高温性能与断裂力学性能的研究

相对于锅炉受热面管、汽水管道、压力容器以及汽轮机转子锻件材料，国内外对铸钢件的性能与安全运行研究相对较少。高温铸钢件同样在高温高压下服役，且其性能相对于轧制、锻制的汽水管道、锻件略低。有的技术文件要求国内生产 P91、P92 钢管制造厂应提供 10 万 h 的持久强度，而同样处于高温高压下服役的 ZG1Cr10MoVNbN、ZG1Cr10MoWVNbN（分别与 P91、P92 成分、性能基本相同）铸钢件，国内几乎未见有关 10 万 h 持久强度要求的任何相关技术文件，相关标准仅规定考核性持久强度，即在规定的温度、规定的应力下，试样的持久断裂时间大于等于规定的小时数即可。表 4-9 示出了 JB/T 11018—2010《超临界及超超临界机组汽轮机用 Cr10 型不锈钢铸件　技术条件》中关于 Cr10 型铸钢件的考核性持久强度要求。

表 4-9　　Cr10 型铸钢件持久强度试验条件

适用材料	试验条件					
	温度（℃）	应力（MPa）	温度（℃）	应力（MPa）	温度（℃）	应力（MPa）
ZG10Cr9Mo1VNbN	650	90	600	140	550	210
ZG12Cr9Mo1VNbN	650	90	600	140	550	210

续表

适用材料	试验条件					
	温度（℃）	应力（MPa）	温度（℃）	应力（MPa）	温度（℃）	应力（MPa）
ZG11Cr10MoVNbN	650	90	600	140	550	210
ZG13Cr11MoVNbN	685	93	625	147	585	196
ZG14Cr10MoVNbN	660[a]	98	650[b]	123	630[c]	147
ZG11Cr10Mo1NiWVNbN	695	81	675	95	620	140
ZG12Cr10Mo1W1VNbN-1	695	81	675	95	620	140
ZG12Cr10Mo1W1VNbN-2	695	81	675	95	620	140
ZG12Cr10Mo1W1VNbN-3	695	81	650[b]	123	640[c]	147

a　该温度下持续 200h 以上为合格。
b　该温度下持续 80h 以上为合格。
c　该温度下持续 50h 以上为合格。

目前中国 600℃以上超超临界机组用 10Cr 型铸钢既有国外铸件，也有国产铸件。报道的试验研究数据通常仅限于常规拉伸性能、冲击性能、金相组织，考核性持久强度，缺少对高温长期服役铸钢件运行安全至关重要的高温时效特性、蠕变断裂特性、断裂韧度以及高温下长期运行的老化损伤研究。鉴于铸钢件的铸造缺陷（裂纹、疏松、夹杂、夹渣等）较多，所以开展断裂韧度的研究至关重要。这些性能数据对超超临界机组铸钢件的安全运行监督具有重要的技术意义和工程指导意义，同时可为铸钢件制造质量的提高、铸钢件制造质量的监控提供技术支持。

第二节　汽轮机、发电机转子大锻件缺陷

火电机组的大型汽轮机高压、中压及低压转子，大多采用整锻转子，叶轮在整体锻件上切削加工而成，功率较小的机组仅低压转子末几级叶轮采用套装结构。火电机组低压转子和核电机组汽轮机低压转子也有的采用焊接转子。高、中压转子在高温、高转速下运行，低压转子运行温度较低，故低压转子的选材与发电机转子相近。高、中压转子锻件用钢要求为：①高强度。除要有较高的室温强度外，还要有优异的高温拉伸强度、高温蠕变强度。②优异的抗疲劳性能，特别是低周疲劳性能，以适应机组的调峰运行。③良好的塑性和韧性，以抵抗发电机短路和甩负荷事故工况下轴颈的冲击扭矩。④低的脆性转变温度，以便在机组冷态起动中减少脆性断裂的风险。⑤一定的抗汽水腐蚀能力。⑥优异的淬透性，以使转子整个截面上获得均匀的组织和力学性能。⑦焊接转子用钢要有良好的焊接性。⑧锻件在最终热处理后，残余应力要低。相对于压力容器和管道等承压部件，转子材料的韧性更为重要。机组在服役过程中可能会发生发电机短路、严重甩负荷等事故工况，转子轴径部位会承受大的冲击扭矩，特别是汽轮机低压转子与发电机相连的轴径，短路工况下汽轮机低压转子与发电机相连的轴径的冲击扭矩可达额定功率下的 6～7 倍。若转子材料的韧性较低，则存在脆性断裂的风险。

汽轮机高、中压转子用钢的碳含量略高于锅炉高温部件用钢，通常向钢中加入Cr、Mo、V、W、Nb等合金元素以提高强度，加入Ni、Cr以提高淬透性，而焊接转子用钢碳含量一般不超过0.20%～0.25%。转子锻件一般采用钢包精炼或电渣重熔以提高锻件的冶金质量，不得有白点、裂纹和其他超标缺陷。200MW及以下机组常用的高压转子用钢有34CrMo1、30Cr2MoV（27Cr2MoV）、21CrMoV、30CrMoV；300MW、600MW亚临界 / 超临界参数汽轮机高、中压转子普遍使用30Cr1Mo1V；蒸汽温度达600℃的超超临界汽轮机高、中压转子采用10%Cr型的马氏体耐热钢，如X12CrMoWVNbN10-1-1、12Cr10Mo1W1NiVNbN、13Cr10Mo1NiVNbN、14Cr10Mo1NiWVNbN、15Cr10Mo1NiWVNbN等；再热温度达620℃的高效超超临界汽轮机中压转子则采用含Co、W、B的10%Cr型钢，如13Cr9Mo1Co1NiVNbNB（FB2）、12Cr10Co3W2VNbN（新12Cr）等；蒸汽温度达700℃的高效超超临界汽轮机高、中压转子则采用镍基合金或高镍合金，也在研究采用焊接转子。

200MW及以下汽轮机机组低压转子用钢多采用34CrNi3Mo，300MW及以上机组低压转子用钢为30Cr2Ni4MoV；低压焊接转子采用17CrMo1V、25Cr2NiMoV。

200MW及以下机组发电机转子用钢多采用34CrMo1、34CrNi1Mo、34CrNi3Mo、25CrNiMoV、25Cr2Ni4MoV；300MW及以上机组发电机转子采用25Cr2Ni4MoV。

汽轮机转子体、轮盘及叶轮用大锻件技术标准主要有：

GB/T 36042—2018《超超临界汽轮机转子体锻件技术条件》

JB/T 1265—2014《25MW～200MW汽轮机转子体和主轴锻件　技术条件》

JB/T 1266—2014《25MW～200MW汽轮机轮盘及叶轮锻件　技术条件》

JB/T 7025—2018《25MW以下汽轮机转子体和主轴锻件　技术条件》

JB/T 7027—2014《300MW及以上汽轮机转子体锻件　技术条件》

JB/T 7028—2018《25MW以下汽轮机轮盘及叶轮锻件　技术条件》

JB/T 8707—2014《300MW以上汽轮机无中心孔转子锻件　技术条件》

JB/T 11019—2010《超临界及超超临界机组汽轮机高中压转子体锻件　技术条件》

JB/T 11020—2010《超临界及超超临界机组汽轮机用超纯净钢低压转子锻件　技术条件》

JB/T 11030—2010《汽轮机高低压复合转子锻件　技术条件》

发电机用大锻件技术标准主要有：

JB/T 1267—2014《50MW～200MW汽轮发电机转子锻件　技术条件》

JB/T 7026—2018《50MW以下汽轮发电机转子锻件　技术条件》

JB/T 8705—2014《50MW以下汽轮发电机无中心孔转子锻件　技术条件》

JB/T 8706—2014《50MW～200MW汽轮发电机无中心孔转子锻件　技术条件》

JB/T 8708—2014《300MW～600MW汽轮发电机无中心孔转子锻件　技术条件》

JB/T 11017—2010《1000MW及以上火电机组发电机转子锻件　技术条件》

发电机护环用大锻件技术标准主要有：

JB/T 1268—2014《汽轮发电机Mn18Cr5系无磁性护环锻件　技术条件》

JB/T 1269—2014《汽轮发电机磁性环锻件　技术条件》

JB/T 7029—2004《50MW 以下汽轮发电机无磁性护环锻件　技术条件》

JB/T 7030—2014《汽轮发电机 Mn18Cr18N 无磁性护环锻件　技术条件》

汽轮机、汽轮发电机转子主轴、叶轮的超声波探伤标准有：

DL/T 505—2005《汽轮机主轴焊缝超声波探伤规程》

DL/T 930—2018《整锻式汽轮机转子超声检测技术导则》

JB/T 1581—2014《汽轮机、汽轮发电机转子和主轴锻件超声检测方法》

JB/T 1582—2014《汽轮机叶轮锻件超声检测方法》

火电机组的汽轮机转子及轮盘和护环也为锻造成型。由于这些部件的服役条件苛刻，所以对这些锻件的质量要求越来越严格。大型锻件的质量与钢的冶炼、锻造和热处理等过程密切相关。对大锻件而言，锻造除了将钢锭锻制成接近部件的形状外，重要的是要改善锻件的内部质量。下面简述大锻件的常见缺陷。

一、转子裂纹

某电厂一台 600MW 机组 2007 年 8 月 22 日通过 168h 试运行，截至 2011 年 8 月 30 日运行 27230h，启动 27 次。30Cr2Ni4MoV 钢制低压转子 I 运行中振动异常，返厂检查，发现在转子电机端轴封与末级叶轮 R 弧中部存在一条长 770mm，深度大于 30mm 的周向裂纹（见图 4-20），裂纹部位轴径 600mm。分析表明，该机组在启动前低压转子就存在微小裂纹，运行中不断发展。

图 4-20　低压转子周向裂纹

某电厂 3 号超临界机组（600MW）自 2005 年 11 月 27 日机组第一次启动到 2006 年 4 月 18 日运行期间，机组 5 号、6 号轴瓦的振动一直不满足运行条件，期间反复进行动平衡试验仍无法满足运行要求。分析判断，低压Ⅱ转子材质存在缺陷或转子残余应力较高，机组运行一段时间后，残余应力释放，造成转子弯曲。

查阅制造记录，发现低压Ⅱ转子在制造厂进行了 22 次高速动平衡试验，其中在转子中部平衡面上配 11 块平衡块，表明该转子在制造厂动平衡试验中就很异常。

该转子返制造厂后历经热稳定试验，热校、反复动平衡试验，仍未能解决振动超标的问题。最后发现该转子存在裂纹。

汽轮机高、中压转子运行温度较高，特别在调节级及前三级压力级的变截面处及邻近的弹性槽部位，由于机组启、停过程中的热应力和机械应力会导致应力、应变的集中，产生疲劳损伤，对调峰机组来说更为严重。另一方面，机组在稳态运行工况下的离心力会使转子在高温下遭受蠕变损伤。在疲劳—蠕变长期交互作用下转子材料组织和性能会逐渐劣化而导致失效，甚而发生灾难性事故。例如，美国 TVA Gallatin 电站 2 号机在 1974 年 6 月冷态启动时中低压转子断裂，国内 2000 年左右多台参与调峰运行的 50MW 机组高压转子调节级前凹槽和前轴封弹性槽先后出现严重的整圈裂纹，有的 200MW 机组的中压转子前部第 2 级轴封套与第 3 级轴封套过渡轴颈圆角处出现裂纹。图 4-21 示出了 50MW、200MW 机组的高压、中压转子高温区段台阶处的疲劳裂纹，转子材料为 30Cr2MoV。

(a)50MW机组高压转子疲劳裂纹　　(b)200MW机组中压转子疲劳裂纹

图 4-21　汽轮机高、中压转子疲劳裂纹

二、材质缺陷

工程中有时发现转子锻件内部存在成分区域偏析，晶粒粗大的情况，拉伸强度偏离标准规定值，硬度不均匀等。例如某燃机电厂 150MW 机组用 30Cr2Ni4MoV 钢制低压转子，其屈服强度 687～758MPa，低于 JB/T 8707—2014 中规定的下限 760MPa。JB/T 1265、JB/T 1267、JB/T 7027、JB/T 8705、JB/T 8706、JB/T 8707 等标准均规定了汽轮机、发电机转子锻件的硬度均匀性，但对硬度绝对值无规定。以上标准均规定：转子锻件同一圆弧表面上各点间的硬度差不应超过 30HBW，在同一母线上的硬度差不应超过 40HBW。JB/T 1266 中规定了汽轮机轮盘和叶轮的硬度均匀性：在轮缘和轮毂半径方向上每隔 90º 各测一点（共 8 点），轮缘和轮毂间任意两点间的硬度差不应超过 40HBW，轮缘各点间和轮毂各点间的硬度差不应超过 30HBW。但在工程实际中，有时发现转子硬度均匀性不满足相关标准规定。

某公司自备电厂 6 号汽轮机（50MW）运行 3349h，在无任何先兆情况下发电机失磁甩负荷引起轴系断裂为 9 段，其中 4 处为轴系本体断裂（见图 4-22），转子锻件材料为 30Cr1Mo1V 钢。失效分析表明：断裂处材料有明显的冶金缺陷（见图 4-23），机组运行中启停较频繁引起缺陷的疲劳扩展，甩负荷导致轴系大的振动和应力引起断裂。

图 4-22　轴系断裂的形貌

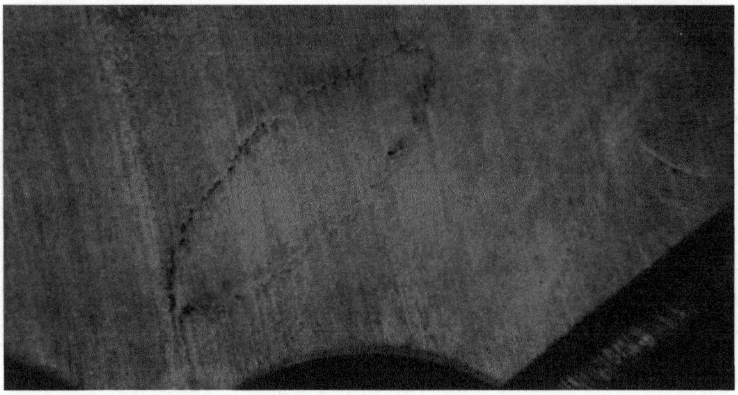

图 4-23　裂纹启裂断面处材料的冶金缺陷

美国 TVA Gallatin 电站 2 号机组（225MW），主汽门前温度和压力分别为 565℃和 14MPa。机组在 1974 年 6 月 19 日冷态启动过程中中低压转子断裂（该处温度约为 427℃），随即分裂为 30 块碎片，转子材料为 Cr-Mo-V 钢。该机组 1957 年 5 月投运，至 1974 年 6 月累计运行 106000h，冷态启停 105 次，热态启停 183 次。失效分析表明：①转子材料存在着明显的成分偏析、硫化物夹杂和冶金缺陷，裂纹起始于中压转子第 7 级近中心孔的两个椭圆形冶金缺陷处。一个缺陷的长、短轴为 140mm 和 6.4mm，椭圆形缺陷的形心距转子中心孔表面 17.8mm；另一个缺陷的长、短轴为 82mm 和 6.4mm，椭圆形缺陷的形心距中心孔表面 61mm（当时尚未有真空除气冶炼工艺）。②转子在服役条件下，由于疲劳和蠕变交互作用，在夹杂物缺陷处产生裂纹，继而扩展至断裂。

某电厂 30Cr2Ni4MoV 钢制低压转子粗加工后利用相控阵检测，发现转子调节级端第 2、第 3 级叶轮处有密集缺陷（见图 4-24）。缺陷密集区向尺寸 70mm，周向尺寸 60mm，深度方向尺寸 64～77mm。

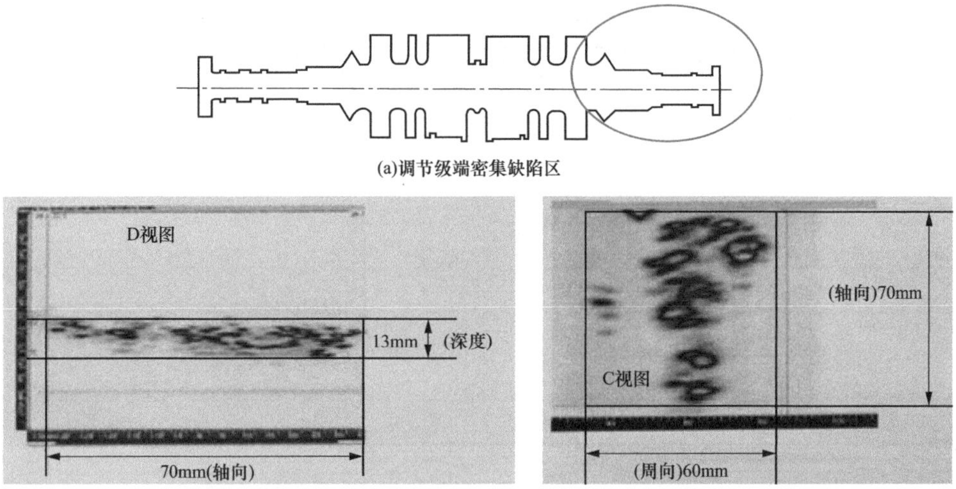

(a)调节级端密集缺陷区

(b)缺陷轴向尺寸和自身高度　　(c)缺陷周向尺寸

图 4-24　转子调节级端的密集缺陷区

三、汽轮机高中压转子锻件的 KV_2 与 $FATT_{50}$

300MW、600MW 亚临界、超临界参数汽轮机高、中压转子采用的 30Cr1Mo1V，再热温度 620℃的高效超超临界汽轮机中压转子采用的 13Cr9Mo1Co1NiVNbNB（FB2）普遍存在冲击吸收能量 KV_2 偏低、脆性形貌转变温度 $FATT_{50}$（Fracture Apperance Transition Temperature）偏高的问题。600℃超超临界汽轮机高、中压转子采用的国产 10%Cr 型转子锻件也存在 KV_2 偏低、$FATT_{50}$ 偏高的问题。600℃超超临界汽轮机国外 10%Cr 型马氏体耐热钢锻件的 KV_2 明显高于国产锻件，$FATT_{50}$ 明显低于国产锻件。

1. 10%Cr 型转子钢的 KV_2 与 $FATT_{50}$

表 4-10 示出了某电厂 660MW 机组汽轮机国产 X 12CrMoWVNb10-1-1 钢制中压转子的 KV_2，由表 4-10 可见：轴身 T1、T2 试样的 KV_2 远低于西门子技术规范 TLV 9258 中的最小值（30J）。

表 4-10　　国产 X 12CrMoWVNb10-1-1 转子锻件的 KV_2

取样方向	KV_2（J，初试）	KV_2［J，复试（加倍）］
T1 轴身切向	12　13　17	12　14　15　10　17　20
T2 轴身切向	8　9　25	10　11　13　10　12　13
TLV 9258	≥30	

表 4-11 示出了 14Cr10NiMoWVNbN（TOS107）钢制锻件的 KV_2 和 $FATT_{50}$，由表 4-11 可见：国外锻件的 KV_2 满足相关标准，且 KV_2 明显高于国产锻件；国产锻件径向 KV_2 最低值为 17J，低于标准规定的 20J；国产锻件的 $FATT_{50}$ 明显高于国外锻件。

表 4-11　　转子锻件轴身的室温 KV_2 和 $FATT_{50}$

	KV_2（J）			$FATT_{50}$（℃）	
	切向	径向	轴向	切向	径向
国外锻件	71.6	70.1	142.0	23	27
	66.4	61.5	119.4		
	93.9	119.3	119.2		
国产锻件	27.5	51.0	26.4	75	71
	56.0	17.0	41.4		
	25.8	74.6	25.0		
JB/T 11019	≥20（本体径向）			≤80（本体径向）	

相应的国产 14Cr10NiMoWVNbN 钢制锻件的断裂韧度 K_{IC} 也低于国外锻件。国产锻件的室温断裂韧度 K_{IC} 为 66.1、70.2、90.5MPa · $m^{1/2}$，国外锻件的室温 K_{IC} 为 193MPa · $m^{1/2}$。

图 4-25 示出了 14Cr10NiMoWVNbN（TOS107）钢制锻件材料的金相组织，由图 4-25 可见：国产和国外锻件的金相组织均为回火马氏体。利用 FEI Quatan 400 型扫描电子显微镜（配套的能谱仪 Oxford Inca）对锻件试样进行了二次电子（SE）和背散射电子（BSE）观察。在国产锻件中发现有随机分布的圆颗粒状的富 Nb 相，而国外锻件中未发现此类富 Nb 相。富 Nb 相尺寸较大（600～700nm），不同于 MX 相（MX 相尺寸通常在几十 nm）。这种富 Nb 相可能是锻件在凝固或锻造过程中析出的 Nb 的碳化物。

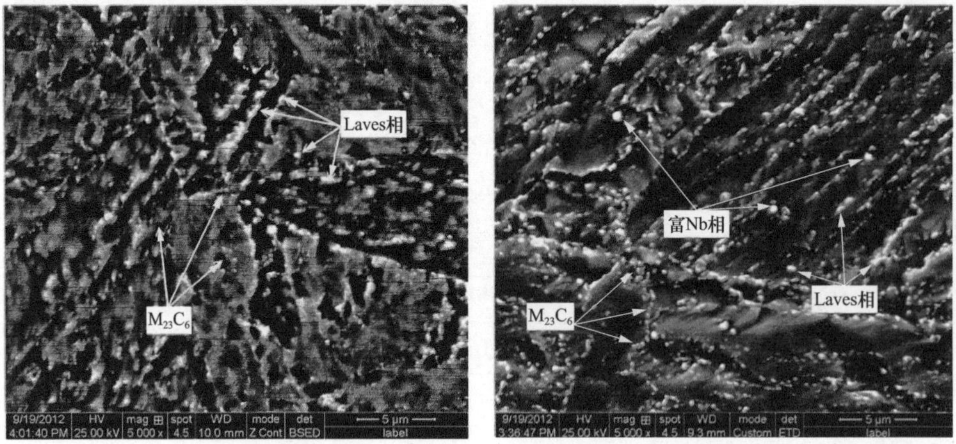

(a)国外锻件　　(b)国产锻件

图 4-25　锻件材料的 SE、BSE 图像

2. 高效超超临界机组 FB2 转子钢的 KV_2 与 $FATT_{50}$

目前 13Cr9Mo1Co1NiVNbNB（FB2）转子锻件尚无相关行业或学术团体标准，各汽轮机制造商有各自的企业标准，表 4-12 示出了几个汽轮机制造商对 FB2 钢的 KV_2、

$FATT_{50}$ 规定。由表 4-12 可见，不同的汽轮机制造商对 FB2 的 KV_2、$FATT_{50}$ 规定差异较大。

表 4-12 几个汽轮机制造商对 FB2 转子锻件 KV_2、$FATT_{50}$ 规定

	KV_2（J）	$FATT_{50}$（℃）
国内 A 厂	≥20（最低值不低于 14）	≤80
国内 B 厂	本体 / 轴端切向或径向：≥16 中心孔芯棒径向：≥14	本体 / 轴端切向或径向：≤100 中心孔芯棒径向：≤100
国内 C 厂	≥8	轴身径向：≤116
国外 S 厂	≥8	≤116
国外 T 厂	≥20	≤120

目前 FB2 钢制转子锻件主要制造商为日本制钢所（Japan Steel Works，JSW）、日本铸锻钢株式会社（Japan Casting& Forging Corp，JCFC）和意大利 FOMAS。FB2 钢制锻件的 KV_2 相对较低，$FATT_{50}$ 较高。表 4-13～4-15 列出了国外制造商 2014 年前后制作的 FB2 钢制锻件的 KV_2、$FATT_{50}$ 以及入厂复检结果。由表 4-13～4-15 见，国外制造商制作的 FB2 锻件的 KV_2、$FATT_{50}$ 也有明显的差异。欧洲 COST 522 项目中，研发阶段试验转子 FB2 的 KV_2 在 30J 左右，$FATT_{50}$ 为 40～60℃。由此可见大工业生产的 FB2 的 KV_2 低于试验转子的 KV_2，$FATT_{50}$ 高于试验转子的 $FATT_{50}$。

意大利的 FOMAS 公司为国内一台 1000MW 高效超超临界机组生产的 FB2 钢制锻件本体轴向 KV_2 在为 15、16、17J，$FATT_{50}$ 约为 85、87、91、92℃。

由于不同的汽轮机制造商对 FB2 转子锻件的 KV_2、$FATT_{50}$ 规定不同，所以，相同的 KV_2、$FATT_{50}$，对 A 制造厂可能不满足技术要求，但对 B 制造厂就满足技术要求。

目前，FB2 转子锻件主要存在 KV_2 偏低、$FATT_{50}$ 偏高问题。转子的化学成分、拉伸性能、考核性持久强度、残余应力、无损检测、热稳定性能均满足相关规定。

表 4-13 国外 A 厂制作的 FB2 锻件出厂检验和入厂复验结果（国内 B 厂）

试样号	状态	KV_2（J）	$FATT_{50}$（℃）
T1，切向	出厂检验	12，10，10	92
	入厂复验	10，11，11	100
T2，切向	出厂检验	9，13，9	94
	出厂检验	9，8，11	100
T3，切向	出厂检验	8，9，11	96
	入厂复验	6，9，7	110
AX，轴向	出厂检验	10，11，9	92
	入厂复验	10，11，8	95
B 厂标		本体 / 轴端切向或径向：≥16； 中心孔芯棒：≥14	本体 / 轴端切向或径向：≤70； 中心芯棒径向：≤80

表 4-14　　国外 A 厂制作的 FB2 锻件复检结果

试样号	KV_2（J）	$FATT_{50}$（℃）
X1，径向	11.5，9.5，12.5	103
X2，径向	8.0，10.5，8.0	115
X3，径向	9.5，8.0，9.0	115
L1，轴端轴向	20.0，23.5，26.0	70
L2，轴端轴向	20.0，23.5，26.0	72
C 厂标	≥8	轴身径向：≤116

表 4-15　　国外 B 厂制作的 FB2 锻件出厂检验结果

试样号	KV_2（J）	$FATT_{50}$（℃）
T1，切向	23.8，19.0，19.8	68
T2，切向	24.1，14.4，22.2	72
T3，切向	18.7，14.8，20.2	71
AX，轴向	22.6，19.0，18.3	70

从物理意义上讲，KV_2 为标准的缺口试样的冲击吸收总功，为缺口试样冲击载荷 - 位移曲线下的面积，由弹性变形功、塑性变形功和断裂吸收功组成（见图 4-26）。不同的金属材料可能有相同的冲击吸收总功，但弹性功、塑性功和撕裂功可能不同。大比重的弹性功、小比重的塑性功表明材料在断裂前未发生大的塑性变形，裂纹形成后很快扩展断裂，即发生脆性断裂；大比重的塑性功和断裂吸收功表明材料有良好的韧性。因此，塑性功尤其是断裂吸收功是表明材料韧性大小的真正指标，冲击吸收总功不能直接反映材料韧脆本质。作为评价金属材料韧性的指标，KV_2 虽有不足，但因在工程实际中的长期应用，积累了大量数据资料，因此 KV_2 仍是评价构件质量的重要指标。

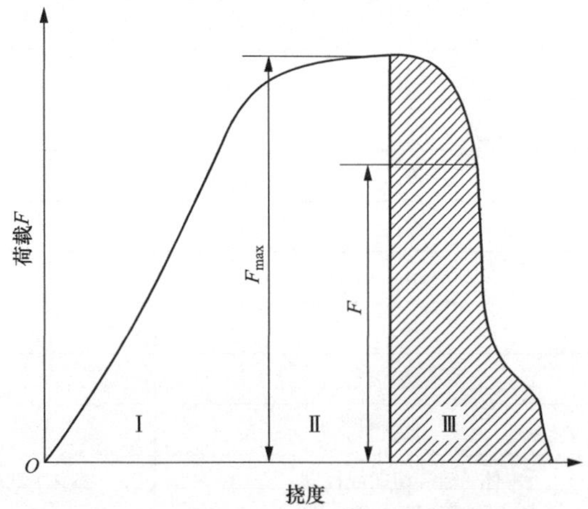

图 4-26　冲击载荷下试样的载荷 - 位移曲线

目前，各 FB2 转子锻件制造商均从材料的化学成分控制［特别是氮硼比（N/B）的控制］、冶炼、锻造和热处理工艺等诸方面采取措施，进一步提高 FB2 锻件的 KV_2，降低 $FATT_{50}$。

四、转子锻件的残余应力

2011 年前后，国内有数台 600MW 超临界汽轮机运行约 6 个月后高中压转子弯曲，分析认为与转子的残余应力有关。机组启动过程中转子表面先加热，温度升高，表面金属产生热膨胀，由于转子体积较大，转子心部尚未被加热。于是，转子心部材料将阻碍表面材料的膨胀，造成转子表面承受压应力，心部承受拉应力。停机时表面与心部的热应力与机组启动时相反。若转子心部残余应力为较大的拉应力，在机组启动过程中与转子心部的拉伸热应力叠加，若接近或超过材料的屈服强度，会导致转子弯曲。

文献［17］介绍，转子锻件在热处理过程中的应力主要有淬火过程中由于内外部温差产生的热应力和相变产生的组织应力。锻件冷却终了时热应力的特征是心部受拉、表面受压（见图 4-27），组织应力与热应力相反（见图 4-28）。锻件冷却后的残余应力为热应力与组织应力的叠加，由于热应力远高于组织应力，所以转子的残余应力以热应力为主，即转子心部受拉、表面受压（见图 4-29）。

转子性能热处理（淬火 + 回火）中的回火会大大消除淬火产生的应力，性能热处理后进行消除应力热处理可使转子的残余应力进一步降低，故 JB/T 7027、JB/T 7178、JB/T 11019、JB/T 11020、JB/T 11030 等汽轮机、发电机转子锻件技术条件中均规定了对转子进行消除应力处理，但有的标准（例如 JB/T 8708—2014）规定，在性能热处理及随后的粗加工之后，若残余应力检测合格，可不进行去应力处理。GB/T 36042—2018 规定：残余应力检测合格的锻件，如不进行去应力处理，应经需方书面同意；JB/T 8707—2014 规定：经需方书面同意，可不进行去应力处理。

在工程实际中，有的汽轮机制造厂以性能热处理后测得的残余应力满足相关标准而

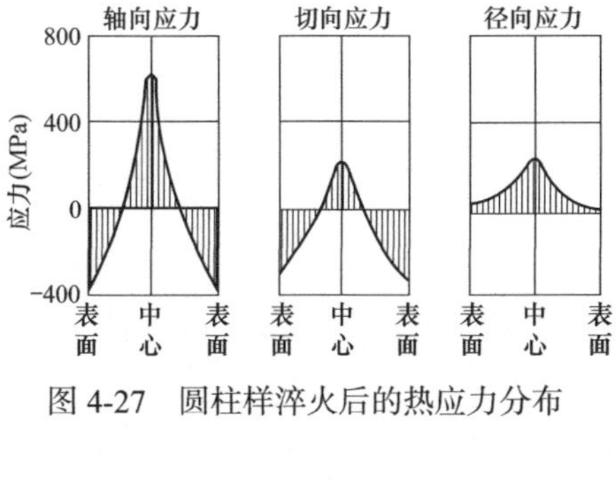

图 4-27　圆柱样淬火后的热应力分布

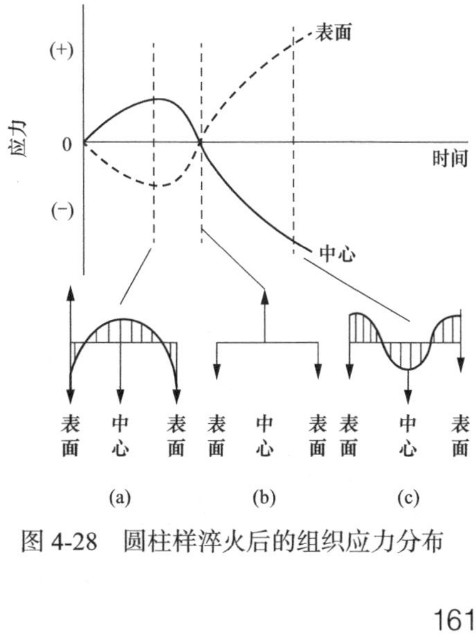

图 4-28　圆柱样淬火后的组织应力分布

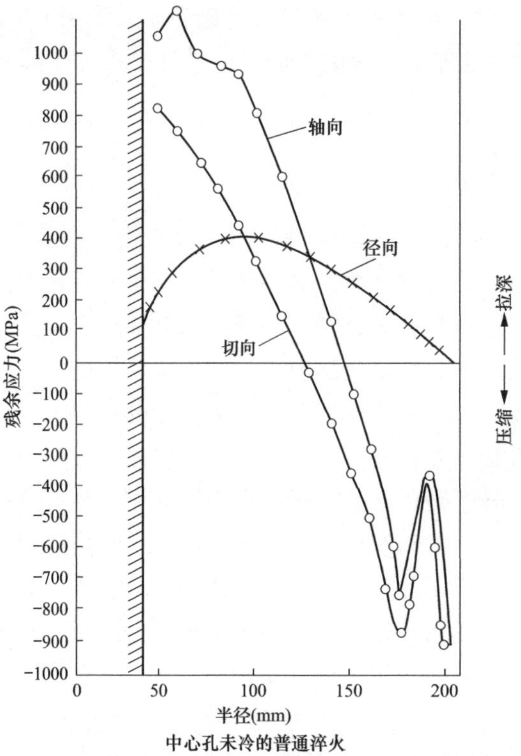

图 4-29　转子中心孔未冷的普通淬火

取消了转子的消除应力处理工序，其中有的 600MW 超临界汽轮机运行约 6 个月弯曲的高中压转子就未进行消除应力处理。目前转子的残余应力测量采用的环芯法或切环法测得的残余应力均为转子近表面的残余应力，不能反映转子心部的残余应力。所以，消除应力处理对汽轮发电机大锻件是非常必要的，即使性能热处理后测得的残余应力满足相关标准。锻件若不进行去应力处理。则要严格控制淬火后回火的冷却速度，出炉温度尽可能低。

第五章

汽轮机设备缺陷

汽轮机与锅炉压力容器相比，部件机械加工精度及装配质量要求非常高，部件的机械加工及装配质量对机组的安全可靠运行影响很大。汽轮机及辅机设备加工制造、装配过程以及运行中的缺陷主要表现在以下几个方面：①零部件成品保护不当，如部件表面磕碰、划伤等。对于此类缺陷，在满足几何尺寸的条件下通常采用修磨、圆滑过渡，必要时补焊。②铸、锻件缺陷和10%Cr钢制转子锻件冲击吸收能量KV_2偏低，转子拉伸屈服强度低于标准或技术协议规定的下限等内容在“第四章　大型铸钢件、锻件缺陷”中叙述。③汽缸中分面及通流间隙超差等较为普遍，一方面由机械加工精度引起，另一方面还有装配偏差及误差累积导致。④水压试验、高速动平衡试验及超速试验等性能试验不满足相关标准。⑤设计及加工方面问题，如螺栓螺帽干涉、低压隔板套干涉无法装配、转子轴径加工失误、汽缸加工失误等。⑥叶片、螺栓由于材质缺陷、加工精度以及设计缺欠导致的早期失效。⑦汽轮机导汽管焊缝裂纹。下面简述汽轮机及辅机设备加工制造、装配及运行中的质量缺陷。

第一节　部件几何尺寸缺陷

汽轮机部件几何尺寸缺陷主要表现为汽缸中分面间隙和通流间隙超差。汽缸中分面间隙超过设计规定值，会引起水压试验泄漏，运行过程中漏汽，通常采取加工修复处理。例如某电厂4号汽轮机（1000MW）高压内缸总装合缸后，拧紧1/3数量螺栓后，检查发现内缸中分面靠近汽机侧一段周向150mm的间隙为0.15mm（要求间隙≤0.03mm）（见图5-1）。修磨后再次合缸，拧紧1/3数量螺栓后检查，在相同位置长150mm、沿汽缸壁厚110mm深的区域仍存在0.04～0.07mm的未贯通间隙。

图5-1　高压内缸中分面间隙超差

图5-2　低压外缸中分面间隙超差

某电厂 5 号汽轮机（600MW）低压外缸总装合缸后，拧紧 1/3 数量螺栓后，检查发现外缸中分面电端左侧、调端右侧局部最大间隙 0.2mm（要求间隙≤0.05mm）（见图 5-2）。

除加工精度超差外，有时也出现由于低压外缸在安装现场放置时间较长产生变形，导致中分面间隙超差。例如，某电厂 6 号汽轮机（1000MW）1 号低压外缸现场安装时发现水平中分面调端局部间隙 1.98mm，电端局部间隙 0.7mm（要求间隙≤0.05mm），致使现场无法处理，将上半缸返厂重新加工中分面，将间隙控制在 0.05mm 内。该低压外缸由于运抵安装现场后，存放时间较长未及时安装，因缸体应力释放导致变形（低压外缸由 Q235 钢板卷曲焊接而成，体积大、刚性相对较低、易变形）。

汽轮机通流构造包括动叶片超高、动静间隙和子午面流道形状，图 5-3 示出了冲动式多级汽轮机通流部分示意图。动叶片超高是动叶进口与静叶出口高度之差 Δl，Δl 可保证由静叶栅射出的汽流通过轴向间隙顺利地进入动叶栅，对减少流动损失有利。

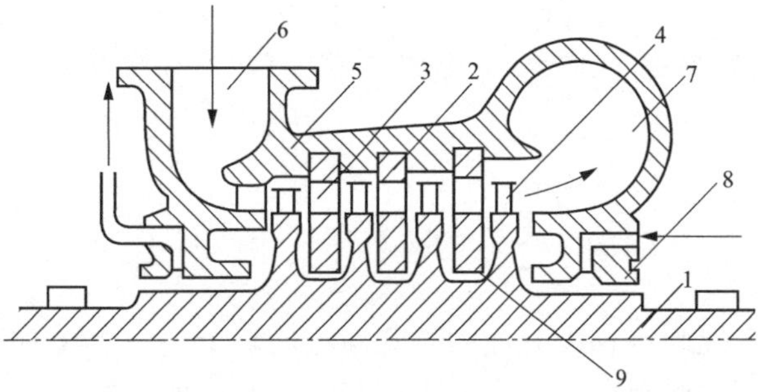

图 5-3　冲动式多级汽轮机通流部分示意图

1—转子；2—隔板；3—喷嘴；4—动叶片；5—汽缸；6—蒸汽室；7—排汽管；8—轴封；9—隔板汽封

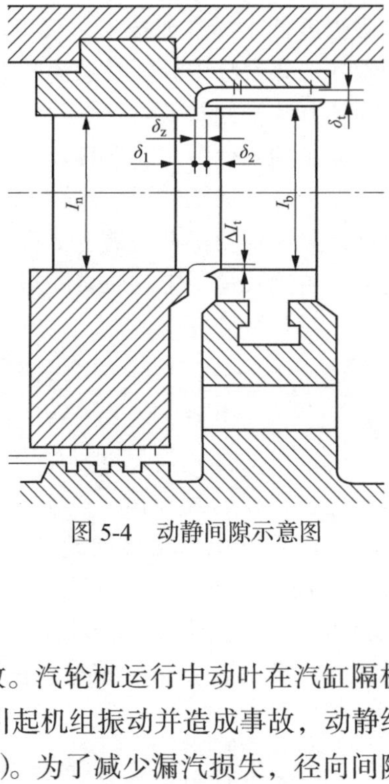

图 5-4　动静间隙示意图

通流结构中的动静间隙是汽轮机重要的控制参数。汽轮机运行中动叶在汽缸隔板（持环）间高速旋转，为防止动静结构之间的碰磨，引起机组振动并造成事故，动静结构之间设计时留有一定的轴向和径向间隙（见图 5-4）。为了减少漏汽损失，径向间隙处装有汽封。轴向间隙是动、静叶栅间的总轴向间隙，由闭式和开式轴向间隙组成，即 $\delta=\delta_1+\delta_2+\delta_Z$；叶顶的径向间隙是动叶叶顶与径向汽封间的间隙，通常取 0.5～1.5mm；隔板及轴封间隙是转子与隔板（静叶环）汽封和轴封间的间隙。

汽轮机通流间隙超差包括机械加工误差和装配误差及累积误差。工程中常发现汽轮机轴向间隙、径向间隙超差，例如，某电厂 3 号机组（660MW）高压缸静叶环汽封轴向间隙测量 94 处，其中 11 处超差，最大超差 0.30mm。中压缸静叶环汽封轴向间隙（电端、调端）共测 212 处，其中 41 处超差，最大超差 0.70mm。某电厂 3 号机组

（660MW）给水泵汽轮机，第六级隔板轴向间隙为 4.6mm，设计要求 4～4.5mm。表 5-1 列出了某电厂 600MW 亚临界机组低压 B 缸通流间隙的测量结果，由表 5-1 可见：低压 B 缸轴向间隙、径向间隙均超差。

轴向间隙小于设计值，可能导致汽轮机运行中动叶片与隔板套的碰磨，引起机组振动超标；径向间隙超过设计值（间隙偏大），增加漏汽损失，降低机组的热效率。例如，某电厂 1000MW 汽轮机性能考核试验，在 THA（Turbine Heat Acceptance）工况（汽轮机热耗率验收工况）汽轮机热耗率为 7338.6kJ/kWh，高于设计值 7318.0 kJ/kWh。对于径向通流间隙的超差，制造厂通常经过返修、调整或更换汽封齿，尽可能使径向通流间隙满足设计值或尽可能靠近设计值；对于轴向间隙经返修、调整仍不能到达理想状态，则多办理回用。

表 5-1　　某电厂 600MW 亚临界机组低压 B 缸通流间隙测量结果　　单位：mm

轴向间隙					
部位	A 值	E 值	E 值	E 值	B 值
	反 4 级	正 2 级	正 3 级	反 2 级	正 2 级
设计值	28.6～27.4	14.98～12.98	14.98～12.98	30.05～28.05	12.02～10.06
实测值	左侧 28.65 右侧 28.95	左侧：合格 右侧 12.60	左侧 12.60 右侧 12.80	左侧 27.75 右侧 /27.85	左侧 12.30 右侧 11.80
径向间隙					
部位	C 值	C 值	C 值	C 值	C 值
	正 2 级	正 3 级	正 5 级	正 6 级	反 6 级
设计值	1.8～1.55	1.8～1.55	2.30～2.05	2.30～2.05	2.30～2.05
实测值	左侧 1.40	左侧 1.45	左侧 1.90	左侧 2.6	左侧 1.80

在装配环节，有的汽轮机制造厂采用计算机模拟总装来代替汽轮机总装出厂试验，但安装现场测量的通流间隙往往超差较大，表明计算机模拟总装难以考虑加工与装配误差及累积误差。所以应在汽轮机制造厂进行实际转子总装，然后进行通流间隙测量，将加工与装配中的累积误差在出厂前予以消除。

除了汽缸中分面间隙超差和通流间隙超差外，汽轮机主轴、叶轮、高压主汽调节阀等有时也出现加工失误。某电厂 6 号汽轮机（600MW）低压 2 转子加工末级叶轮叶根时，将叶轮外圆误加工多铣掉一处（见图 5-5），后经补焊恢复。

某电厂超临界机组（350MW）高中压转子主轴在加工过程中将转子中部平衡鼓轴径车削成如图 5-6 所示的台阶状，多车削的部位比图纸尺寸小 86mm。

对此，曾提出四种处理方案：①重新制作一根高中压转子。②对车小的高中压转子部位进行堆焊。③车小平衡鼓轴颈重新照配铸造一个平衡环。④在目前平衡环内重新嵌一只套环。

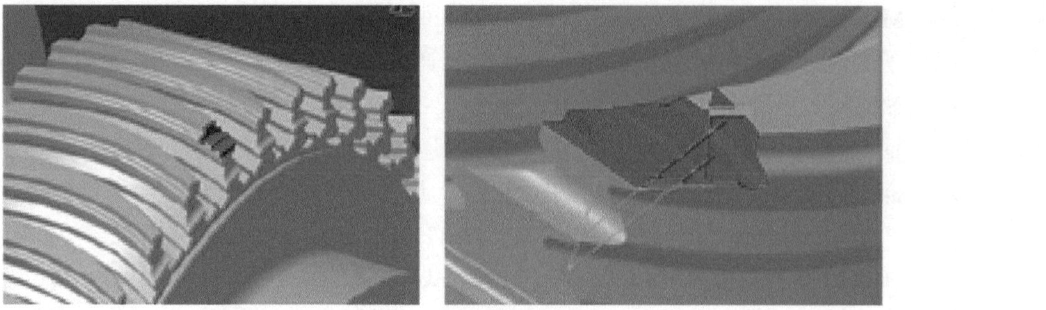

图 5-5　低压 2 转子末级叶轮叶根误加工部位

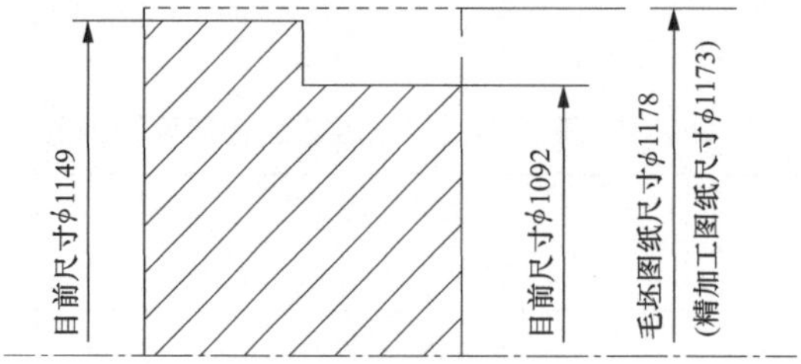

图 5-6　平衡鼓轴径误加工示意图

重新制作一根高中压转子锻件通常需 6～8 个月，周期长，对工程进度影响大。

对高中压平衡鼓车小部位堆焊，由于车削的尺寸较大，堆焊周期也会长，且堆焊也有产生焊接裂纹、转子弯曲的风险。将转子高压排汽部位平衡鼓也相应车小一定尺寸，以抵消带来的不平衡推力，同时根据两处平衡鼓尺寸重新铸造照配平衡环，此方案由于平衡鼓直径尺寸变小对汽轮机启停机时会产生不平衡推力变化，增加推力瓦的负荷，存在运行不安全隐患，同时使电厂汽轮机平衡环备件不同，增加备品负担。将转子高压排汽部位平衡鼓也相应车小一定尺寸，以抵消带来的不平衡推力，同时在原来平衡环内部重新加工槽，再在槽内嵌一只套环与转子平衡鼓匹配，采用此方案也会造成第三种方案带来的影响，此外由于原来平衡环被加工成槽对其强度有影响，新增套环固定的好坏也会带来不安全的隐患。从机组运行安全角度考虑，最好重新制作一根转子。

某电厂高效超超临界机组（660MW）ZG1Cr10Mo1NiWVNbN 钢制超高压内缸除前 2 个持环槽外，其余持环槽的横向加工位置与设计图纸错位（见图 5-7），错误槽的宽度、深度分别约 30mm、35mm，导致需对错误的持环槽补焊后重新开槽。

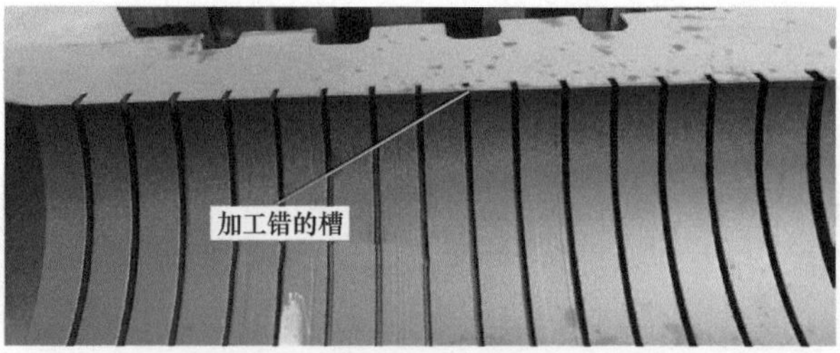

图 5-7　持环槽横向位置加工错误

某电厂 600MW 汽轮机低压 2 转子动叶片装配后，转子调端个别级镶嵌汽封片封口间隙过大，为 2.5～3.0mm（见图 5-8），设计规定 0～1.5mm。

图 5-9 示出了某汽轮机厂高压主汽调节阀机加工失误后的补焊形貌。

图 5-8　汽封片封口间隙 3mm

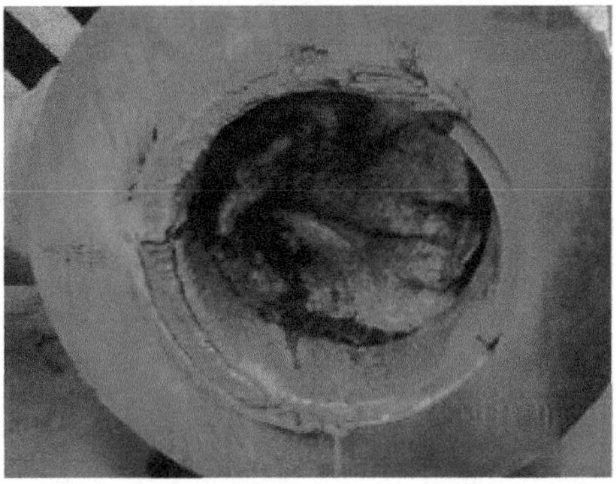

图 5-9　高压主汽调节阀机加工失误后补焊

某电厂 5 号汽轮机（600MW 超临界机组）在制造过程中，低压 B 转子电端的轴端汽封挡转子体设计为 ϕ564.4×150mm（轴向长），但被误加工成 ϕ564.4mm×80mm 和 ϕ548×70mm 两段台阶圆柱，最终只好将该部位加工为 ϕ548×150mm。结果造成该段转子体直径尺寸比设计尺寸减少 16.4mm，对重新加工的轴段照配油挡和汽封环。这样使该转子和相配的油挡、汽封环变成非标部件，轴径的减小降低了轴的强度，同时对机组今后检修配件的购置造成一定的困难。

第二节　动叶片缺陷及故障

汽轮机和燃气轮机动叶片，担负着将高温蒸汽（燃气）的热能转换为机械能的作用，服役条件极其苛刻。转子高速旋转时叶片的离心力引起叶片的轴向拉应力，叶片各截面的重心不在同一直线上运行中产生弯曲应力，蒸汽流动的压力引起叶片的扭转和弯曲，叶片的根部也会产生弯曲。机组的频繁启停、气流的扰动以及电网周波的改变等引起叶片承受交变载荷。另外，转子的不平衡、安装质量不佳，个别喷嘴节距差异以及喷嘴损坏等，还会引起叶片振动的激振力。处于湿蒸汽区的低压末级、次末级叶片，还要经受蒸汽的冲刷和腐蚀，燃机叶片则会承受高温氧化，所以，叶片制造安装质量对汽轮机的安全可靠运行非常重要。

汽轮机叶片在制造、服役过程中出现的质量缺陷在工程中很常见，主要表现为叶片裂纹、力学性能不满足相关标准、硬度异常、材质缺陷、司太立合金钎焊焊缝缺陷、严重碰磨等。例如某电厂 3 号机组（135MW）2004 年 2 月投运，2005 年 6 月 8 日机组进行第一次大修（累积运行 5800 多小时），发现低压转子末级叶片计 58 片有裂纹（每级叶片总数为 104 片）。裂纹集中在叶片进汽侧中段，出现裂纹的叶片上普遍有 2～3 条裂纹，裂纹间距 9～15mm，长度 5～10mm，深度多在 2～3mm，最深达 4.9mm，部分叶片还在出汽侧发现明显裂纹。(见图 5-10)。

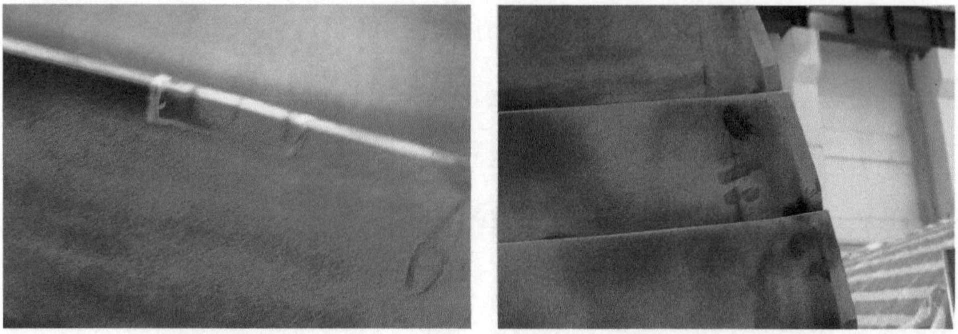

(a)叶片进汽侧裂纹 (b)叶片出汽侧裂纹

图 5-10 低压转子末级叶片裂纹

出现裂纹的叶片分布无规律，叶片表面没有水蚀、水冲击痕迹。因此，可排除运行或安装方面的因素，分析认为是叶片热处理工艺控制不佳，导致叶片性能不佳、残余应力较大所致；同时不排除叶型设计、材料选用等方面的因素。由此，对末级叶片全部更换新叶片，同时对隔板裂纹、轴颈沟槽等缺陷进行处理。

某电厂 1 号汽轮发电机组于 1996 年 6 月投运，2003 年 11 月低压转子第 4 级叶片运行中断裂，开缸检查发现低压转子第 4 级叶片断裂 1 片，开裂 10 片，机侧次末级叶片开裂 2 片，裂纹多出现在距叶根 318mm 的部位，也有出现在拉筋孔附近。低压第 4 级叶片用钢为 20Cr13 (2Cr13)。图 5-11 示出了典型开裂叶片的裂纹部位、位向和长度。由图 5-11 可见：裂纹均处于叶片出汽侧，裂纹前端平直；低压第 4 级开裂叶片在根部以上 70mm 左右范围均有裂纹。

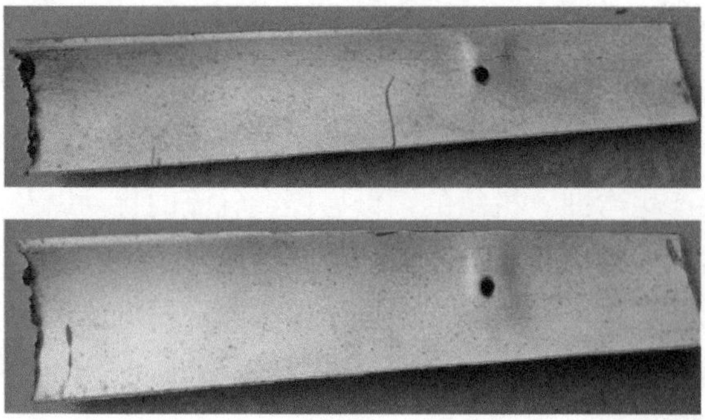

图 5-11 典型开裂叶片的裂纹分布位向、尺寸和部位

失效分析表明，叶片制造质量不佳是断裂主要原因：锻造质量不良，图 5-12 示出了叶片横截面心部的锻造裂纹；热处理质量不佳，叶片的微观组织大多为保持马氏体位向的回火索氏体，晶粒度 4～4.5 级，但断裂叶片混晶严重，粗晶区晶粒度为 0.5 级，其他区域则为 5 级；开裂叶片的拉伸强度、硬度远高于相应标准要求。DL/T 438—2016 中规定 20Cr13 叶片淬火 + 回火后的硬度为 212～277HBW，各汽轮机制造商对 20Cr13

钢制叶片的硬度规定有 212～262HBW、229～277HBW、207～241HBW，但开裂叶片硬度多在 300HBW 左右，有的高达 360HBW；有的汽轮机制造商规定 20Cr13 叶片的抗拉强度 665～800MP，但开裂叶片的抗拉强度多在 1000MPa，有的高达 1170MPa。

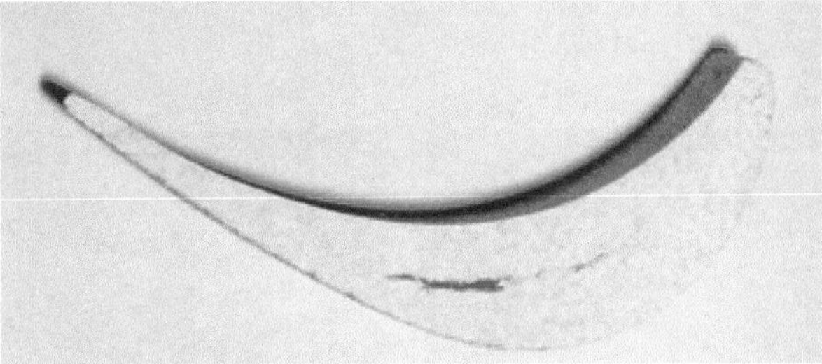

图 5-12 断裂叶片心部的锻造裂纹

对叶片振动特性与动应力分析计算表明：自由叶片的第 1 阶振动模态落入 K=4 的共振范围，全周叶片组节径数 m=8 模态下的振动频率落入“三重点”共振范围，叶片的高水平共振应力发生区域在叶片出汽侧近型底部位，叶片的振动特性欠佳也是引起是叶片断裂的重要原因。

除了叶片质量缺陷外，工程中也常发现叶片围带、拉筋裂纹，例如，某电厂 350MW 超临界 1 号汽轮机高中压转子调速级围带铆钉头着色探伤，发现围带 90% 左右的铆钉头有微裂纹。某电厂 4 号机组给水泵汽轮机空负荷运行试验（试车）后，检查发现转子 5P 级叶片拉筋有的铜焊处开裂，有的未焊牢。

某电厂 660MW 机组 4 号汽轮机转子叶片围带断裂（见图 5-13），经分析有两方面原因：一是围带材料采用圆钢锻制，内部存在缺陷，在热铆和动平衡过程中扩展为微裂纹，热铆和动平衡前探伤难以发现，而制造厂原工艺流程未设置动平衡后探伤，就有可能在出厂前不能发现缺陷；二是部分围带装配间隙太小，运行后由于热应力导致围带开裂。故建议制造厂增加动平衡后着色或磁粉探伤，二是严格控制围带的装配间隙。

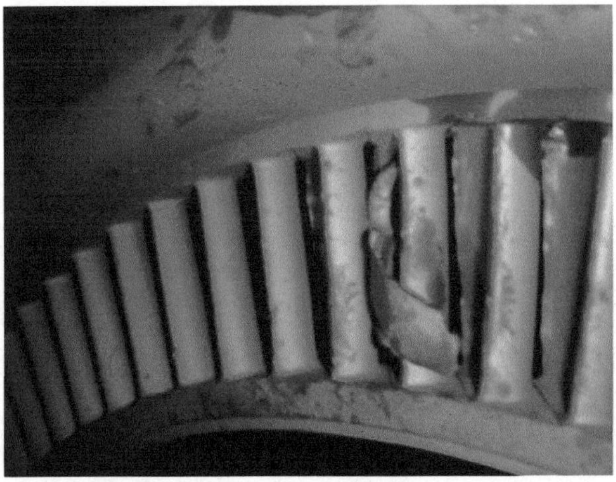

图 5-13 叶片围带断裂

工程中也常发现汽轮机末级叶片司太立合金钎焊焊缝存在未熔合、气孔等缺陷。图5-14示出了某电厂07Cr17Ni14Cu4Nb钢制末级叶片司太立合金钎焊焊缝的未熔合、气孔缺陷，气孔直径多在1mm左右。司太立合金钎焊采用Bag-5银基钎料、QJ102钎剂。这些未熔合、气孔缺陷在机组运行期间，末级叶片在水滴冲蚀下会发展，缩短使用寿命，甚至导致叶片断裂，故应对缺陷进行补焊。

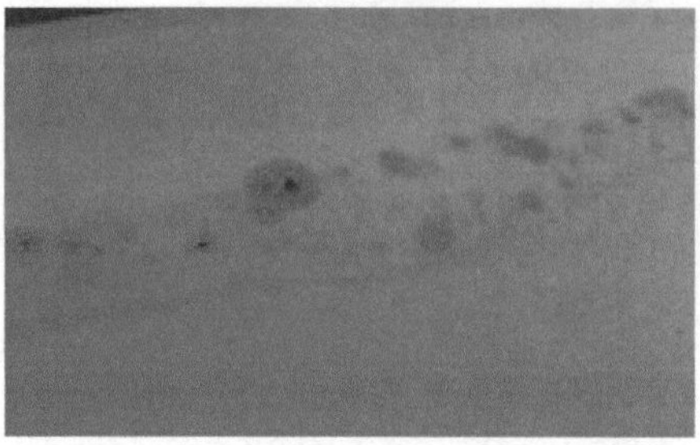
(a)气孔

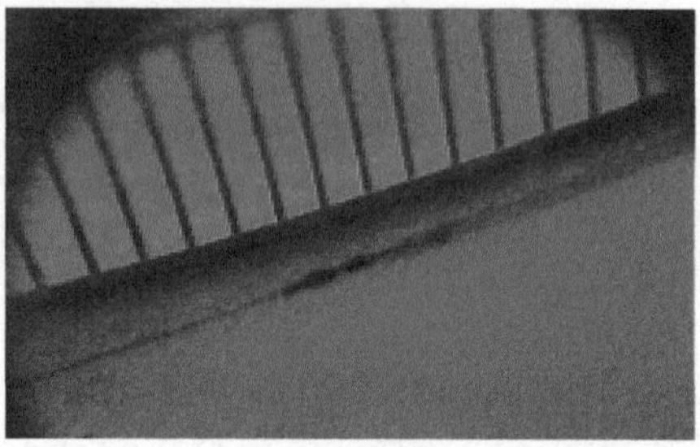
(b)未熔合

图5-14 钎焊焊缝缺陷

工程中也常发现汽轮机叶片装配缺陷，某燃机电厂3号机组（390MW级燃气—蒸汽联合循环发电机组）汽轮机低压转子装配后经高速动平衡试验，发现燃机侧7级叶片围带间隙、拉筋凸台间隙超差，返修后第二次高速动平衡试验后又发现1～4级动叶围带端面存在0.02～0.05mm的错位，5级动叶叶根凸台径向存在0.5～2.5mm的错位。分析表明：叶片加工及装配精度不符合设计要求；叶片安装存在问题。制造商将末三级动叶片全部拆下进行校型返修，重新装配后再次进行高速动平衡及超速试验，末级动叶围带间隙、拉筋凸台间隙基本达到设计要求。对5级动叶叶根凸台径向错位进行局部抛磨，使其达到圆滑过渡，鉴于修磨量很小，对转子的动平衡试验不会产生不良影响，可保证机组正常运行。

第三节 螺栓缺陷及故障

汽轮机高温高压螺栓在制造、服役过程中出现的质量缺陷在工程中也很常见，主要表现为材质缺陷、硬度/金相组织异常、力学性能不满足相关标准、螺栓孔缺陷和螺栓断裂等。某电厂1000MW机组运行8个月后，发现中压主汽门（M90×6mm）和中压调门螺栓（M72×6mm）各断裂1根（螺栓材料In783）。图5-15示出了螺栓断裂的宏观形貌。可见断裂面粗糙不平，呈脆性断裂特征，断口附近螺栓孔内壁存在横向裂纹。

In783合金是美国Special Metals Co.公司开发出的一种新型抗氧化低膨胀高温合金Inconel alloy783（简称In783），属于Ni-Fe-Co基铁磁性合金。与In907、In909系列合金相比，In783合金中的铝含量很高（5.4%）。高的铝含量可促使合金中析出β（NiAl）相，以提高合金的应力加速晶界氧化（SAGBO-Stress Accelerated Grain Boundary Oxidastion Resitance）抗力。同时，在In783合金中加入少量铬，虽然合金的热膨胀系

图 5-15 螺栓断裂宏观形貌

数无明显提高，但铬与铝元素一起大大提高了合金的抗氧化性能，使合金在 800℃高温下仍具有完全抗氧化的能力。

In783 合金通常经 1120℃固溶 +845℃×3h（空冷）时效 +720℃×8h（炉冷）→620℃×8h（空冷）时效。固溶处理后 β（NiAl）相呈颗粒状和少量短棒状分布在 γ 相基体上；经 845℃×3h（空冷）时效后，晶界会析出网状的 β（NiAl）相，以增强合金的应力加速晶界氧化抗力，同时晶内析出了较粗大的 γ′相；再经 720℃×8h（炉冷）→620℃×8h（空冷）时效后，较粗大的 γ′相回溶，使粗大 γ′相的含量减少，析出细小的 γ′相。对断裂螺栓和新螺栓的微观组织检查表明：新螺栓的微观组织正常［见图 5-16（a）］；断裂螺栓中的 β（NiAl）相基本为沿热变形方向呈长条状，颗粒状较少，晶界观察不到颗粒状的二次 β（NiAl）相［见图 5-16（b）］，表明断裂螺栓的固溶处理和第一次时效处理效果不佳。断裂螺栓的微观断裂为沿晶开裂［见图 5-17］，纵向裂纹沿一次 β 相条带扩展，由于金相组织中未观察到晶界网状的 β（NiAl）相，表明晶界的应力加速晶界氧化抗力降低，导致沿晶开裂。

拉伸、硬度、冲击试验表明：断裂螺栓硬度及强度明显高于新螺栓，冲击吸收能量 KV_2 明显低于新螺栓（见表 5-2）。

在有的机组断裂的 In783 螺栓中，发现螺栓体内部存在裂纹（见图 5-18）。

某电厂 600MW 超超临界机组运行不到 1 年，其高压旁路阀门 12 根阀盖螺栓中有 2 根断裂、4 根出现裂纹。断裂的 1 号螺栓开裂于短螺纹侧，从光杆数起的第一

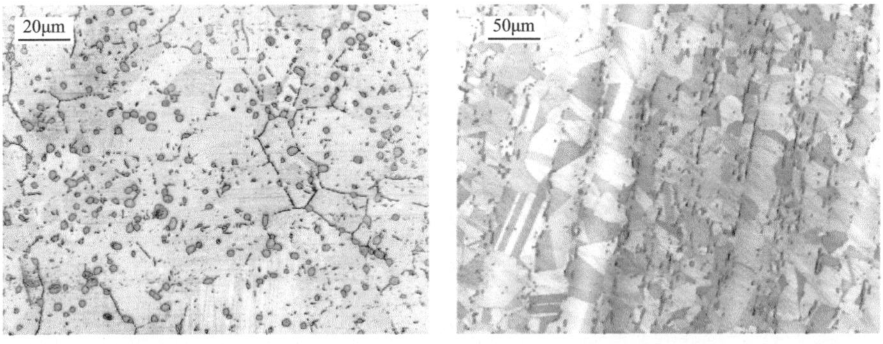

(a)新螺栓　(b)断裂螺栓

图 5-16 新螺栓和断裂螺栓的金相组织

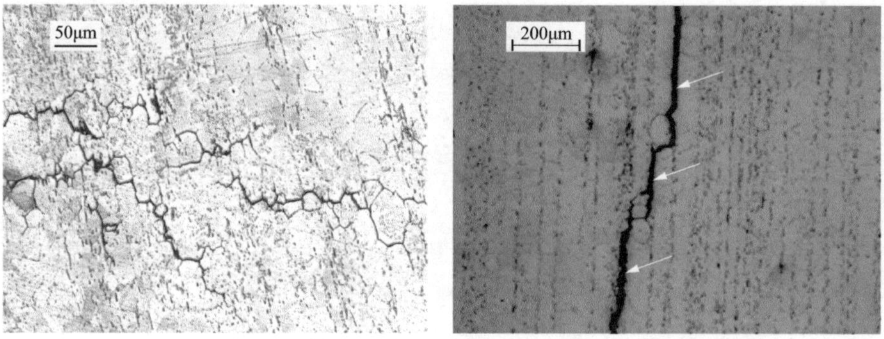

(a)沿晶开裂　　(b)裂纹沿一次β相条带扩展

图 5-17　断裂螺栓的微观形貌

表 5-2　　螺栓的拉伸、硬度、冲击试验结果

性能指标	$R_{p0.2}$（MPa）	R_m（Mpa）	Z（%）	硬度（HBW）	KV_2（J）
断裂螺栓 1	935	1280	46.0	350～360	25、26、27
断裂螺栓 2	975	1330	43.0		21、23、25
中调门新螺栓	799	1170	49.0	335	54、56、60
中主门新螺栓	813	1190	47.5		57、50、58

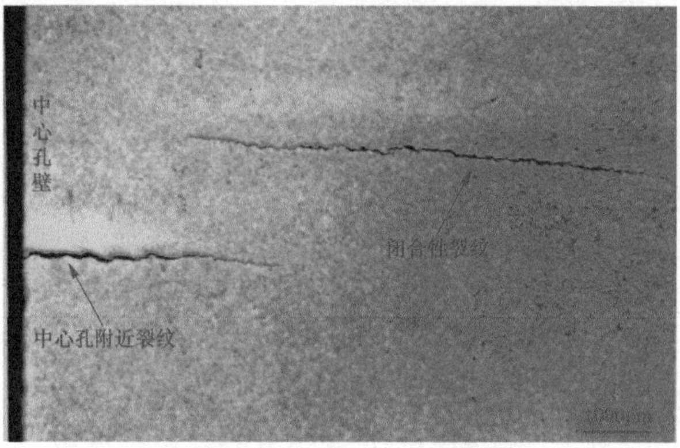

图 5-18　螺栓体内部裂纹

齿螺纹，2 号螺栓断裂于长螺纹侧的中部螺纹处。高旁阀体材料为 F92，螺栓规格为 M30×170mm，材料成分分析为 B446-Gr1，与国产 Ni 基高温合金 GH3625 的化学成分基本一致。图 5-19 示出裂螺栓的宏观形貌。

对断裂螺栓取样进行的拉伸、硬度试验结果表明，1 号螺栓的硬度为 341、383HBW，对应抗拉强度 1370MPa；2 号螺栓的硬度为 331、345HBW，对应抗拉强度 1280MPa。螺栓硬度明显高于国内相关标准规定的上限值（≤290HBW），抗拉强度也远高于标准规定的下限值（≥760MPa）。

断裂螺栓的微观断裂机制呈沿晶开裂，且有较多的沿晶二次裂纹，断裂面能谱分析表明，断裂面除存在氧元素外，还存在 S 和 Cl 元素。分析表明，螺栓失效为典型的应

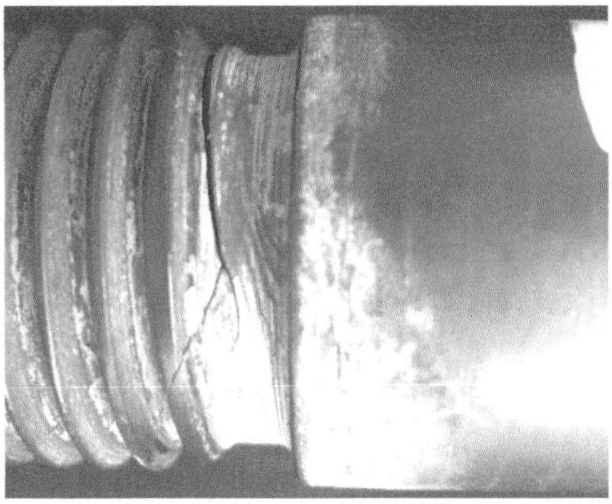

(a) 1号断裂螺栓

(b) 2号断裂螺栓

图 5-19　断裂螺栓宏观形貌

力腐蚀开裂，这与螺栓固溶处理状态较差、硬度过高、螺纹加工硬化及机组启停过程中蒸汽中杂质元素在螺纹根部的富集相关。

某电厂一台汽轮机组运行 1 年多，检修时发现 20Cr1Mo1VTiB 钢制中压主汽调节联合阀中分面螺栓断裂 9 根，其中中压主汽门上的 M33×286mm 的双头螺栓断裂 3 根，中压调节门法兰上的 M33×273mm 的双头螺栓断裂 6 根，螺栓服役温度 566℃。断裂螺栓均从螺纹根部起裂，断面较平坦，有的区域呈深灰色，有的区域呈白亮色（见图 5-20）。对 3 根断裂螺栓进行力学性能和金相组织检查，螺栓的 U 形缺口冲击吸收能量 KU_2 分别为（7、12）J、（8、12）J 和（11、53）J，远低于标准规定的≥39J，其中一根螺栓的 KU_2 为（11、53）J，也表明螺栓性能极不均匀。螺栓的硬度约 290HBW，处于标准规定硬度范围（255～293HBW）的上限。金相组织检查表明，螺栓中氮化物夹杂密集，晶粒过于粗大（0 级），远粗于晶粒度不粗于 4 级的标准规定（见图 5-21）。对螺栓断裂分析表明：材质粗晶、混晶组织缺陷，塑韧性差，缺口敏感性大是导致螺栓断裂的主要原因。

图 5-20　螺栓断裂面宏观形貌

图 5-21　螺栓金相组织

某电厂 2 号机组（600MW 超界机组）运行 6 万小时后，20Cr1Mo1VTiB 钢制高压导汽管法兰螺栓（规格 M48×460mm）断裂 4 根。断裂位置均在螺纹齿根处，断口表面粗糙，无疲劳痕迹，呈脆性断裂（见图 5-22）。

对断裂螺栓取样进行的冲击试验结果表明，冲击吸收能量 KU_2 为（8.5～17）J，远低于 DL/T 439—2018《火力发电厂高温紧固件技术导则》规定值（≥39J）；微观组织检查表明为呈方向性排列的粗大贝氏体（见图 5-23），晶粒度 2 级，原奥氏体晶界有黑色网状晶界，裂纹沿原奥氏体晶界扩展。材质状态不佳是导致螺栓早期失效的重要因素。

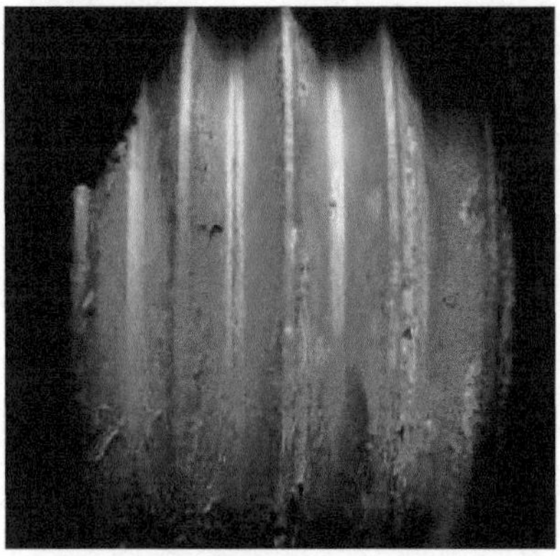

图 5-22　螺栓齿根处断裂

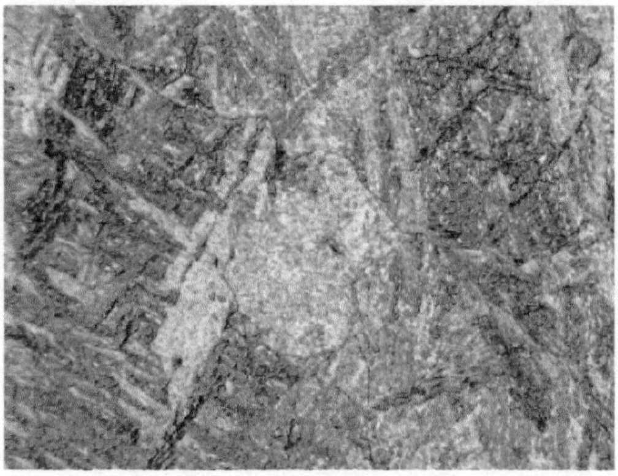

图 5-23　呈方向性排列的粗大贝氏体

某电厂 9 号机组（660MW 高效超超临界机组）在运行期间，发现中压缸一侧的保温为 160℃，保温超温，同时四、五段抽汽管道在缸体引出段有滴水现象，怀疑缸体泄漏。停机后扒除中压外缸漏气处保温，发现 2Cr11Mo1NiWVNbN 钢制汽缸螺栓（规格 M115×1154mm）下侧螺纹部位断裂（见图 5-24），至发现螺栓断裂，机组启停机 13 次。停机对保温超温的一侧螺栓检查，发现 24 根存在裂纹（总数 74 根）。对断裂螺栓进行化学成分分析、力学性能检测、金相组织和断裂面检查、应力分析，表明螺栓断裂主要是由于应力过大，设计强度余量不足。

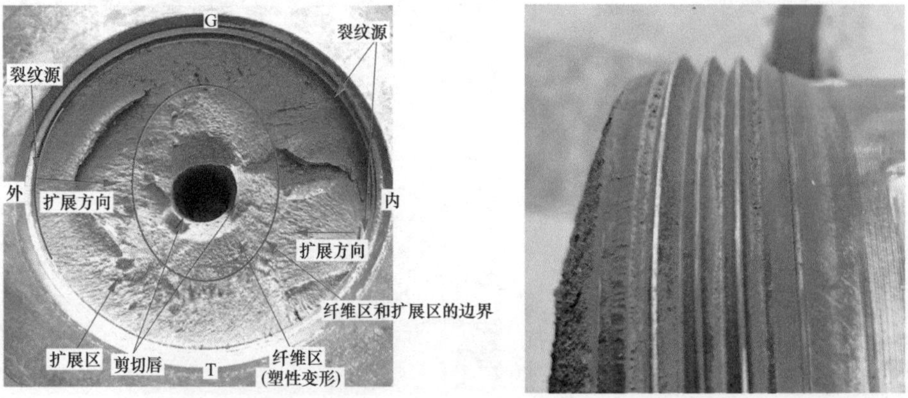

(a)螺栓断裂断面形貌

(b)断裂螺栓侧面形貌

图 5-24　2Cr11Mo1NiWVNbN 钢制螺栓断裂

第四节　汽轮机导汽管焊缝缺陷

汽轮机导汽管与高、中压外缸连接的环焊缝，由于结构因素焊接拘束度大，焊后热处理加热片布置困难，故焊接与热处理难度大，在制造、运行中焊缝易出现裂纹，分析表明焊缝性能较差，焊缝应力高。例如，某电厂5号汽轮机（1000MW）运行1年7个月后发现高压导汽管与高压外缸连接环焊缝存在三条与焊缝垂直的裂纹（见图5-25），三条裂纹的长度均在50mm左右，基本贯穿整个焊缝宽度。超声波检测裂纹深度在10～26mm。该部位焊缝除发现与焊缝垂直的裂纹外，也发现与焊缝平行的环向裂纹。高压导汽管和高压外缸材料为ZG1Cr10MoWVNbN、ZG15Cr1Mo1V-B2。对焊缝进行光谱分析，焊缝材料接近ZG15Cr1Mo1V，焊缝硬度在260～280HB，挖补过程中发现其他部位也存在裂纹。分析表明：主要是焊接质量差，热处理效果差导致焊缝应力偏大、硬度高，制造焊接中就存在微小裂纹，运行中裂纹扩展。

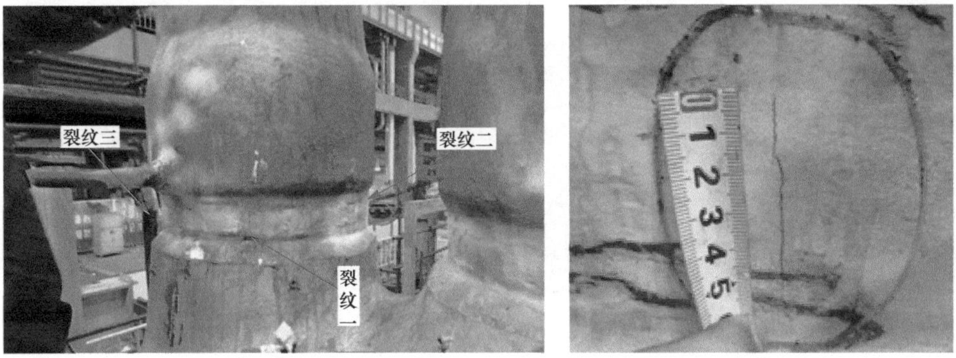

(a)焊缝裂纹位置　　(b)焊缝裂纹长度

图5-25　高压导汽管与高压外缸焊缝裂纹

某电厂4台660MW汽轮机，高中压导汽管与高中压外缸连接的环焊缝均出现裂纹（见图5-26），裂纹处于缸体侧焊缝熔合线部位。缸体和导汽管材料为ZG15Cr2Mo1和P91。焊接采用镍基合金冷焊工艺，首先在导汽管与缸体侧分别堆焊12mm和8mm的Ni基过渡层，然后用Ni基材料（ENiCrFe-1）填充。裂纹分析表明，主要是堆焊焊缝质量不佳，堆焊层熔合线部位硬度高达270HBW。裂纹挖补用焊材与ZG15Cr2Mo1相匹配（焊丝TIG-40、焊条E6015-B3（R407）），预热温度按P91，焊后热处理按ZG15Cr2Mo1的上限温度控制。

图5-27示出了某电厂6、7号汽轮机高中压外缸上缸压力试验口和中压排汽口焊缝的间断性裂纹。

除焊缝裂纹外，有时也发现导汽管母材裂纹，图5-28示出了某电厂2号汽轮机P91钢制中压缸进汽管坡口裂纹的形貌。

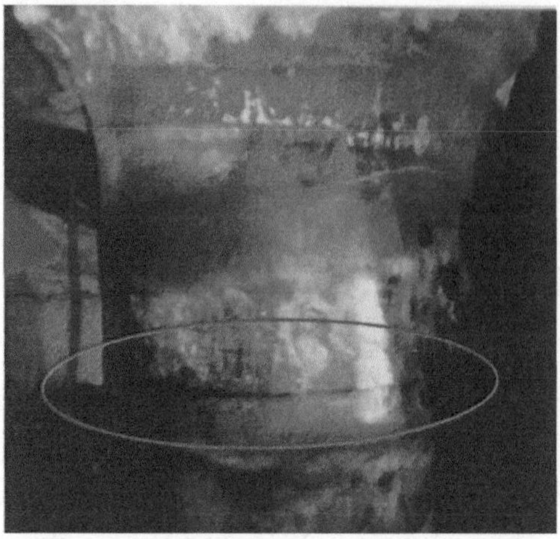

图 5-26　高压导汽管与高压外缸焊缝裂纹

(a)6号汽轮机　　(b)7号汽轮机

图 5-27　高中压外缸上缸压力试验口焊缝裂纹

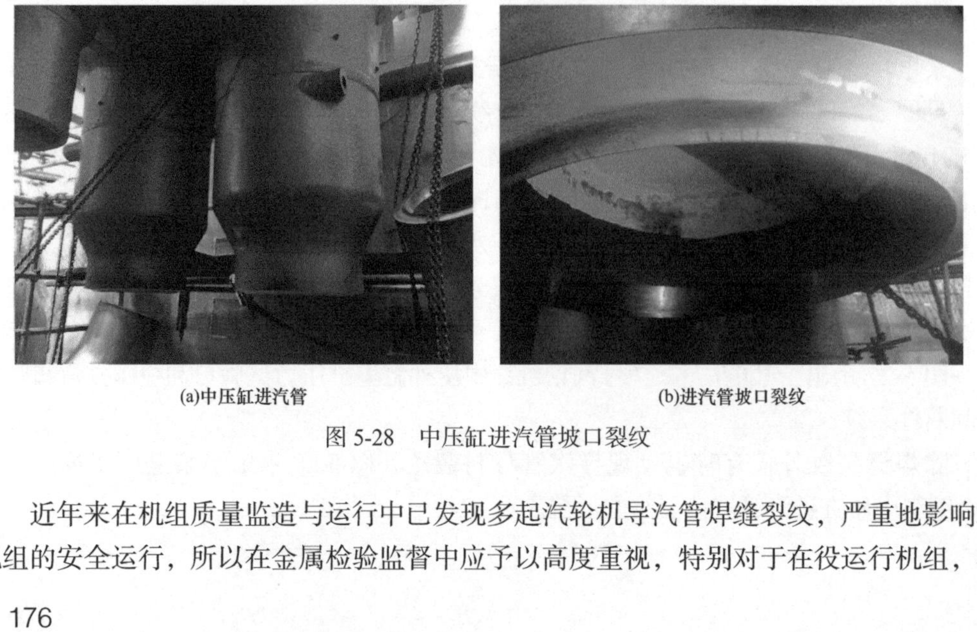

(a)中压缸进汽管　　(b)进汽管坡口裂纹

图 5-28　中压缸进汽管坡口裂纹

近年来在机组质量监造与运行中已发现多起汽轮机导汽管焊缝裂纹，严重地影响着机组的安全运行，所以在金属检验监督中应予以高度重视，特别对于在役运行机组，在机组检修期间尽可能对汽轮机导汽管焊缝进行表面检查和超声波探伤，避免出现严重的开裂风险。

第五节 汽轮机性能与其他辅机设备缺陷

汽轮机由于装配质量不佳或转子材质缺陷往往会导致汽轮机动平衡试验难以满足要求，例如，某燃机电厂 3 号汽轮机（100MW）低压转子经高速动平衡后发现燃机侧 7 级叶片围带间隙、拉筋凸台间隙超差，返修后第二次高速动平衡后又发现 1～4 级动叶围带端面、5 级叶根凸台径向存在错位。分析表明动叶片加工精度及其装配精度不符合设计要求。制造厂将末三级动叶片全部拆除后重新进行校型，对存在错位的部位进行局部抛磨，使其圆滑过渡。装配后重新进行高速动平衡及超速试验，动叶围带间隙、拉筋凸台间隙基本达到设计要求。

某电厂 3 号超临界机组（600MW）经 168h 试运行后，低压Ⅱ转子 6 号轴瓦的轴振、瓦振一直难以满足要求，历经 4 个月的反复调整，6 号轴瓦的轴振、瓦振问题一直未见好转。后经查询，该转子在制造厂进行了 22 次高速动平衡，表明该转子的动平衡性能不理想。当重新更换一根新转子后，机组即正常运行。对更换的旧转子进行仔细检查，发现转子内部存在裂纹。

汽轮机高 / 中压内、外缸水压试验中常出现渗漏，导致水压试验渗漏的原因主要是铸钢件的气孔、裂纹等缺陷（参见第四章）。其次设计、加工、装配不佳也会导致铸钢件水压试验渗漏，例如，某电厂 3 号汽轮机（1000MW）高压外缸进汽腔室设计压力为 16.8MPa，规定的水压试验压力为 25.4 MPa，水压试验压力升至 23.0MPa，稳压 10min 无泄漏，但升压至 25.4 MPa 约 1min，发生泄漏，压力迅速降落，未满足水压试验规定。分析表明：主要是由于高压外缸中分面的 4 条大的键槽造成水压试验时密封圈无处支撑，密封圈破损，更换密封圈也无法达到水压试验压力。4 条键槽应在水压试验后加工，由于第一台机组制造缺乏经验，在水压试验前已经加工。考虑到 3 号机高压外缸 100% 超声波和磁粉探伤满足标准，在精加工过程中也没有发现明显缺陷，而水压试验的目的主要是检验汽缸缺陷，所以 3 号机高压外缸进汽缸水压到 23.0MPa 为止，不再进行 25.4MP 水压试验。

某燃机电厂 3 号机组汽轮高中压外缸水压试验中发现汽缸中压排汽端两猫爪内侧法兰面轻度渗水，分析为汽缸上半中压端两猫爪处汽缸中分面法兰螺栓螺母紧固不足，导致此部位渗漏。

某电厂 3 号汽轮机低压缸进汽连通管导流板脱落。低压缸进汽连通管由钢板卷制焊接而成，为了减小汽流的流动压力损失，在连通管每个弯管处均装有导流叶栅，导流叶栅的结构是将多个导流板两端焊接在导流叶栅框架上。3 号汽轮机低压缸进汽连通管导流叶栅由于导流板两端焊接质量不佳，在机组运行过程中导流板脱落（见图 5-29），导流板碎片进入低压缸内，造成叶片大面积损坏。鉴于导流叶栅的导流板脱落事故，汽轮机制造厂对低压缸进汽连通管进行改造，目前已取消导流叶栅。

图 5-29 进汽连通管导流板脱落

某电厂 1、2 号机组（1000MW）、某电厂 5 号机组（660MW）整套启动中，均发生了高中压段轴瓦温度偏高，烧瓦的“低速碾瓦”。分析表明，是制造厂对引进的国外公司产品技术消化吸收还不完善。后改进了轴承设计，增加了顶轴油系统，此类问题即解决。

工程中也常发现轴瓦巴氏合金黏合层存在区域未黏合的情况，这种情况易导致轴瓦运行中的脱胎，引起事故。

第六章

发电机及其他电气设备缺陷

发电机和其他电气设备缺陷主要表现为部件几何尺寸超差和性能不满足设计要求。例如定子铁芯尺寸、转子轴颈尺寸超差，轴颈严重划伤等；转子匝间短路、绕组接地、转子气密性不满足要求、氢冷发电机漏氢、定子绕组绝缘缺陷、定子铁芯片间短路、定子铁芯发热超标、定子气密性不满足要求以及发电机其他电气设备清洁度不良。下面简述工程中常见的发电机及其他电气设备部件的质量缺陷。关于发电机其他电气设备清洁度不良见附录三。

第一节　定　子　缺　陷

一、部件尺寸超差

某电厂1号发电机定子铁芯槽形直线度不符合要求，从汽端开始的第35～49段存在1～2.5mm的弯曲；另外在铁芯6、8、27、54段存在6处碰伤修磨坑（面积约20mm×15mm，深0.5～1.5mm）；内径设计为1454±0.5mm，实测内径1456.1mm，最大超差点+1.2mm（见图6-1）。以上缺陷导致定子线棒落槽困难，需敲击才能进入，而敲击过程中造成某根线棒表面局部绝缘脱落。

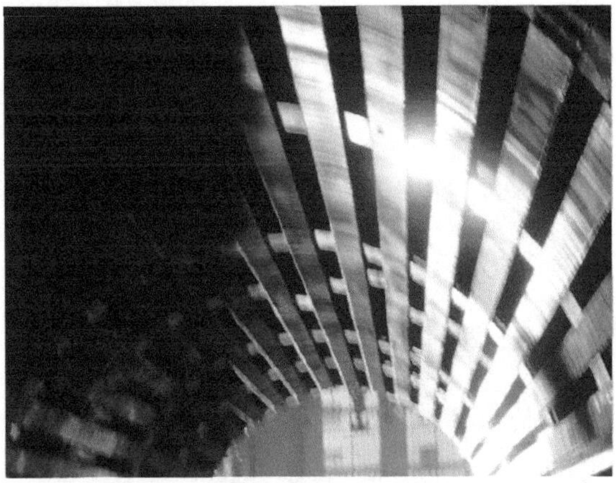

图6-1　发电机定子铁芯槽形尺寸超差

分析表明，定子铁芯叠片过程中工艺尺寸控制不严，导致定子线棒下线时才发现槽形尺寸不符合要求，属于重大制造质量缺陷。制造厂采用36V电加热法，涂酸对毛刺点进行仔细清理，第二次铁损试验，高温点最大温升值为2.3K，满足GB/T 20835—2016《发电机定子铁心磁化试验导则》中最大温升限值25K，相同部位温差限值15K的规定；绝缘电阻、槽部电位测量合格。

某电厂2号发电机定子铁芯尺寸超差及中心偏移。铁芯设计长度8150mm，实际长度8130mm。铁芯的1～47段长4065.5mm，48～93段长4066mm，铁芯中心本应在第47段中心，但铁芯中心向励磁端偏离第47段中心9.5mm（设计要求不大于3mm），由于实际铁芯长度小于设计长度20mm，导致汽端短9mm，励磁端短11mm。原因为制造厂对铁芯的冲制、涂片的制造工艺还不成熟。

检查某电厂5号发电机定子铁芯装配质量，发现励磁端压圈下200mm高度压紧量不满足设计要求，分析为铁芯叠片工序存在缺陷。拆下励磁端压圈和部分硅钢片，重新叠片，适时在齿部加补偿片，重新装配励磁端压圈，进行冷压，满足设计要求。

二、性能缺陷

发电机定子性能缺陷主要为绕组故障。由于定子绕组绝缘破坏或绝缘破损击穿后发展成定子绕组接地、相间或匝间短路等故障。定子绕组接地是发电机最常见故障，虽然大中型发电机中性点不接地或经高阻抗接地，定子单相接地不会产生大的故障电流，但通常是定子绕组相间或匝间短路的先兆，同时单相接地时的电容电流会灼伤故障点的铁芯。而定子绕组的相间或匝间短路往往产生大的故障电流，可能烧毁整个发电机组，因此应快速切除。引起故障的原因主要有：较长时间的运行或超限运行造成绝缘老化；某种原因引起局部过热；外来过电压冲击；外部短路或非同期合闸的过电流冲击；制造工艺不良（如定子绕组层间垫条固定不紧发生振动导致绝缘磨损、下线前槽中不清洁遗留金属物刺破绝缘、定子绕组端部绕组固定不紧产生振动）等。

某电厂5号发电机，制造厂采用低感法检查定子铁芯时发现24号槽有片间短路现象，用红外测温仪检测铁芯表面各部位温度，在铁芯膛内检测出温差较高点。拆除线棒进一步查找片间短路部位（见图6-2），对拆除线棒后的铁芯槽部进行低感测量，经反复测量未发现短路现象，判断是由于污物导致片间短路。

图6-2　5号发电机定子铁芯片间短路检测

某电厂 1 号发电机定子铁芯发热严重，铁芯装压后检测有 25 处发热点，且集中在靠近励磁端铁芯长度的 1/3 处，其他部位有零星发热点 7～8 处。在铁芯发热处两冲片间插云母片，刷绝缘漆，更换部分发热点处冲片。

某电厂 1 号发电机定子由于端部未干透，导致电位外移试验不合格。扒去绝缘重新包扎烘干后再次试验，满足设计要求。

某电厂 1 号发电机定子装配后进行整体气密试验，无法保持规定的压力，检查发现汽端第一测温接线板法兰螺孔漏气，原因为将螺栓的盲孔误钻成通孔，随后的封焊没有按照气密焊缝要求焊接，造成接线板法兰螺孔漏气。制造厂将 M20 的螺孔扩大成 M33 螺孔，加装 M33 丝堵，在 M33 丝堵上钻 M20 丝孔，丝堵底部涂密封胶，丝堵上部留坡口进行气密焊接，气密试验满足要求。

某电厂 2 号发电机定子组装后进行气密试验，发现汽轮机侧右边第一圈堵板左上角有一处漏点，铁芯中心偏下堵板左上角、励磁端端罩靠机座面下方边缘和左边励磁端端罩非机座面端头各有两处漏点（见图 6-3）均为焊接质量不良所致，对漏气点进行了补焊。

某电厂 1 号发电机在制造厂进行定子铁损试验，温差为 10.4、10.6、10.8℃，虽满足 GB/T 20835—2016《发电机定子铁心磁化试验导则》的要求，但高于企业标准中不高于 10℃的规定。

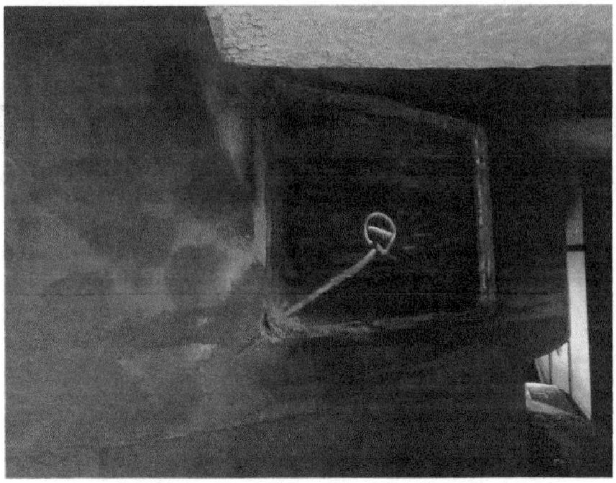

图 6-3　2 号发电机定子漏气处

第二节　转　子　缺　陷

一、部件尺寸超差

某电厂 4 号发电机（600MW）在制造厂进行第 4 次动平衡试验，在完成 3450r/min 超速试验和动平衡试验后，在低转速（100r/min）时，发现汽端响声较大，检查发现有一个极间隔板断裂（转子每端各两个极间隔板）。极间隔板安装位置如图 6-4

所示，断裂的极间隔板如图 6-5 所示。检查分析表明，汽端护环径向尺寸略小，内径为 1035.15mm（图纸要求为 $1035.8_{0}^{+0.05}$mm），损坏的极间隔板高度比标准规定高出约 1mm。由于以上两个尺寸偏差的影响，造成极间板应力增大，引起断裂。

图 6-4 极间隔板安装位置

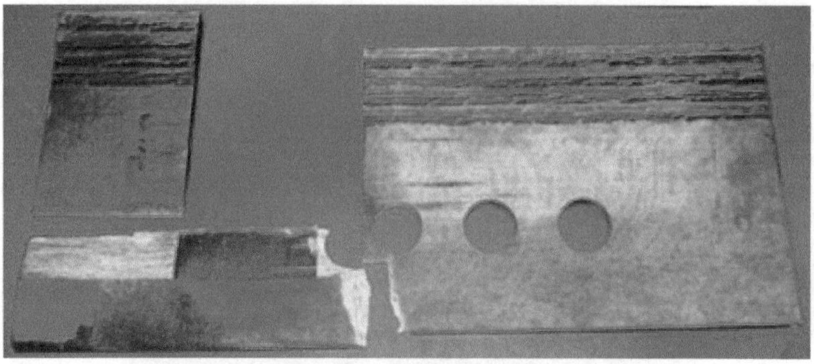
图 6-5 断裂的极间隔板

图 6-6 示出了某电厂 5 号发电机（600MW）转子引线不锈钢垫条的断裂形貌。垫条断裂主要原因是引线（手包绝缘）和槽楔底面高低不平，装配时配垫过于随意，槽楔松紧控制不当致使不锈钢垫条受剪切力作用产生断裂。由于垫条向左一直延伸到引线夹板，垫条断裂后在离心力作用下产生径向位移与转子引线相接触，造成接地短路。图 6-7 为垫条断裂后径向位移与引线接触。

为了防止转子引线不锈钢垫条断裂，制造厂用 2mm 厚的 Q235 垫条替代原 1mm 厚的不锈钢垫条，提高垫条强度；改进装配工艺，槽楔与齿肩顶紧时，测量每段槽楔底面与轴鸽尾底面的间隙和槽楔底面与引线上表面间隙，按测量间隙 +0.3mm 配垫绝缘垫片厚度，绝缘垫片涂胶粘到引线上，线棒与槽楔内的绝缘垫片间层数不超过 2 层；严格按照设计图纸中规定控制引线尺寸和槽楔尺寸公差，绝缘垫片的配垫和槽楔松紧程度。

发电机转子常发生轴径尺寸加工错误、划伤等缺陷。例如，某电厂 5 号发电机（700MW）转子进行加工时出现误加工，造成距离汽端本体端面 2600mm 处误加工一整圈凹槽，凹槽深约 1.38mm，宽度 5mm（此处设计不应有凹槽）。随后电厂、监造方、

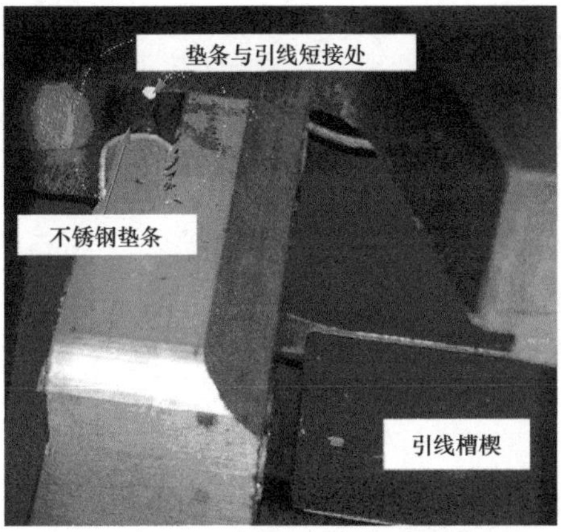

图 6-6　即将断裂的不锈钢垫条

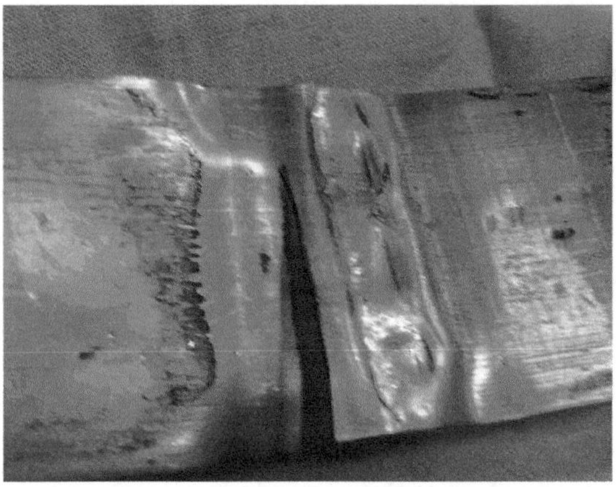
图 6-7　不锈钢垫条与引线短接处

制造厂召开转子缺陷处理技术方案论证会，在保证转子设计尺寸的条件下，对凹槽打磨圆滑过渡，强度计算表明圆滑过渡后发电机转子强度满足要求，且对电、磁特性的影响很小，故让步回用。

某电厂 1 号发电机（1000MW）转子轴颈划伤，打磨抛光到轴颈设计最小尺寸后，励磁端、汽端仍各存在深 0.015mm、0.012mm 的整圈划痕，还有一处深 0.01mm、宽度约 2mm 的划痕。

某电厂 5 号发电机轴系尺寸不符合设计要求。分析为发电机制造厂的转子轴系设计失误，未考虑汽轮机转子膨胀量，导致轴系尺寸与设计尺寸不符。随后对发电机转子汽端轴向截除 36mm。

某电厂 3 号发电机整机试验后，转子励磁端轴颈圆周发现 3 道划伤，最深的一道深约 0.035mm，轴承、轴瓦相应部位亦严重划伤（见图 6-8），分析表明为润滑油不够清洁所致。

图纸规定轴径最小尺寸为 $\phi500_{-0.063}$mm，对划伤的轴径抛光打磨后轴颈尺寸为 $\phi499.98$mm，但仍有一道深 0.02～0.03mm 的划痕，制造厂不再打磨，更换划伤轴瓦。

图 6-8　轴瓦划痕

工程中有时出现发电机风扇叶片断裂或风扇叶螺纹断裂。图 6-9 示出了某电厂 600MW 机组励端 2 片风扇叶片螺纹断裂的形貌。该台机组运行 12 年，2 个断裂风扇叶的断裂位置相同，都为螺帽与风扇叶螺纹接触的第一齿，也是扇叶最大受力部位 。检查发现螺帽与风扇叶螺杆螺纹不匹配，完全啮合的只有下面 2 个齿，其余没有完全啮合［见图 6-9（b）］。螺杆断裂部位的第一齿距螺纹底部有 2mm 间隙，第二齿有 1.5mm 间隙，第三齿有 1mm 间隙。检查发现第二、三齿的底部也出现了裂纹，其中第二齿的裂纹长 1.5mm，第三齿的裂纹长 1mm［见图 6-9（c）］。

(a)风扇叶片螺纹断裂形貌

(b)螺帽与风扇叶螺杆螺纹不匹配

(c)螺杆螺纹第一、二齿的裂纹

图 6-9　发电机励端风扇叶片螺纹断裂形貌

二、性能缺陷

转子性能缺陷主要为绕组故障。转子绕组对地绝缘或匝间绝缘破坏后，造成转子绕组与大轴间接地或转子绕组线匝间短路，是发电机绝缘破坏后常见的两种故障型式。

转子绕组匝间绝缘破坏后（与转子铁芯无关），线匝之间将被短接，形成转子匝间短路。转子匝间短路将使发电机输出的无功功率减少或励磁电流增大，故障点的局部过热会损坏主绝缘和铜线；同时破坏了转子磁路的对称性，将使机组振动加剧。转子绕组接地及匝间短路故障的主要原因有：转子绕组过热，绝缘破坏，匝间绝缘或垫条破裂、错位；制造工艺不良形成的局部缺陷，或保管、运输过程中绝缘受潮；发电机运行中由于铜、铁温差引起的绕组相对位移，转子绕组至滑环的引线、刷架螺钉绝缘损坏、励磁机故障接地等。

某电厂 2 号发电机（1000MW）转子耐压试验中，转子集电环绝缘内套连续被击穿

2次。分析表明，绝缘内套装配中集电环与导电杆的导电螺钉孔未对正，制造厂重新制作绝缘内套、重新装配后满足耐压试验。

某电厂2号发电机转子超速试验，降速过程中发现转子匝间短路。重新启动检测匝间短路波纹图，发现转子第2极第6号线圈发生动态匝间短路。分析表明：在护环热套过程中，阻尼笼和护环绝缘有窜动，阻尼笼被护环擦伤后有金属粉末掉落，在转子旋转过程中进入线圈内导致匝间短路。另外，励磁端第二层绝缘瓦搭接错位，本应是轴向对接，实际变成了搭接，护环热套后冷却收缩，压断了绝缘瓦及槽下垫条和端部固定绝缘条（见图6-10）。随后更换绝缘衬块和绝缘垫条，重新装配。

某电厂2号发电机转子超速试验后，转子绕组破压。检查发现槽衬绝缘磨损，导致对地短路（见图6-11）。随后拆除转子线圈，重新下线。更换绝缘材料，加强每道工序检查，避免槽口块、楔下垫条、槽口部位的倒角对槽衬的机械损伤。

图6-10　转子槽衬绝缘断裂处

图6-11　转子绕组接地击穿点

某电厂2号发电机转子第4次超速试验后转子绕组接地，转子汽端的绝缘瓦有电击穿痕迹，位置在第1极4号线圈R角处和第一层绝缘瓦与绝缘瓦对接处（见图6-12）。随后更换绝缘瓦，重新装配后通过超速试验。

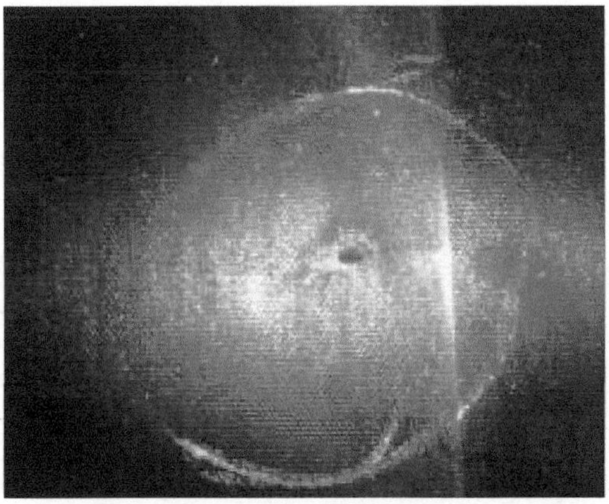

图6-12　转子绝缘瓦电压击穿点

某电厂 5 号发电机（1000MW）转子在出厂耐压试验中，两次发现励磁端有放电现象。分析推断是由于转子在动平衡试验和整机型式试验过程中有大量的灰尘和油污进入转子，因对异物清理不彻底，导致转子耐压试验中放电。

某燃机电厂 2 号发电机出厂前进行超速试验，试验前进行匝间波形测试，发现 4 号线圈波形异常。匝间测试值为 6.67%，高于标准规定的不大于 3.75%。制造厂随后进行静态两级电压测试，外环电压为 119.9V ，内环电压为 104.3V，两极电压差 15.6V，高于标准规定的不大于 3V。制造厂拆除转子护环及线圈，对转子进行彻底检查，消除了缺陷。

第三节 其他电气设备质量缺陷

某电厂 4 号主变压器在高压套管引线装配中，由于高压升高座引线尺寸不匹配，导致多次试装失败。多次试装造成 B 相高压引线均压绝缘纸筒端头破损（见图 6-13），会对变压器的运行造成不良影响。在出厂试验完成后的二次吊检工序中，制造厂对破损部位进行了修复，拨除表面纸绝缘，用绝缘纸重新包扎以均匀表面电场，同时增强均压绝缘纸筒端头的强度。

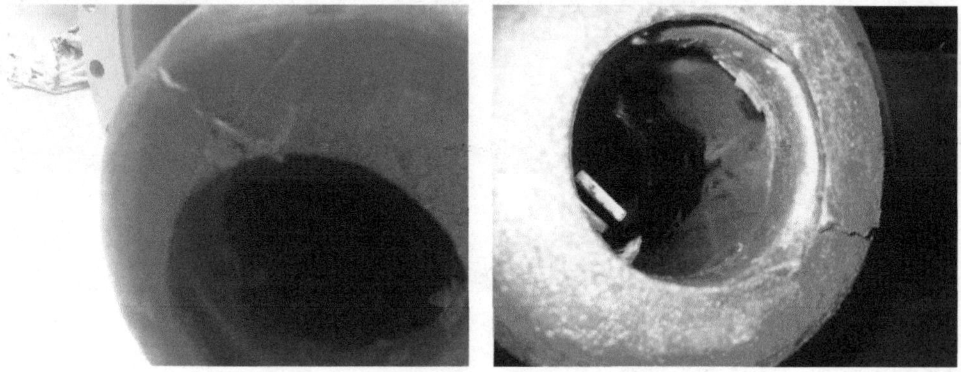

图 6-13 高压引线均压纸筒端头损伤形貌

某电厂 4 号主变压器引线多处焊接不规范，高压线圈零线引出线焊接质量不良，接头焊缝不均匀、不饱满（见图 6-14）。另外，4 号主变压器低压线圈引出头绝缘从线圈根部不够紧实（见图 6-15），在出厂试验后的二次吊检中，该处绑扎带已变得更加松散。随后制造厂重新对绝缘进行绑扎，对不良焊接接头予以修复。

某电厂 4 号主变压器二次吊检中发现 C 相高压线圈端部静电板被磕碰翘起（见图 6-16）。由于变压器端部电场分布非常不均匀，静电板起着均匀电场的作用，边缘翘起、层间开裂或不光滑会影响电场的均匀性。另外，由图 6-16 也可看到，静电板间的绝缘木垫块没有对齐，不符合工艺规范和设计要求；绝缘垫块旁的绝缘纸板翘起，这些均会影响该处电场的均匀性。

某电厂 4 号主变压器二次吊检中发现低压侧低压线圈相间引线三处绝缘支架与上铁

图 6-14　一处引线焊接质量不规范

图 6-15　低压线圈引出线包扎不紧实

图 6-16　主变压器 C 相端部静电板被碰伤

轭铁芯夹件连接处胶木螺栓断裂（见图 6-17），检查另一处胶木螺栓紧固情况时，用手以不大的力拧紧螺帽时，该胶木螺栓断裂。分析认为螺栓装配时用力不当或过紧，经过变压器油的浸泡，绝缘支架有些变形造成胶木螺栓承受附加应力。同时，在吊检放落变压器身时，器身和地面接触瞬间由于低压线圈相间引线的上下抖动，造成固定绝缘支架受力，连接的胶木螺栓也会承受附加切应力。随后对没有断裂的胶木螺栓逐一检查，对可疑螺栓予以更换。

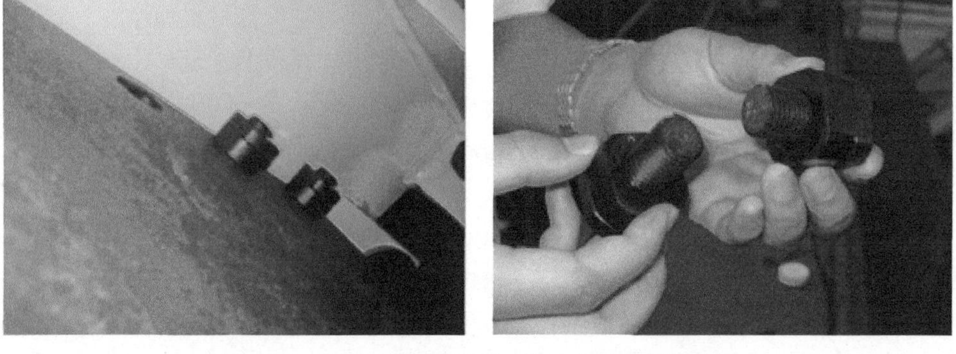

图 6-17　相间引线固定绝缘支架上的胶木螺栓断裂

第四节 水冷发电机断水与电腐蚀

工程中有时发生水冷发电机水内冷定子或转子绕组因外部水系统故障或异常，造成内冷水压力降低，流量减少，以致断水的故障。水内冷发电机定子和转子的冷却介质主要是凝结水（除盐水），不但定子和转子绕组损耗产生的热量全部由绕组内的冷却水带走，而且少量的铁芯损耗也传入绕组的铜线由冷却水带走。一旦冷却水系统出现故障造成水流中断，定子和转子绕组温度上升，进而危及发电机安全运行，要保证发电机安全，就必须降低发电机负荷，甚至解列跳闸停机。

另外，发电机在正常冷却状态下运行，冷却水在水系统闭路循环，通过水系统内的去离子处理装置将水的导电率维持在允许的低水平上。发电机冷却水中断后，冷却水不再循环，绕组空心导线内所充水的水质会逐步变差，电导率会逐步升高，最终危及发电机安全运行。因此，发电机断水后即使线圈温度不超过绝缘规定限值，也只能短时运行。此时，若水系统不能恢复供水，发电机仍然需要解列跳闸停机。

发电机冷却水堵塞或断水的原因主要有：制造、安装及检修发电机时检查不严，有杂物遗留在水冷回路中造成堵塞；定子冷却水质控制不严，pH 值过低或过高，造成 CuO 沉淀结垢，堵塞水路。进水管路滤网破裂，杂物进入回路；或内冷水管道、阀门的橡胶密封垫圈材质不好（老化破裂及掉渣）形成的堵塞。因发电机启动前内冷水系统排气不彻底或安装出现错误、定子绕组导线断股及定子进出水差低等原因造成气堵或“汽”堵。

由于电火花放电使发电机绝缘材料表面烧损和腐蚀的现象称为电腐蚀。大容量发电机线棒的主绝缘一般采用热固性绝缘材料，热固性材料在运行温度下几乎没有热膨胀，由于振动和其他制造原因，使定子线棒的主绝缘外表面防电晕层与槽壁之间接触不良，存在局部间隙；当线棒主绝缘与防电晕层结合不紧密时也会存在局部间隙。当间隙的电场强度超过某一数值时，将产生间隙火花放电，致使局部温度升高，使防电晕层与主绝缘表面受到严重腐蚀或烧损。此外，高压定子线棒在通风槽口和端部出槽口处有可能出现电晕放电，使空气电离产生臭氧及氮的氧化物，与空气中的水分起化学反应，引起线棒表面防电晕层和主绝缘腐蚀。

间隙处受到的电压与定子绕组电压、定子线棒尺寸、主绝缘材料和厚度、防电晕层的电阻率和线棒的嵌装工艺等有关。环氧粉云母绝缘的线棒较沥青云母带绝缘的线棒容易放电；发电机额定电压越高或线棒在运行中所处的电位越高，间隙处承受的电压也越高；线棒防电晕层表面和槽壁间的接触电阻越大或接触点间的距离越大，间隙处所受的电压越高。

防止电腐蚀的主要措施有：改进材料和提高工艺水平；改进线棒在槽内的固定方法，以使线棒与槽壁接触紧密可靠；定子槽内喷半导体漆，槽内垫条采用半导体材料；采用主绝缘与防电晕层一次热压成型；在线棒端部出槽口处采用碳化硅半导体漆的防电晕措施等。

附录 A

受热面钢管国产化现状及发展

根据火电机组锅炉高温受热面钢管耐热钢含 Cr 量和微观组织的不同，通常分为 1%～3%Cr 型的珠光体型低合金钢耐热钢、9%～12%Cr 型的马氏体钢耐热钢和 Cr 含量 18%、25% 的 18-8（18%Cr-8%Ni）型、25-20（25%Cr-20%Ni）型的奥氏体耐热钢。早期的中温 / 中压机组、高温 / 高压机组、超高压机组以及一些亚临界机组锅炉高温部件主要采用珠光体型低合金钢耐热钢，如 12CrMoG、15CrMoG、12Cr2MoG（2.25Cr-1Mo、10CrMo910、T/P22）、12Cr1MoVG、12Cr2MoWVTiB（G102）、T23 和 T24 等；超（超）临界机组锅炉高温受热面钢管较低温度区间多采用 9%～12%Cr 型的马氏体钢耐热钢 T91、T92 等，较高温度区间采用奥氏体耐热钢：18-8 型系列有 07Cr19Ni10（TP304H）、07Cr18Ni11Nb（TP347H）、TP347HFG 和 Super304H；25-20 型系列中有 07Cr25Ni21NbN /HR3C，再热温度达 630～650℃的锅炉高温受热面管候选的材料包括 SP2215（中国）、Sanicro25（瑞典）、HR80（日本）等。表 A-1 列出了锅炉受热面管材的选用。

表 A-1　　　　锅炉受热面管材的选用

部件名称	材料选用
水冷壁	亚临界以下锅炉：20G、SA 210C； 超临界锅炉：15CrMoG/T12、T22； 超超临界锅炉：15CrMoG，较高温度区段选 12Cr1MoVG
省煤器	亚临界 以下锅炉：20G、SA178C； 超（超）临界锅炉：SA-210C
过热器 / 再热器	亚临界锅炉过热器 / 再热器管根据不同的温度区段，可选 TP347H、TP304H、TP321H、TP316H、T91、12Cr1MoVG、12Cr2MoWVTAIB； 低温过热器 / 再热器可选 15CrMoG/T12、12Cr2MoG/T22、12Cr1MoVG、20G
	超临界锅炉高温过热器 / 再热器、屏式过热器温度较高的区段可选 TP347HFG、内壁喷丸的 18-8 奥氏体耐热钢，温度较低的区段选 TP304H、TP347H、TP347HFG、TP321H、TP316H、T92、T91； 低温过热器 / 再热器可选 12Cr1MoVG、12Cr2MoG/T22、15CrMoG/T12 等低合金钢
	超超临界锅炉高温过热器 / 再热器管可选 HR3C、内壁喷丸的 Super304H； 屏式过热器可选上述两种材料以及 TP347HFG、内壁喷丸 18-8 奥氏体耐热钢
	再热 620℃超超临界锅炉高温过热器 / 再热器管可选 HR3C、内壁喷丸的 Super304H、Sanicro 25、HR80、SP2215 等； 低温过热器 / 再热器可选 T92、T91、12Cr1MoVG、T22、15CrMoG/T12

一、锅炉受热面钢管国产化现状

1. 国产 T91、T92 现状

高温 / 高压机组、超高压机组以及一些亚临界机组锅炉受热面采用的耐热钢管，如 12CrMoG、15CrMoG、12Cr2MoG（2.25Cr-1Mo、10CrMo910、T /P22）、12Cr1MoVG、12Cr2MoWVTiB（G102）等几乎全部为国产钢管。

1987 年，上海锅炉厂最先引入 T91 钢管，并用于制作 300MW 机组的锅炉高温过热器管。2006 年，T92 钢管用于国内超超临界机组锅炉屏式过热器管。2010 年前，超（超）临界机组锅炉用 T91、T92 多为日本住友、JFE 和欧洲的 DMV 公司生产。2010 年之后，T91 钢管基本为国内钢管厂供货，不少超超临界锅炉也开始采用国产 T92 钢管。

国内 T91、T92 钢管制造商主要为江苏常宝钢管股份有限公司、常州盛德无缝钢管有限公司、宝钢特钢有限公司（原上钢五厂）、扬州龙川钢管有限公司生产。

国外供货的 T91、T92 钢管为热轧生产，在壁厚较厚（通常壁厚大于等于 8mm 左右）的钢管中易出现内六方形（见图 A-1）。钢管热轧过程中需张力减径，张力减径机是控制钢管壁厚和外径的关键设备，钢管在张力减径过程中，沿钢管孔型周边壁厚的变化不均匀。由减径时沿孔型周边金属径向流动不均匀及相邻机架孔型的辊缝相互交替形成“内六方”，是热轧厚壁钢管的一种固有缺陷。

图 A-1　T92 钢管的内六方（$\phi 34\times 8$mm）

管子“内六方”缺陷对受热面管屏会产生以下不利影响：①影响管内蒸汽介质的流动特性。锅炉设计中蒸汽的流量是按标准圆计算的，“内六方”的存在导致蒸汽在管内发生不规则的流动，甚至产生涡流现象，不利于锅炉的安全稳定运行。②影响制造工艺。在预制焊接坡口时，倒角机的导向芯棒会将棱角碾压形成金属皮屑贴在管子内壁上，皮屑的根部与管子基体形成较为尖锐的夹角，运行过程中会导致应力集中。③对焊接的影响。管子内壁的棱角在焊接过程中会导致熔融不均匀，易产生焊接缺陷。④影响无损检测。存在“内六方”的管子，在射线检测过程中，其内壁的棱角在底片上显示为垂直的条状形貌，若焊接接头存在横向缺陷且与棱角重叠，会导致缺陷漏判或误判。

国内 T91、T92 钢管多采用冷拔或冷轧制造，不会出现管“内六方”情况。

2. 国产奥氏体耐热钢管现状

国内超临界锅炉用 TP304H、TP347H 及 TP347HFG 等奥氏体耐热钢管基本为国内生产，超超临界锅炉用 Super304H、HR3C 钢管主要来自于日本新日铁 - 住金、欧洲的沙士基达 - 曼内斯曼钢管公司（SALZGITTER MANNESMANN GROUP，原为 DMV）和西班牙的吐巴塞克斯（TUBACEX）。

自 2008 年开始，国内一些超超临界锅炉已经采用国产 Super304H 以及 HR3C。国内 Super304H、347HFG 以及 HR3C 钢管制造商主要为浙江久立特材科技股份有限公司、江苏武进不锈股份有限公司、宝钢特钢有限公司（原上钢五厂）、江苏银环精密钢管股份有限公司、太钢（集团）不锈钢有限公司等。

国内一些研究院所、大型锅炉厂对国内生产 Super304H、HR3C 钢管的制造厂的生产设备、生产工艺、质量检测设备、产品验收技术条件和质量控制体系进行了系统调研，并对国内外不同制造商生产的钢管进行了性能收集与对比。结果表明：国内已有多家企业具备 Super304H、HR3C 钢管的生产能力；国产 Super304H、HR3C 钢管的化学成分、各项性能指标满足 GB/T 5310 和 ASME SA-213 的相关规定；国产钢管与国外钢管的性能处于同一水平。

二、国产锅炉受热面钢管与国外钢管性能比对

1. 国产 T92 钢管性能

上海锅炉厂曾对国产冷拔 T92 钢管（$\phi 54 \times 5$mm）进行了化学成分分析、室温 / 高温拉伸、高温持久强度试验、弯管工艺性能、焊接性能、时效后的拉伸、冲击、硬度试验及微观组织变化检查及表面质量、几何尺寸检查，结果表明，国产 T92 钢管的质量满足 GB 5310—2008《高压锅炉用无缝钢管》（该标准最新编号为 GB/T 5310—2017）以及 ASME SA213 的规定，其性能与国外钢管处于同一水平。

图 A-2 示出了国产 T92 钢管 625℃下的持久强度曲线。其 625℃下外推 10^5h 的持久强度为 97.1MPa，远高于按 ASME code case 2179-8 中规定的许用应力乘 1.5 获得的持久强度（84.75MPa）、GB 5310—2008 中的 88MPa 以及 ECCC-2005 中的 81MPa。

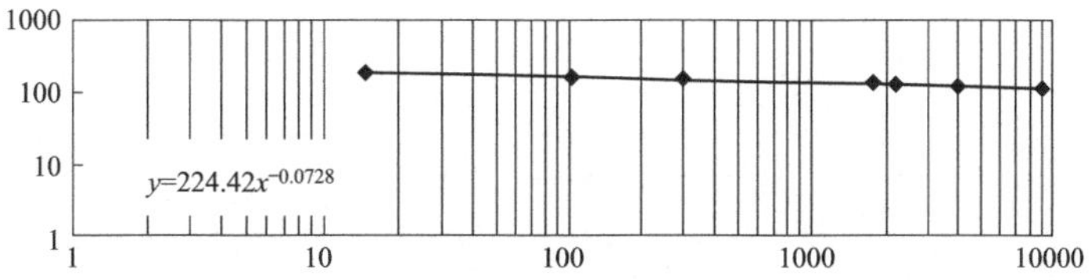

图 A-2　国产 T92 钢管的持久强度曲线（625℃）

国产 T92 钢管的冲击吸收能量 KV_2 为 41J、硬度 214HBW。625℃时效 10000h 后的 KV_2 为 32J、硬度 219HBW，表明时效对 T92 钢管的 KV_2 和硬度影响较小。

对国内外 T91、T92 钢管的常规力学性能、高温蠕变性能、抗蒸汽氧化特性、焊接特性进行了大量的试验研究，结果表明：国产 T91、T92 钢管的化学成分、常规力学性能、高温蠕变性能、抗蒸汽氧化特性以及焊接性能与国外钢管处于同一水平。

2. 国产 Super304H、HR3C 钢管性能

（1）国产 Super304H 钢管性能。国内一些大型锅炉厂和研究院所对国产 Super304H、HR3C 钢管性能进行了大量的试验研究，测试了国产钢管的理化性能、力学性能，工艺性能，特别是高温蠕变强度、老化损伤规律和抗蒸汽氧化性能等，同时与国外钢管的性能进行比较。试验结果表明：国产钢管与的化学成分、各项力学性能，特别是高温蠕变强度以及抗蒸汽氧化性能与国外钢管处于同一水平。

图 A-3 示出了国产 S30432（Super304H）钢管在不同温度下的持久强度曲线，表 A-2 出了国产 S30432 钢管不同温度下外推的持久强度。由表 A-2 可见，由国产钢管的持久强度获得的许用应力高于 ASME code case 2328-2—2010 中的推荐值。

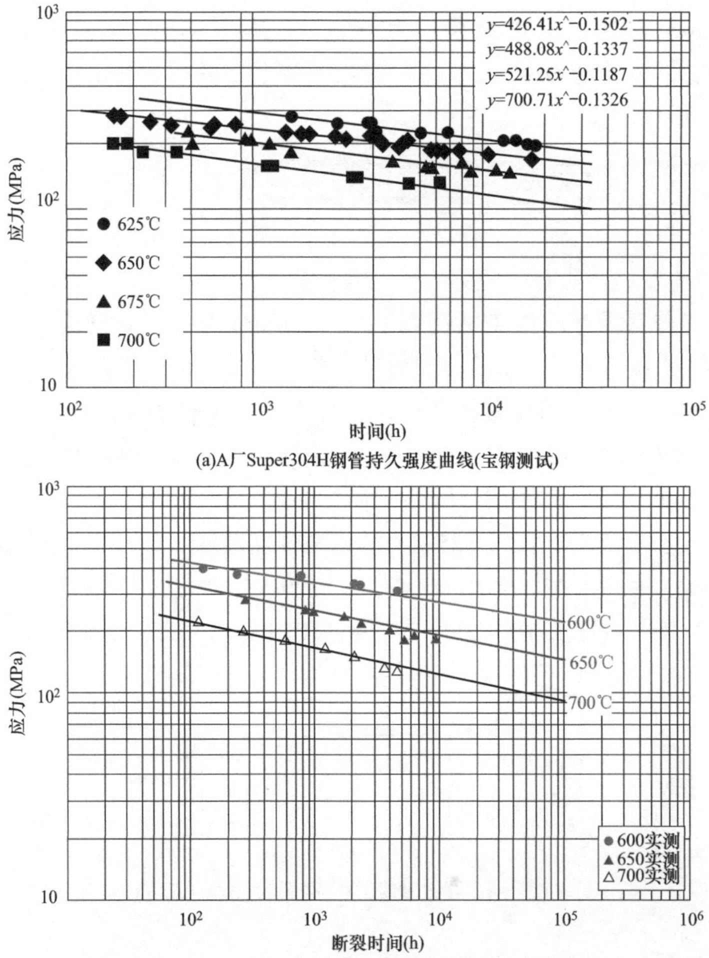

(a)A厂Super304H钢管持久强度曲线(宝钢测试)

(b)A厂Super304H钢管持久强度曲线(钢铁研究总院测试)

图 A-3 国产 S30432 钢管的持久强度曲线（一）

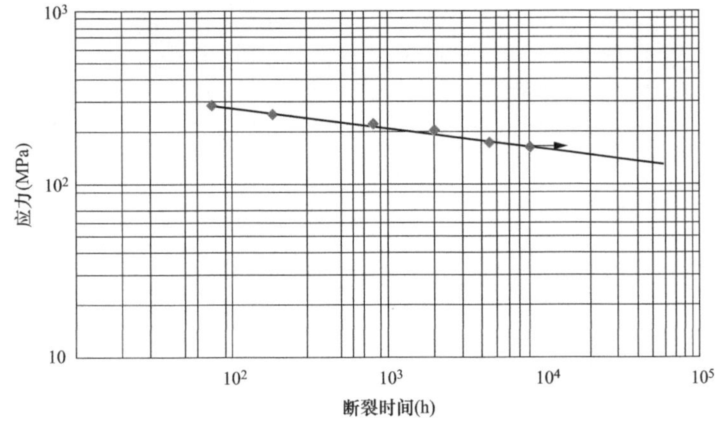

(c)B厂Super304H钢管持久强度曲线(650℃)

图 A-3 国产 S30432 钢管的持久强度曲线（二）

表 A-2　　国产 S30432 钢管不同温度下的持久强度

试验温度（℃）	σ_{10^5}（MPa）	许用应力（MPa）		试验单位
		持久强度除 1.5	ASME code case 2328—2010	
600	209.6	139.7	92.3	钢铁研究总院
625	152.2	101.5	91.3	宝特特钢公司
650	132.9	88.6	78.0	宝特特钢公司
	132.2	88.1	78.0	钢铁研究总院
	122.2	81.5	78.0	久立特材公司科技鉴定证书提供
675	104.7	69.8	61.1	宝特特钢公司
700	75.7	50.5	46.9	宝特特钢公司

图 A-4 示出了国产与住友 Super304H 钢管在 650℃和 700℃下持久强度的比较。由图可见，国产钢管持久断裂的数据点均处于住友钢管的试验数据分散带内的中上限。

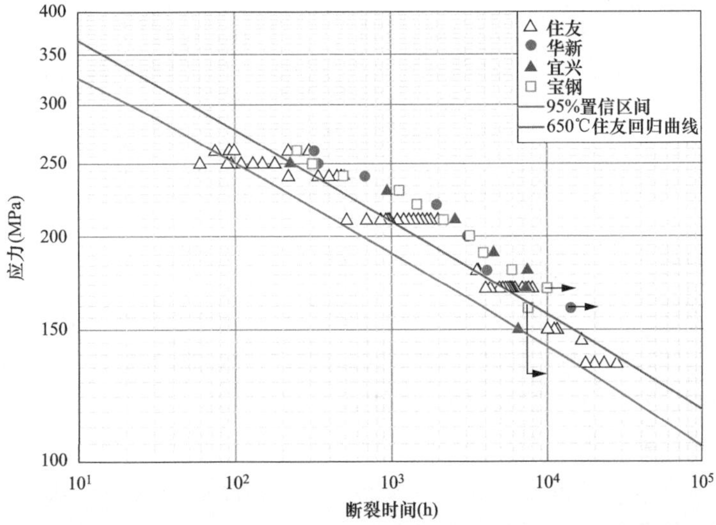

(a)650℃

图 A-4 国产 Super304H 钢管与住友钢管持久强度比较（一）

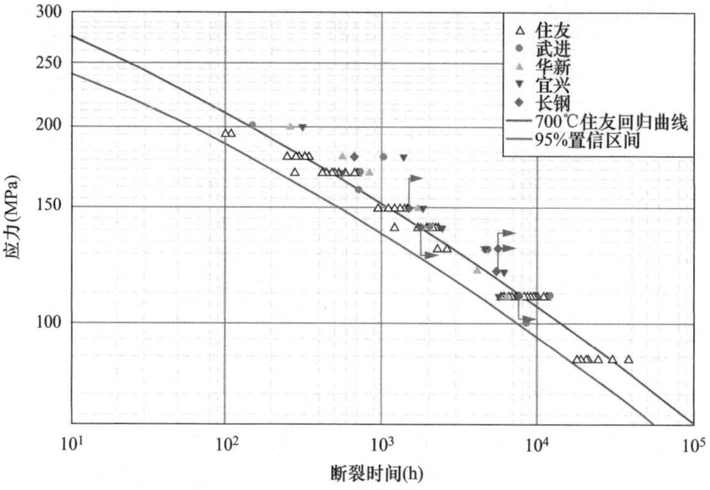

(b)700℃

图 A-4　国产 Super304H 钢管与住友钢管持久强度比较（二）

图 A-5 示出了上海锅炉厂进行的国产 Super304H 钢管焊接接头的持久强度曲线，外推 650℃下 10^5h 的持久强度为 123.9MPa，与母材的持久强度相当。

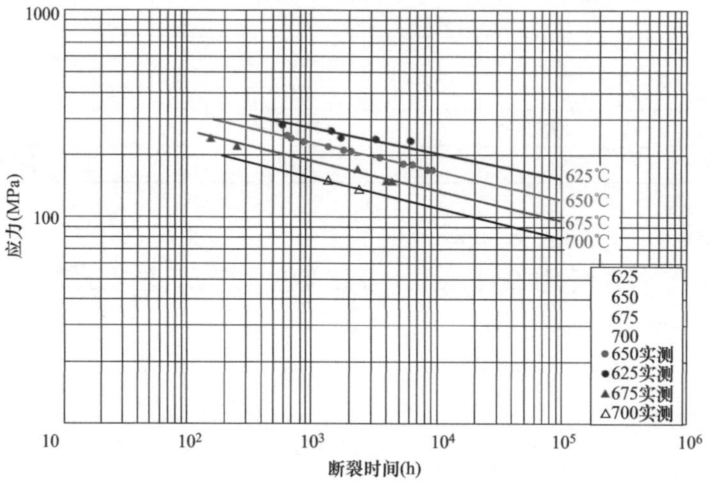

图 A-5　Super304H 钢管焊接接头的持久强度曲线

对国内某钢管厂生产的 Super304H 样管在 700℃下时效不同时间后进行了拉伸、硬度和金相组织试验研究。表 A-3 示出了试样经不同时间时效后的室温拉伸性能和硬度，由表 A-3 可见：样管经不同时间时效后的屈服强度和抗拉强度略有上升，断后伸长率却有明显下降，但这种下降趋势在较短时间内就趋于稳定，随时间的延长下降并不明显，住友钢管的试验结果也有相同的趋势。

图 A-6 示出了国产 Super304H 钢管经高温时效后微观组织形貌，由图 A-6 可见 8000h 时效后微观组织有少许变化，时效后有第二相析出呈弥散分布，且弥散度较大，第二相随时效时间的增长聚集长大趋势不明显，未观察到块状 σ 相。说明该钢管的组织稳定性好。这与时效后的力学性能变化不大的结果相一致。

表 A-3　　　　　　样管时效后的室温拉伸性能和硬度（700℃时效）

时效时间（h）	R_{eL}（MPa）	R_m（MPa）	A（%）	Z（%）	硬度（HB）
0	415/400	675/670	45/44	—	187，195，211
100	425	740	54	57	207，207，219
700	430	740	42	60	229，219，207
1000	405	725	37	63	195，195，199
2000	440	715	37	59	207，207，211
5000	355	715	37	62	181，182，183
8000	415	695	42	62	201，194，202

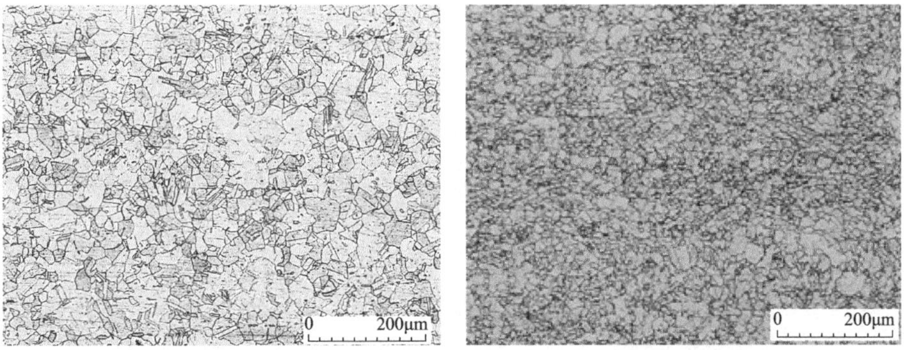

(a)时效前　　(b)时效8000h后

图 A-6　国产 Super304H 钢管高温时效前后的微观组织形貌

对国内某钢管厂生产的内壁喷丸 Super304H 钢管分别在 650℃、700℃进行 1000h 的蒸汽氧化模拟试验，并对蒸汽氧化试验后的试样进行宏观、体视显微镜、金相、扫面电镜、能谱和 X 射线衍射等试验分析。结果表明：国产 Super304H 喷丸管内壁表面呈银灰色金属光泽，有细密凹凸感，微观上呈鱼鳞片状。从微观组织来看，内壁喷丸层厚度在 100～130μm，厚度较均匀（见图 A-7），喷丸管硬度符合 DL/T 1603—2016《奥氏体不锈钢锅炉管内壁喷丸层质量检验及验收技术条件》（见图 A-8），喷丸质量良好。650℃/1000h 和 700℃/1000h 蒸汽氧化试验后试样内表面仍基本保持喷丸的凹凸形态，试样表面形成极薄的氧化膜。经 650℃×1000h 蒸汽氧化试验，喷丸层尚未完成再结晶，仍保留多滑移痕迹；经 700℃×1000h 蒸汽氧化试验，喷丸层基本完成再结晶，但晶粒尺寸远小于基体晶粒尺寸。蒸汽氧化试验后，母材硬度比试验前略有增加，喷丸层硬度则明显下降。650℃下降幅度较小，700℃下降幅度较大，但即使经过 700℃×1000h 蒸汽氧化试验，喷丸层硬度仍明显高于母材硬度。模拟试验结果表明国产 Super304H 喷丸管抗蒸汽氧化性能良好。

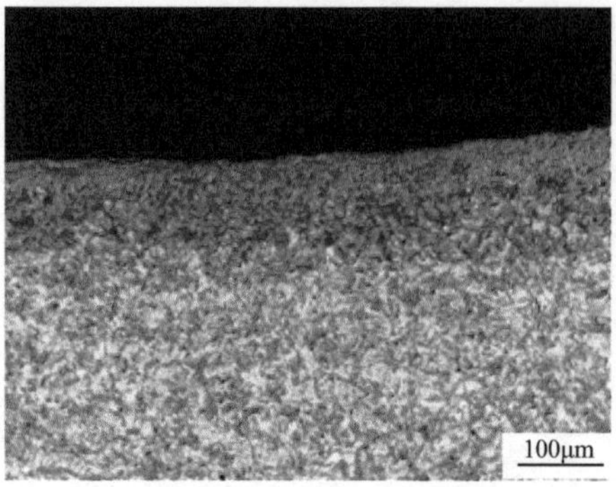

图 A-7　原始管喷丸层金相照片

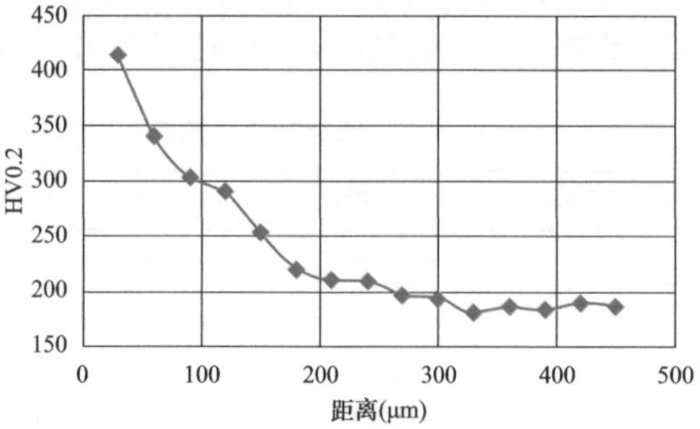

图 A-8　原始管喷丸层的硬度分布

（2）国产 HR3C 钢管性能。东方锅炉厂曾对国产 HR3C 钢管（$\phi51\times11.5$mm）进行了化学成分分析、室温 / 高温拉伸、高温蠕变、晶间腐蚀、焊接性能、扩口与压扁等性能试验，时效后的拉伸、冲击、硬度试验及微观织变化检查及表面质量、几何尺寸检查，结果表明，国产 HR3C 钢管的质量满足 GB 5310—2008 以及 ASME SA213 的规定，其性能与国外钢管处于同一水平。图 A-9 示出了国产 HR3C 钢管 650℃、700℃下的持久强度曲线，650℃、700℃下外推的 100000h 持久强度分别为 109.9MPa、71.2MPa，高于 GB/T 5310—2017 和 ASME Ⅱ -D 推荐的 650℃、700℃的持久强度 103MPa 和 62MPa。

国产 Super304H、HR3C 钢管的坯料多采用宝钢股份特殊钢公司（原上钢五厂）、太原不锈钢股份有限公司、攀枝花长城钢铁有限责任公司、中航上大高温合金材料有限公司、永兴特种不锈钢股份有限公司以及台湾地区的华新丽华集团的盐水钢厂，目前生产出的 Super304H、HR3C 管坯可满足相关标准要求。

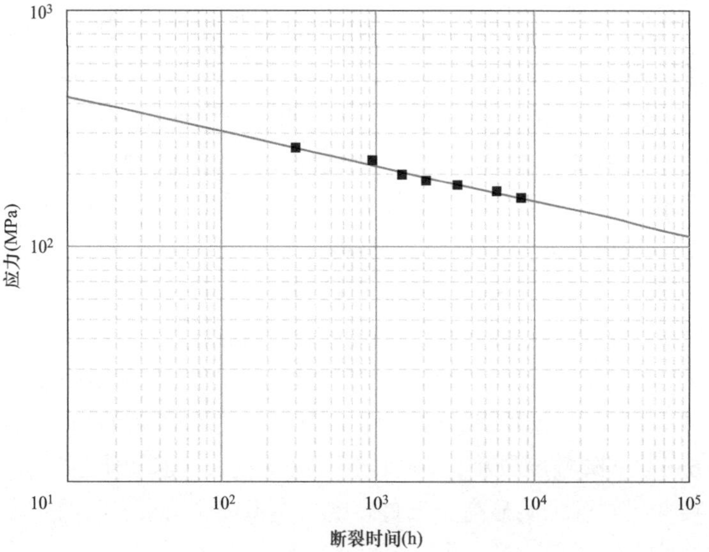

(a)650℃

图 A-9　国产 HR3C 钢管的持久强度曲线（一）

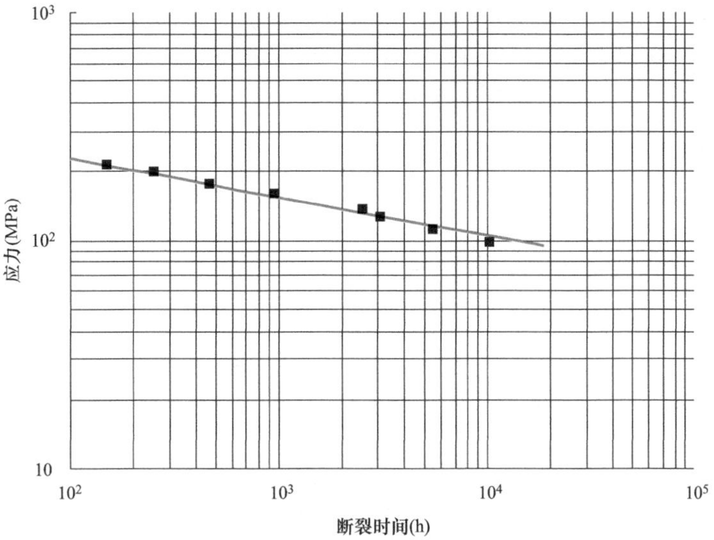

(b)700℃

图 A-9　国产 HR3C 钢管的持久强度曲线（二）

3. 奥氏体不锈钢内壁喷丸

不锈钢管内壁喷丸主要是为了提高抗蒸汽氧化性能。不锈钢内壁经过喷丸后，在管子内壁形成一定深度的细碎变形层，这为高温下不锈钢中的 Cr 原子扩散提供了短程路径。

日本新日铁 - 住金、西班牙的吐巴塞克斯（TUBACEX）和欧洲的沙士基达 - 曼内斯曼钢管公司均可进行奥氏体不锈钢的内壁喷丸。国内的上海新亚欣科技有限公司、GE 公司武汉锅炉厂、浙江久立特材科技股份有限公司、江苏武进不锈股份有限公司、江苏银环精密钢管股份有限公司等均可进行喷丸。随着喷丸工艺的不断改进，目前国内与国外公司的喷丸质量已无明显差异。

不锈钢管内壁喷丸效果的检测评价主要有显微硬度法和金相法。

日本住友公司对不锈钢内壁喷丸层的检验采用金相法。首先对不锈钢进行敏化，使浸蚀能较为明显地显示喷丸区；第二步浸蚀以备金相检验；第三步是在钢管横截面上相隔 90° 四个点进行检测，喷丸层深度定义是碳化物析出区深度。要求四个点所测的喷丸层深度的平均值不低于 40μm。此法为国外钢管厂的主要检测方法，但敏化耗时较长。

GE 公司采用显微硬度法：测试距内表面 40μm 处喷丸后的硬度值，要求该处的显微硬度比基体硬度高 100HV。

DL/T 1603—2016《奥氏体不锈钢锅炉管内壁喷丸层质量检验及验收技术条件》中规定了喷丸层采用金相法或显微硬度法测定。正常喷丸层的显微组织从内壁表面向基体依次分为碎化晶层、多滑移层和单滑移层，金相法测得的有效喷丸层深度是指从喷丸钢管内表面垂直方向测量到规定的单滑移层界面的距离（见图 1-27）。显微硬度法测得的有效喷丸层深度是指从喷丸层表面垂直方向测量到比基体显微硬度高 100HV 的硬化层距离。有效喷丸层最小深度：金相法测量深度不小于 75μm，硬度法测量深度不小于 60μm。

国内某钢管厂对 Super304H 钢管的内壁喷丸层形貌和硬度检测结果见图 A-7 和图 A-8，满足 DL/T 1603—2016 的规定。

4. 工艺性能

东方、上海和哈尔滨锅炉厂分别对国产 Super304H、HR3C 钢管进行压扁、扩口试验（见图 A-10），各样管试验后均未出现裂缝或裂纹，工艺性能满足相关规范要求。

同时，各锅炉厂对国产 Super304H、HR3C 钢管进行的焊接试验表明，焊缝拉伸、冲击、硬度、金相组织、弯曲等均满足相关标准规定，焊缝未出现裂纹。

图 A-10 Super304H、HR3C 钢管的压扁、扩口试验形貌

三、国产锅炉受热面钢管的应用

2010 年之后，T91 钢管基本为国内钢管厂供货，不少超超临界锅炉也开始采用国产 T92 钢管。表 A-4 出了哈尔滨锅炉厂关于国产 T92 钢管的应用业绩（截至 2018 年 3 月）。

表 A-4 哈尔滨锅炉厂关于国产 T92 钢管的应用业绩

电厂名称	机组类型及容量	数量（t）	服役时间及状态
华电西塞山电厂	600MW 超超临界机组	54	1 号炉 2010 年 12 月投运 2 号炉 2014 年 4 月投运
华能福州电厂	600MW 超超临界机组	60	5 号炉 2010 年 7 月投运 6 号炉 2014 年 11 月投运
浙能嘉兴电厂	1000MW 超超临界机组	106.8	7 号炉 2011 年 6 月投运 8 号炉 2011 年 10 月投运
华能岳阳电厂	600MW 超超临界机组	54	5 号炉 2011 年 1 月投运 6 号炉 2011 年 7 月投运
华润焦作电厂	660MW 超超临界机组	31	1 号炉 2014 年 12 月投运 2 号炉 2015 年 6 月投运
华能长兴电厂	660MW 超超临界机组	152.7	1 号炉 2014 年 12 月投运 2 号炉 2014 年 12 月投运

续表

电厂名称	机组类型及容量	数量（t）	服役时间及状态
华能安源电厂	660MW 超超临界机组	59.4	1 号炉 2015 年 6 月投运 2 号炉 2015 年 8 月投运
华能莱芜电厂	1000MW 超超临界机组	193	1 号炉 2015 年 12 月投运 2 号炉 2016 年 11 月投运
大南湖电厂	660MW 超超临界机组	142.9	1 号炉 2015 年 12 月投运 2 号炉 2016 年 2 月投运
国家电投协鑫滨海电厂	1000MW 超超临界机组	156	1 号炉 2017 年 9 月投运 2 号炉 2017 年 11 月投运
大唐三门峡	1000MW 超超临界机组	47.4	1 号炉 2017 年 1 月投运
粤电博贺电厂	1000MW 超超临界机组	180	1、2 号炉。统计时还未投运
华电句容电厂	1000MW 超超临界机组	184.2	3、4 号炉。统计时还未投运
华能大坝电厂	660MW 超超临界机组	110	1、2 号炉。统计时还未投运
国电方家庄电厂	1000MW 超超临界机组	69.7	1、2 号炉。统计时还未投运
中煤五彩湾电厂	660MW 超超临界机组	66.2	1、2 号炉。统计时还未投运
特变电淮东电厂	660MW 超超临界机组	51	1、2 号炉。统计时还未投运
山西古交三期	660MW 超超临界机组	39.7	1、2 号炉。统计时还未投运
新疆东方希望	660MW 超超临界机组	118.7	1、2、3 号炉。统计时还未投运
大唐平罗	660MW 超超临界机组	15.9	1、2 号炉。统计时还未投运

注　表中有的机组类型及容量和机组服役时间及状态信息可能与实际有偏差。

自 2008 年开始，国内一些超超临界锅炉采用国产 Super304H 以及 HR3C 钢管。表 A-5 示出了东方锅炉厂和哈尔滨锅炉厂关于国产 Super304H 钢管的应用业绩。

表 A-5　　　　国产 Super304H 钢管的应用业绩

电厂名称	机组类型及容量	数量（t）	服役时间及状态
大唐信阳电厂	660MW 超超临界机组	245	3 号炉 2009 年 3 月投运
华能井冈山电厂	600MW 超超临界机组	534	3 号炉 2009 年 12 月投运
大唐吕四港电厂	660MW 超超临界机组	51	2 号炉 2010 年 2 月投运
华电灵武电厂	1000MW 超超临界机组	625.2	1 号炉 2010 年 12 月投运 2 号炉 2011 年 4 月投运
国华绥中电厂	1000MW 超超临界机组	257.2	3 号炉 2010 年 2 月投运
新乡中益电厂	660MW 超超临界机组	638	1 号炉 2015 年 2 月投运 2 号炉 2015 年 3 月投运
鹤壁鹤淇电厂	600MW 超超临界机组	376	1 号炉 2015 年 12 月投运 2 号炉 2015 年 3 月投运
中铝宁夏银星电厂	600MW 超超临界机组	350	1 号炉 2017 年 1 月投运 2 号炉 2017 年 2 月投运
深能保定西北郊热电厂	2×350MW 超临界机组	104	1 号炉 2017 年 12 月投运

续表

电厂名称	机组类型及容量	数量（t）	服役时间及状态
江西新昌电厂	660MW 超超临界机组	—	2 号炉 2010 年 2 月投运
江苏射阳港电厂	660MW 超超临界机组	—	5 号炉 2011 年 8 月投运 6 号炉 2013 年 8 月投运
国电投合川电厂	660MW 超超临界机组	4	4 号炉 2014 年 8 月投运
大唐蔚县电厂	2×660MW 超超临界机组	455	1 号炉 2018 年 10 月投运 2 号炉。统计时还未投运
新疆潞安能源准东电厂	2×660MW 超超临界机组	669	统计时还未投运
河北邯峰电厂	660MW 超临界机组	153	2 号炉技术改造
山西漳泽电厂	2×1000MW 超超临界机组	1380	统计时还未投运
华电可门电厂	技改项目	259	
新疆五家渠电厂	1100MW 超超临界机组	128	统计时还未投运
芜湖二期	1000MW 超超临界机组	477.3	统计时还未投运

注 表中有的机组类型及容量和机组服役时间及状态信息可能与实际有偏差。

东方锅炉厂将国产 HR3C 钢管用于山东信发铝电集团公司投资的新疆五家渠 1100MW 超超临界机组锅炉，至 2018 年底已运行 2 年。哈尔滨锅炉厂在新疆五家渠 1100MW 超超临界机组锅炉中使用国产 HR3C 钢管 196.4t，在大唐蔚县电厂 660MW 超超临界机组 1、2 号炉用 181.6t。

随着国产钢管质量的不断提高，会有越来越多的新建机组和机组的更新改造采用国产钢管。

附录 B

火电机组金属部件的硬度检测与控制

对于工程中的金属部件，不可能在每个部件上取样进行材料的力学性能试验，但可方便地进行硬度检测。材料的硬度与抗拉强度有良好的对应关系，所以可通过硬度检测间接方便地估算金属部件的强度，进而评估部件的安全使用性能。GB/T 1172《黑色金属硬度及强度换算值》、GB/T 33362—2016《金属材料硬度值的换算》、DIN EN ISO 18265《金属材料硬度换算》（*Metallic materials Conversion of hardness values*）中规定了金属材料硬度与抗拉强度的对应关系。GB/T 33362—2016 为 DIN EN ISO 18265 翻译的等同采用标准。美国电力科学研究院《高可靠性火电厂技术规范和导则 T/P91 钢制部件的制造和安装最佳技术导则》（第 2 版）（*Guidelines and Specification for High-Reliability Fossil Power Plants　Best Practice Guideline for manufacturing and Construction of Grade 91 Steel Components*）也强调，硬度检测非常重要。DL/T 438—2016《火力发电厂金属技术监督规程》中规定了电站设备金属部件的硬度范围。因此，电站金属部件及焊缝的硬度检测与控制，具有重要的技术意义和工程应用价值。

一、相关标准对火电机组用钢的硬度规定

1. 钢管的硬度规定

（1）无缝钢管的硬度规定。关于火电机组汽水管道无缝钢管的硬度，美国 ASME（American Society of Mechanical Engineers）与 ASTM（American Society of Testing Materials）相关规范中硬度的规定基本相同，除 P91 钢管规定了硬度范围（190～250HBW）外，其他材料只规定了硬度上限而无下限。ASME 中关于锅炉压力容器管材标准，基本等效采用 ASTM 标准，个别条款略作改动。例如，ASME SA-335 中 9.3 条规定，P91、P92、P911、P122 和 P36 钢管的硬度不超过 250HB，P23 钢管的硬度不超过 220HB。在 ASTM　A-335 中 9.3 条规定，P91 的硬度为 190～250HBW，P92、P122 和 P36 钢管的硬度不超过 250HB。

表 Z2-1 列出了 ASME SA-335 与 ASTM A-335《高温用无缝铁素体合金钢管技术条件》（*Specification for Seamless Ferritic Alloy-Steel Pipe for High-Temperature Service*）、ASME SA-213 和 ASTM A-213《锅炉、过热器和热交换器用无缝铁素体、奥氏体合金钢管技术条件》（*Specification for Seamless Ferritic and Austenitic Alloy-Steel Boiler, Superheater and Heat-Exchanger Tubes*）中关于大口径钢管（外径≥89mm）与小口径钢管（外径≤89mm）的硬度规定。由表 B-1 可见，除 ASTM A-335 与 ASTM A-213 中对

T/P91 规定了硬度范围之外，ASME SA-213 与 ASME SA-335 对所有材料只规定硬度上限而无下限。

表 B-1　ASTM、ASTM 相关标准中对无缝钢管的硬度规定

材料牌号	硬度（HBW）		备注
	ASTM A-335	ASME SA-335	
P24、P36、P92、P122、P911	≤250		大口径钢管
P91	190～250	190～250	
P23		≤220	
T91、T115	190～250	190～250	小口径钢管
T92、T911、T122、T24、T36	≤250	≤250	
T23	≤250	≤220	
T12 及所有其他低合金钢	≤163	≤163	
TP304H、TP347H、TP347HFG、TP316H、TP321H	≤192	≤192	
S30432（Super304H）	≤219	≤219	
TP310HCbN（HR3C）	≤256	≤256	

美国 ASME 与 CSEE（中国电机工程学会）2010 年 6 月在西安举行的超（超）临界火电机组 P91/P92 钢技术研讨会上，ASME 高温材料委员会介绍其对 9%～12%Cr 钢的硬度控制，原材料硬度为 195～250HBW，考虑到后续加工（例如焊后热处理），要求最小硬度增加到 200～210HBW。焊前进行硬度检验（焊缝 2 侧，每个截面 4 点），不小于 195HBW。

GB 5310—2008《高压锅炉用无缝钢管》中关于锅炉用钢管的硬度规定，完全参照 ASME SA-213 与 ASME SA-335 中的规定。在 GB/T 5310—2017 中关于火电机组汽水管道材料的硬度范围，参照了 DL/T 438—2016 的规定。表 B-2 列出了 DL/T 438—2016 与 GB/T 5310—2017 中关于火电机组锅炉用汽水管道用无缝钢管的硬度规定。

表 B-2　DL/T 438—2016 与 GB/T 5310—2017 中对无缝钢管的硬度规定

材料牌号	硬度（HBW）	
	DL/T 438—2016	GB/T 5310—2017
20G	120～160	120～160
25MnG、A106B、A106C、A210C	130～180	130～180
20MoG、STBA12、16Mo3	125～160	125～170
12CrMoG、15CrMoG、P2、T/P11、T/P12	125～170	125～170
12Cr2MoG、T/P22、10CrMo910	125～180	125～180
12Cr1MoVG	135～195	135～195
15Cr1Mo1V	145～200	—

续表

材料牌号	硬度（HBW）	
	DL/T 438—2016	GB/T 5310—2017
T23/07 Cr2MoW2VNbB	150～220	150～220
12Cr2MoWVTiB（G102）	160～220	160～220
WB36/15NiCuMoNb5-6-4/15NiCuMoNb5 15Ni1MnMoNbCu/P36	185～255	185～255
10Cr9Mo1VNbN/T91/P91 10Cr9MoW2VNbBN/T92/P92 10Cr11MoW2VNbCu1BN/T122/P122 X20CrMoV121、X20CrMoWV121 CSN41 7134 等	185～250	185～250
07Cr19Ni10/TP304H 07Cr18Ni11Nb/TP347H、TP347HFG 07Cr19Ni11Ti/TP321H	140～192	140～192
10Cr18Ni9NbCu3BN/S30432	150～219	150～219
07Cr25Ni21NbN/HR3C	175～256	175～256

欧洲的 DIN EN 10216-2《承压无缝钢管技术条件　第 2 部分　高温用碳钢和合金钢钢管》（*Seamless steel tubes for pressure purposes-Technical delivery conditions-Part 2: Non alloy and alloy steel tubes with specified elevated temperature properties*）和 DIN EN 10216-5《承压无缝钢管技术条件　第 5 部分：不锈钢管》（*Seamless steel tubes for pressure purposes-Technical delivery conditions-Part 5:Stainless steel tubes*）中对钢管的硬度无规定。

DL/T 438—2016《火力发电厂金属技术监督规程》对 9%～12% 系列的钢管硬度规定为 185～250HBW，由 9%～12% 系列的钢管制作的蒸汽管道、高温集箱和锅炉受热面管屏的硬度规定为 180～250HBW，同时对低合金钢制汽水管道、集箱的硬度范围做了规定。规定硬度上限的目的在于保障材料的韧性，规定下限在于保障材料的强度。

比较 ASME SA335、ASME SA213、DIN EN 10216 与 GB/T5310，可见：ASME SA335、ASME SA213 中规定了钢管的硬度上限和拉伸屈服强度、抗拉强度的下限，但无冲击吸收能量 KV_2 的规定；DIN EN 10216 中无钢管硬度规定，但规定了抗拉强度范围（规定了抗拉强度上限）和最低冲击吸收能量 KV_2。尽管 DIN EN 10216 中无硬度规定，但规定了抗拉强度上限即规定了硬度上限，因为金属材料的硬度与抗拉强度有良好的对应关系，同时规定了最低 KV_2，即保障了材料的韧性；ASME SA335、ASME SA213 中虽没规定 KV_2，也没规定抗拉强度的上限，但限制最高硬度即限制了抗拉强度，也保障了材料的韧性。所以不同的标准对材料的性能规定有差异，但其本质上是相同的，既要保证材料的强度，也要保证材料的韧性。

（2）电熔焊钢管的硬度规定。ASME SA-672《中温高压用电熔化焊钢管》（*Specification*

for Electric-Fusion-Welded Steel Pipe for High-Pressure Service at Moderate Temperatures）和 ASME SA-691《高温、高压用碳素钢和合金钢电熔化焊钢管》（*Specification for Carbon and Alloy Steel Pipe Electric-Fusion-Welded for High-Pressure Service at High Temperatures*）在补充技术条款中规定，在钢管两端进行焊缝及附近母材硬度检测，ASME SA-672 中规定硬度控制范围由用户与制造商协商；ASME SA-691 中规定了硬度上限，但无下限。例如，A691 1-1/4CrCL11、A691 2-1/4CrCL22 的硬度上限规定≤201HBW。DL/T 438—2016 中规定 SA672 B70CL22、SA672 B70CL32 的硬度为 130～185HBW，SA691 1-1/4CrCL22、SA691 1-1/4CrCL32 的硬度为 150～200HBW。

2. 管件的硬度规定

ASME SA-182《高温用锻制或轧制合金钢和不锈钢法兰、锻制管件、阀门和部件技术条件》（*Specification for forged or rolled alloy and stainless steel pipe flanges, forged fittings, and valves and parts for high-temperature service*）规定了低合金钢、9%～12%Cr 系列钢制锻件的硬度，大多数材料规定了硬度范围，表 B-3 列出了相关材料的硬度规定。DL/T 438—2016 和 DL/T 695—2014 "电站钢制对焊管件" 规定了电站常用碳钢、低合金钢、9%～12% Cr 系列钢以及不锈钢制管件的硬度，大多数材料规定了硬度范围。

ASME SA-234《用于中、高温的锻制碳钢及合金钢管件技术条件》（*Specification for Piping Fittings of Wrought Carbon Steel and Alloy Steel for Moderate and High Temperature Service*）、GB/T 12459—2017《钢制对焊管件　类型与参数》和 GB/T 13401—2017《钢制对焊管件　技术规范》规定了管件的硬度上限而无下限。ASME SA-234 中规定 9%Cr 系列的 WP91 和 WP911 钢制锻件的硬度≤248HBW（最高硬度与 ASME SA-182 相同），其余碳钢、Cr-Mo 系列低合金钢制锻件的硬度≤197HBW。GB/T 12459—2018 和 GB/T 13401—2018 规定碳钢管件硬度≤156HBW，C-Mn 钢管件硬度≤170HBW，Cr-Mo（V）系列低合金钢制管件硬度≤180HBW，奥氏体不锈钢制管件硬度≤190HBW。若不规定管件的硬度或抗拉强度下限，对工程中出现硬度偏低的管件则无法判断。

DL/T 515—2018《电站弯管》中规定了合金钢弯管应在热处理后逐根进行硬度检验，按照 GB/T 231.1 或 GB/T 17394 用硬度计分别在弯曲部分的受拉侧和中性侧各检验 3～5 点，每点取 5 个读数的平均值作为该测点的硬度。但未规定管件的硬度判据。

表 B-3　　相关标准对管件 的硬度规定

材料牌号	硬度（HBW）		
	ASME SA-182	DL/T 438	DL/T 695
Q235、10、20、Q245R、20G			≤156
Q295、Q345、Q345R、20MnG			≤170
A105			137～187

续表

材料牌号	硬度（HBW）		
	ASME SA-182	DL/T 438	DL/T 695
A106B、A106C、A515、A672B70		130～197	130～197
12Cr1MoVG、12Cr1MoVR、12CrMoG 15CrMoG、15CrMoR			≤180
12Cr2MoG、12Cr2Mo1R、P2、P11、P12、P22、 10CrMo910、A387 Gr.11、A387 Gr.22.			130～197
P21、12Cr1MoVG		130～197	
F2	143～192		
F11-1、F12-1	121～174	121～174	121～174
F11-2、F12-2	143～207	143～207	143～207
F21	156～207		
F22-1	≤170	130～170	130～170
F22-3	156～207	156～207	156～207
F91、WP91	190～248	175～248	175～248
F92	≤269	180～269	180～269
F122	≤250		
WB36//P36/15NiCuMoNb5-6-4 15NiCuMoNb5/15Ni1MnMoNbCu			180～252
F911 WP911	187～248		
P91、P92、P122、X20CrMoV11-1 X11CrMoWVNb9-1-1		180～250	180～250
A691 Gr.1-1/4 Cr、A691 Gr.2-1/4 Cr		130～197	130～197

3. 锅炉压力容器用锻件的硬度规定

GB/T 33084—2016《大型合金结构钢锻件　技术条件》中规定了合金结构钢锻件的热处理状态、板厚、拉伸性能、冲击性能和硬度范围。DL/T 438—2016 规定了锅炉压力容器常用碳钢、合金钢和不锈钢锻件的硬度范围。

NB/T 47008—2010《承压设备用碳素钢和合金钢锻件》仅对壁厚≤100mm 的 20、35、16Mn 钢制锻件规定了硬度范围，Cr-Mo、Mn-Mo 系列的低合金钢和 F91 均未规定硬度，但在 NB/T 47008—2017 中规定了碳素钢和合金钢锻件的热处理状态、板厚、拉伸性能、冲击性能和硬度范围。NB/T 47010—2010《承压设备用不锈钢和耐热钢锻件》仅对壁厚≤150mm 的 Ⅰ 级锻件铁素体型耐热不锈钢 S11306（06Cr13）和奥氏体型耐热不锈钢 S30408（06Cr19Ni10）钢制锻件规定了硬度范围，其余不锈钢锻件均未规定硬度，但在 NB/T 47010—2017 中规定了不锈钢和耐热钢锻件的热处理状态、板厚、拉伸性能、冲击性能和硬度范围。根据承压设备用锻件相关标准对硬度规定的变化，表明在锻件的质量控制中越来越重视硬度的检测。

4. 锅炉压力容器与汽轮机铸钢件硬度规定

JB/T 10087—2016《汽轮机承压铸钢件　技术条件》和 JB/T 7024—2014《300MW 及以上汽轮机缸体铸钢件　技术条件》规定了铸钢件的硬度范围（见表 B-4）。JB/T 11018—2010《超临界及超超临界机组汽轮机用 Cr10 型不锈钢铸件　技术条件》规定 9%～12%Cr 系列铸件件硬度≤260HBW。JB/T 3073.5—1993《汽轮机用铸造静叶片　技术条件》规定了铸造静叶片的硬度范围（见表 B-4），但明确硬度不作为验收依据。DL/T 438—2016 规定了火电机组常用铸钢件的硬度。

NB/T 47044—2014“电站阀门”中关于阀门铸钢件技术条件，在规范性引用文件中引用了 GB/T 12229—2005《通用阀门　碳素钢铸件技术条件》、GB/T 12230—2005《通用阀门　不锈钢铸件　技术条件》，以及 JB/T 5263—2005《电站阀门铸钢件　技术条件》和 JB/T 9625—1999《锅炉管　附件承压铸钢件　技术条件》，这几个引用标准对铸钢件均无硬度规定。

ASME SA-217《高温用马氏体不锈钢和合金钢铸件技术条件》（*Specification for Steel Castings*，*Martensitic Stainless and Alloy*，*Suitable for High Temperature Service*）和 ASTM A-356《汽轮机用厚壁碳钢、低合金钢和不锈钢铸件技术条件》（*Specification for Steel Castings*，*Carbon*，*Low Alloy*，*and Stainless Steel*，*Heavy-Walled for Steam Turbines*）中也无对铸钢件的硬度规定。

鉴于工程中阀门壳体铸钢件常发现裂纹及其他铸造缺陷，特别是堵阀裂纹及开裂严重，所以尽管对阀壳铸钢件没有硬度规定，但可参照汽轮机铸钢件的硬度规定，对阀门壳体铸钢件硬度进行检测，为阀门铸钢件质量状态的评价提供技术支持。

表 B-4　　相关标准对汽轮机铸钢件的硬度规定

材料牌号	硬度（HBW）		
	JB/T 7024	JB/T 10087	JB/T 3073.5
ZG20CrMo	135～180 正火 + 回火	135～185	
ZG15Cr1Mo、ZG15Cr2Mo1	140～220 正火 + 回火	140～220	
ZG17Cr1Mo		140～200	
ZG20CrMoV、ZG15Cr1Mo1V	140～220 退火 + 正火 + 回火	160～220	
ZG17Cr1Mo1V		160～220	
ZG15Cr1Mo1VTi	170～230 正火 + 回火		
ZG13Cr10MoNiVNbN		≤260	
ZG11Cr10Mo1NiWVNbN		220～260	

续表

材料牌号	硬度（HBW）		
	JB/T 7024	JB/T 10087	JB/T 3073.5
ZG1Cr13			187～235
ZG2Cr13			207～255
ZG1Cr11MoV			197～241
ZG1Cr12MoWV			197～229

5. 汽轮发电机锻件硬度规定

关于汽轮机转子锻件，相关标准仅规定转子周向、轴向的硬度差，即在两轴颈及轴身部位的外圆表面每隔 90° 各测一点。同一圆周上各点间的硬度差不超过 30HBW，在同一轴线上的硬度差不超过 40HBW，但均未规定硬度限值。JB/T 11030—2010《汽轮机高低压复合转子锻件　技术条件》中仅规定同一圆周上各点间的硬度差不超过 30HBW，而未规定同一轴线上相同材料的硬度差。

JB/T 1266—2014《25MW～200MW 汽轮机轮盘及叶轮锻件　技术条件》中规定：在轮缘和轮毂半径方向上每隔 90° 各测一点，轮缘和轮毂间任意两点的硬度差不超过 40HBW，轮缘各点间和轮毂各点间的硬度差不超过 30HBW。

关于发电机转子锻件，相关标准规定了转子周向、轴向硬度差，例如，JB/T 1267—2014《50MW～200MW 汽轮发电机转子锻件　技术条件》、JB/T 8705—2014《50MW 以下汽轮发电机无中心孔转子锻件　技术条件》、JB/T 8706—2014《50MW～200MW 汽轮发电机无中心孔转子锻件　技术条件》、JB/T 8708—2014《300MW～600MW 汽轮发电机无中心孔转子锻件　技术条件》和 JB/T 11017—2010《1000MW 及以上火电机组发电机转子锻件　技术条件》，与汽轮机转子一样，同一圆周上各点间的硬度差不超过 30HBW，同一轴线上的硬度差不超过 40HBW。

6. 紧固件与汽轮机叶片硬度规定

GB/T 8732—2004《汽轮机叶片用钢》中规定了常用叶片钢的硬度范围。

GB/T 20410—2006《涡轮机高温螺栓用钢》和 DL/T 439—2018《火力发电厂高温紧固件技术导则》对高温紧固件均规定了硬度范围；GB/T 1221—2017《耐热钢棒》中规定了奥氏体型、铁素体型、马氏体型和沉淀硬化型耐热钢棒的硬度上限；GB/T 3098.1—2010《紧固件机械性能 螺栓、螺钉和螺柱》中规定了不同性能级别的碳钢、合金钢制螺栓、螺钉和螺柱的硬度范围。

国内外各汽轮机制造商也规定了高温螺栓、叶片的硬度范围或上限。

7. 焊缝的硬度规定

关于电站部件焊缝的硬度控制，DL/T 869—2012《火力发电厂焊接技术规程》中规定“7.3.1 同种钢焊接接头热处理后焊缝的硬度，不超过母材硬度值加 100HBW，且不超过下列规定：合金总含量小于或等于 3%，硬度值不大于 270HBW；合金总含量小于 10%，且不小于 3%，硬度值不大于 300HBW。7.3.2 异种钢焊接接头焊缝硬度检验应遵照 DL/T 752 的规定。7.3.3 焊缝硬度不应低于母材硬度的 90%。”

DL/T 752—2010《火力发电异种钢厂焊接技术规程》中规定：对焊后进行热处理的焊接接头，焊缝硬度不应超出两侧母材硬度平均值的 30% 或低于较低侧硬度的 90%；对焊后不进行热处理和采用奥氏体型或镍基焊材的焊接接头，可不进行硬度检验。

美国 ASME《锅炉压力容器规范　第 I 卷 动力锅炉建造规程》（*Boiler and Pressure Vessel Code*，*Setion I*，*Rules for Constraction of Power Boilers*）中对焊缝硬度未作规定，美国电力科学研究院（EPRI）制定的《高可靠性火电厂技术规范和导则　T/P91 钢制部件制造、安装技术导则 -2015》（第 2 版）规定，T/P91 钢管的硬度控制在 190～250HBW，但不适用于焊缝的熔合线区和在役部件。DL/T 438—2016 规定：9%～12%Cr 系列钢制高温蒸汽管道和高温集箱焊缝硬度应控制在 185HBW～270HBW，考虑到焊缝热影响区（HAZ）的硬度往往会略低于焊缝与母材的硬度，故规定热影响区的硬度应高于 175HBW；9%～12%Cr 钢制锅炉受热面管焊缝的硬度应控制在 185～290HBW。欧洲的 BS EN ISO 15614-1《金属材料焊接工艺技术规范和质量控制—焊接工艺试验　第 1 部分：钢的氩弧焊和气体焊、镍和镍基合金氩弧焊》（*Specification and qualification of welding procedures for metallic materials-Welding procedure test -Part 1: Arc and gas welding of steels and arc welding of nickel and nickel alloys*）中规定：碳钢和碳锰钢、Cr-Mo 系列低合金钢焊缝硬度≤320HV（相当于 304HBW），9%Cr-1%Mo-0.35%V 系列钢焊缝硬度小于或等于 350HV（相当于 333HB）。但在该焊接工艺评定规程中，同时规定焊缝的夏比缺口冲击吸收能量 KV_2 与母材一致，3 个试样的平均值应满足标准规定，单个试样的 KV_2 应高于母材最小平均值的 70%；焊接接头弯曲试验后受拉伸弧面不应出现裂纹。

关于焊接接头的硬度检测，BS EN ISO 15614-1 中规定：对焊缝、两侧热影响区母材应至少各检测三点，对热影响区，第一个测点应尽可能靠近熔合线。

焊缝硬度偏高，会导致焊缝韧性下降。某电厂 1000MW 机组 T91 钢制二级过热器上部管屏焊缝硬度高达 309～369 HBW，随机割取 6 根管样对焊接接头进行弯曲试验，其中硬度为 337、350HBW 和 369HBW 的 3 个管样弯曲开裂，金相组织检查发现焊缝马氏体组织粗大（见图 1-72、图 1-73），晶粒度 2 级，与焊接过程中线能量偏高有关。DL/T 438—2016 规定 T91、T92 钢焊缝硬度为 185～290HBW，P91、P92 钢焊缝硬度为 185～270HBW，对焊缝硬度上限的规定充分考虑了焊缝的韧性。

二、金属部件硬度偏离正常值的原因

材料成分的偏差、钢件表面脱碳会导致部件硬度的不均匀或偏低。加热炉有效加热区内不同部位的炉温偏差、热处理时加热温度偏高或偏低、仪表指示温度与部件实际温度的差异及仪表指示温度与部件实际温度的非同时性、保温时间不足、或冷却能力不足等均会造成钢件硬度的偏低或偏高。

图 B-1 示出了 P91 钢管（ID273×30mm）表面脱碳对硬度的影响，如图 B-1 所示：

表面脱碳后的硬度约 150HBW，脱碳层下母材的硬度约 255HBW，脱碳层厚度近 1.5mm。采用轧制、一次挤压、顶管等工艺制作的钢管表面脱碳应很薄，在钢管外表面修磨工艺过程中通常会消除，但对于有可能多次加热锻造的钢管，由于在炉内加热次数较多，产生脱碳的概率增大。所以对钢管硬度和金相组织的检查，最好了解钢管的制作工艺。

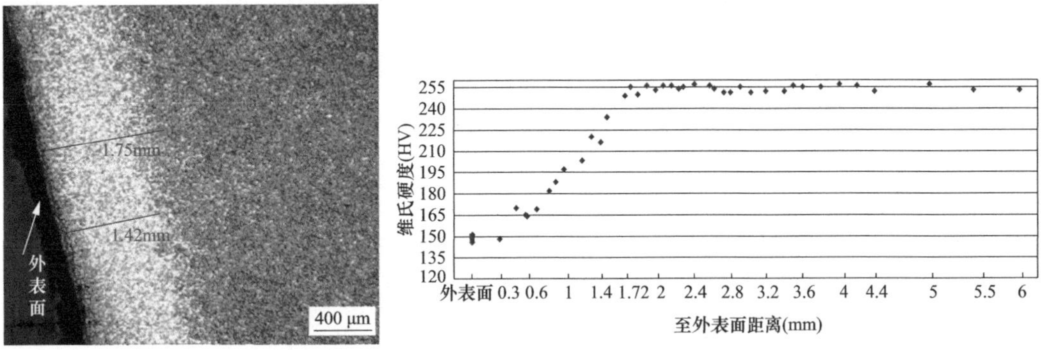

图 B-1　表面脱碳对 P91 钢管硬度的影响

西安热工研究院曾对国内几个管件厂热处理炉炉温进行了实际测试。其中一台炉的温度测试在 P91 钢制弯头正常回火时进行，在每个弯头（有的弯头在不同部位）上点焊热电偶测量弯头的实际温度，并与热处理炉温仪表显示的温度比较。试验表明：当加热炉的 3 支控温热电偶达到 760℃时（8 月 20 日 21：53），管件上点焊的 15 支测温热电偶的最高、最低温度为 802、606℃，最高、最低温差达 196℃；140min 后，管件上 15 支测温热电偶的最高、最低温度为 831、731℃，最高、最低温差达 100℃；保温结束后（8 月 21 日 1：23），3 支控温热电偶为 768、766℃和 766℃，管件上 15 支测温热电偶测得的最高、最低温度差达 64℃。对同一个弯头（1 号），保温开始时，弯头上 4 支测温热电偶的最高（711℃）、最低（606℃）温差达 105℃；保温结束后，弯头上 4 支控温热电偶的最高、最低温差为 23℃。另外一个弯头（12 号）保温开始时，弯头上 4 支测温热电偶的最高（802℃）、最低（674℃）温差达 128℃；保温结束后，弯头上 4 支控温热电偶的最高、最低温差为 47℃。分析表明，热处理炉喷燃气的火焰经挡火墙折焰后正对着 12 号弯头。ASME SA-672 和 ASME SA-691 中规定热处理炉温温差为 ±14℃。

弯头上有些温度测点的到温时间与仪表指示的到温时间最大相差近 1h。表明有些弯头的温度高于或低于仪表指示温度，且保温时间少于工艺规定，由此导致了弯头热处理后的硬度不均且偏离正常值。所以，准确的热处理炉温度控制和测量是保证部件热处理质量的重要保证。

生产中往往由于炉温不均导致同炉批不同钢件硬度的差异。例如，某管件厂制作的 P91 主蒸汽管道 30° 弯头，硬度偏低且很不均匀，有的硬度仅 140～160HBW。有些已安装在汽水管道系统中的 P91 钢制管道的硬度值为 138、139、141、144、146HBW，而有的 P91 弯头硬度高达 300HBW。某电厂的 F92 锻制等径三通（ID660×35/ ID660×35mm），整体硬度偏低且不均匀。有的区域硬度为 185HBW，有的区域硬度 141～

150HBW，硬度偏低的区域金相组织未见明显的马氏体。某管件厂一批 WB36 管件硬度严重偏低，其中 71 个弯头的硬度值低于 160HBW，8 个弯头的硬度值在 127～137HBW。有时还发现同一根钢管或同一个管件硬度极不均匀的情况。例如，某公司制作的规格为 ϕ559×60mm 的 WB36 钢管，长度约 6m，两端区域的硬度为 280HBW 左右，但中间区段的硬度高达 300HBW。对硬度偏高的区段拉伸试验表明：高硬度区的抗拉强度超过 EN10216-2 的规定。

三、硬度异常对材料性能的影响

硬度偏低的部件拉伸强度、持久强度降低。文献［8］表明，当 P91 钢硬度在 168HBW 时，其室温拉伸强度低于标准下限；当硬度在 180HBW 时，室温拉伸强度满足相关标准。

低硬度部件除导致材料的拉伸强度降低外，还会引起材料持久强度下降。图 B-2 示出了硬度对 P91 钢持久强度的影响。如图 B-2 所示：当硬度低于 192HV（相当于 182HBW）时，持久强度明显降低；当硬度低于 162HV（相当于 154HBW）时，持久强度的降低则更为严重[21]。

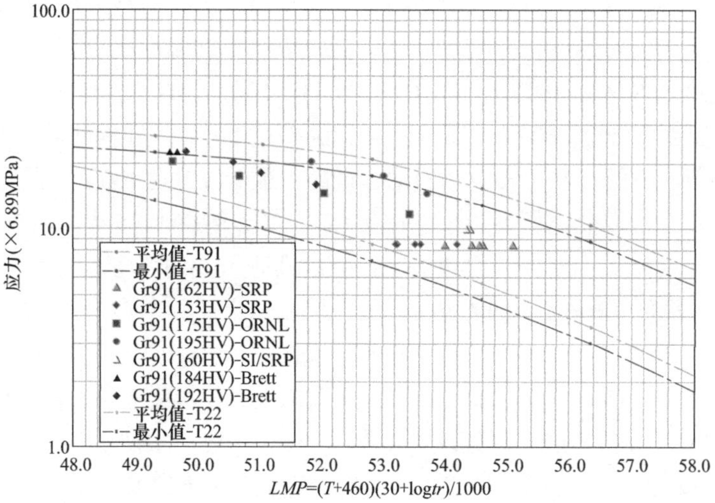

图 B-2 硬度对 P91 钢持久强度的影响

图 B-3 示出了硬度为 140HB 的 P91 钢 571℃下的持久强度曲线。10^5h 持久强度为 57.4MPa，低于 GB/T 5310 推荐值（126.8MPa）的 55%。

对 P91 母材（M）和不同硬度焊缝（D- 低硬度、R- 高硬度、G- 正常硬度）565℃下的持久强度试验结果见表 B-5。由表 B-5 可见：母材的持久强度最高，R 焊缝次之，D 焊缝的持久强度最低，正常硬度焊缝的持久强度与母材相当。

若材料硬度偏高，必然导致脆性增大，冲击吸收能量降低。表 B-6 列出了 P91 钢焊缝硬度与冲击吸收能量的关系，由表 B-6 可见：焊缝硬度偏高，冲击吸收能量低于母材要求；热影响区硬度处于较佳状态，冲击吸收能量明显高。

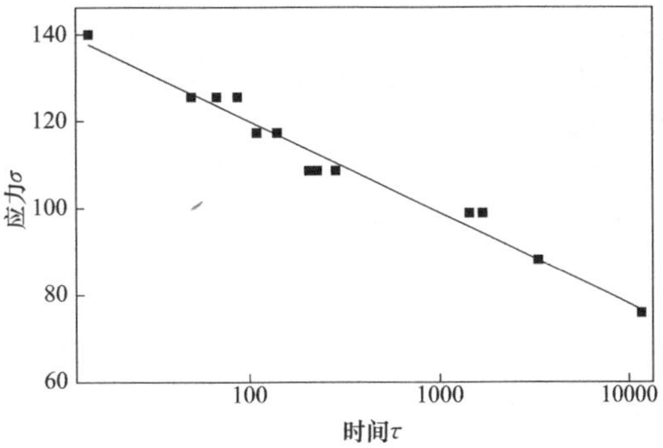

图 B-3　硬度（140HB）的 P91 钢的持久强度曲线

表 B-5　　　　　P91 钢 4 类管样在 565℃的持久强度试验结果

试样编号	M	R	D	G
硬度（HBW）	216 217	219 220	174 179	220 215
$\sigma_{10^4}^{565}$（MPa）	169.9	147.2	112.6	169.7
$\sigma_{10^4}^{565}$（MPa）	144.7	123.8	91.0	145.3

表 B-6　　　　　P91 焊缝硬度与冲击吸收能量的关系

焊缝部位	焊缝	热影响区
硬度（HBW）	274、285	215、215
冲击吸收能量 KV_2（J）	18、18、22	98、101、90
母材要求	≥27J	

工程中还常发现管道或集箱筒体局部硬度偏低（软区）的现象，美国电力科学研究院（EPRI）研究分析了 P91 钢制主蒸汽管道（ϕ406×40.5mm）和高温再热蒸汽管道（ϕ610×19.6mm）局部硬度偏低（低于 190HBW）对服役寿命的影响。研究选取局部硬度偏低的直管段和弯头，局部硬度偏低的面积选 3 个尺寸范围，直径分别为 153mm（6″）、305mm（12″）和 457mm（18″），假设低硬度区域沿管壁厚度均为低硬度。主蒸汽管道和高温再热蒸汽管道的设计温度和压力分别为 14.8MPa/584℃和 4.3MPa/582℃。图 B-4 示出了研究分析的局部硬度偏低模型，采用有限元法对设计条件下含有直径为 305mm（12″）的软区主蒸汽管道进行了非弹性蠕变应力分析，10^5h 软区直径为 305mm（12″）的主蒸汽管道上的最大稳态主应力沿管道壁厚的分布如图 B-5 所示。

表 B-7 和表 B-8 列出了设计条件下含有软区的主蒸汽管道直段和弯头的寿命预测结果，由表 B-7 和表 B-8 可见，软区会降低管道的蠕变寿命，且随着软区面积的扩大对寿命的降低幅度越大。软区面积在一定范围内，仍有工程可接受的蠕变寿命，这主要是由于软区周围的正常材料对软区有约束。

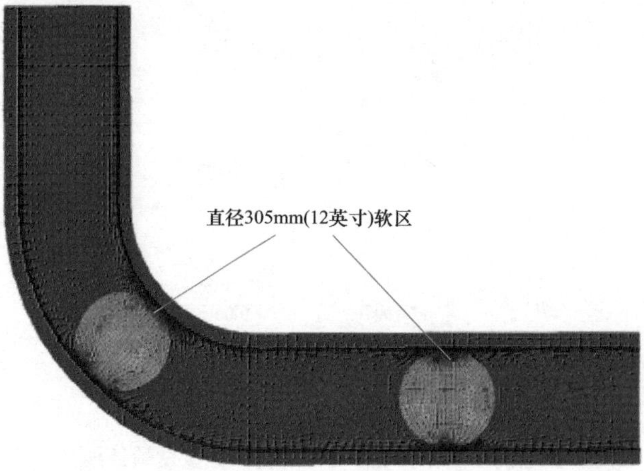

图 B-4 主蒸汽管道上直径 305mm（12 英寸）软区模型

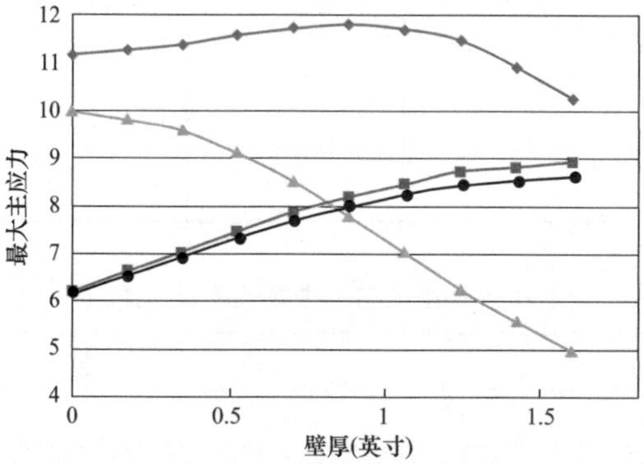

图 B-5 10^5h 时含有软区的主蒸汽管道最大主应力沿壁厚的分布（1083° F、2150Psi）

—◆—内弧侧（正常）；—■—弯头两侧（软区）；—▲—外弧侧（正常）；—●—直段（软区）

表 B-7　　设计条件下主蒸汽管道直段的寿命预测

设计条件下		低硬度管段	直径为 12″的软区	直径为 6″的软区	正常硬度管段
最小寿命（h）	最大主应力	29281	57784	124816	1395761
	平均应力	60238	137570	314912	1903722
平均寿命（h）	最大主应力	99125	189200	393077	4671880
	平均应力	19826[a]	431077	944731	6192458

a 原文该数值有误。

表 B-8　　设计条件下主蒸汽管道弯头的寿命预测

设计条件下		低硬度管段	直径为 12″的软区	直径为 6″的软区	正常硬度管段
最小寿命（h）	最大主应力	8288	45156	106382	312214
	平均应力	12518	118268	293283	451813
平均寿命（h）	最大主应力	29783	149667	337777	1189862
	平均应力	44464	373486	883198	1669517

四、金属部件硬度的现场检测

目前，在金属部件上硬度检测多采用便携式里氏硬度计测量，里氏硬度计是用规定质量的冲击体在弹力作用下以一定的速度冲击试样表面，用冲头在距试样表面 1mm 处的回弹速度与冲击速度的比值计算硬度值，另一种为超声波原理的便携式硬度计。两种便携式硬度计均需经过换算获得布氏硬度。

工程中大量采用便携式里氏硬度计测量金属部件硬度的实践表明，部件厚度、表面曲率半径、质量、表面硬化深度、部件是否有磁性、硬度计与部件表面的垂直度、检验人员的操作经验等均会影响硬度测量的准确性与可靠性。表 B-9～表 B-11 列出了采用里氏硬度计与试验室台式布氏硬度计测量 P91、12Cr1MoVG 与 T91 钢管段硬度值的比较，由表 B-9～表 B-11 可见，相对于试验室台式布氏硬度计，里氏硬度计的测量结果低 20～30HBW，而采用便携式布氏硬度计检测的硬度结果与台式布氏硬度计检测结果基本一致。图 B-6 示出了 P91 钢采用里氏硬度计与试验室台式布氏硬度计测量值的比较，在布氏硬度低于 190HB 和高于 240HB 的区域，里氏硬度计的测量值均低于试验室台式布氏硬度计的测量值。

表 B-9　　12Cr1MoVG 钢制启动循环系统连接管道硬度检测结果比较

管段规格	ϕ355.6×50mm	ϕ381×55mm
检验方里氏硬度计测量数值（HBHLD）	122	122
制造厂里氏硬度计测量数值（HBHLD）	125	124
布氏硬度计测量数值（HBW）	148	140

表 B-10　　P91 管道硬度检测结果比较

硬度检测方式	检测值				平均值
表面粗打磨后里氏硬度计检测（HBHLD）	158	164	176	171	167
表面打磨抛光后里氏硬度计检测（HBHLD）	164	161	167	163	163
表面打磨抛光后便携式布氏硬度计检测（HBW）	187	191	187	187	188
台式布氏硬度计（HBW2.5/187.5）	191	193	187	193	191
DL/T 438—2016 对 T91 的要求（HBW）	180~250				

表 B-11　　T91 管样（ϕ45×7.5mm）硬度检测结果比较

管样编号	测量仪器	1	2	3	4	5
GGA-2-7 焊缝上	HT-1000A 里氏硬度计	135	137	132	140	133
	台式布氏硬度计	151	154	158	距焊缝 10mm	
焊缝	HT-1000A 里氏硬度计	334	331	328	327	330
	台式布氏硬度计	399	399			
GGA-2-7 焊缝下	HT-1000A 里氏硬度计	131	130	135	132	132
	台式布氏硬度计	155	162	170	距焊缝 10mm	

续表

管样编号	测量仪器	1	2	3	4	5
GGA-27-20 焊缝上	HT-1000A 里氏硬度计	130	134	130	132	138
	台式布氏硬度计	153	150	153	距焊缝 10mm	
焊缝	HT-1000A 里氏硬度计	334	337	330	332	334
	台式布氏硬度计	399	399			
GGA-27-20 焊缝下	HT-1000A 里氏硬度计	128	125	130	131	126
	台式布氏硬度计	151	151	154	距焊缝 10mm	

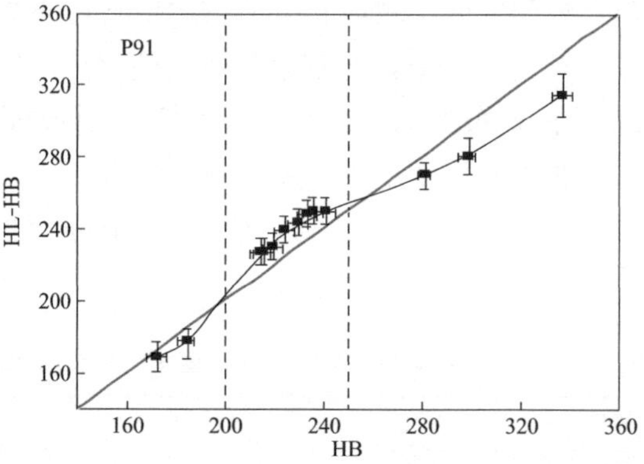

图 B-6　P91 钢里氏硬度与布氏硬度检测结果对比

DL/T 438—2016 中 7.1.5 条规定“钢管的硬度检验，可采用便携式里氏硬度计按照 GB/T 17394.1 测量；一旦出现硬度偏离本规程的规定值，应在硬度异常点附近扩大检查区域，检查出硬度异常的区域、程度，同时采用便携式布氏硬度计测量校核。”

美国电力科学研究院《高可靠性火电厂技术规范和导则　关于 T/P91 钢制部件的制造和安装最佳技术导则》（第 2 版）中推荐硬度检测也采用三种方法：里氏硬度检测、超声波硬度检测和布氏硬度检测，明确里氏硬度检测不适用于壁厚小于 19mm 的部件。

图 B-7 示出了 DL/T 1719—2017《采用便携式布氏硬度计检验金属部件技术导则》中推荐的几种现场采用的布氏硬度测量仪器。磁力式布氏硬度计采用磁力吸盘、升降支架或链条捆绑固定仪器，采用具有弹簧释放阀的液压装置静态施加试验力，并通过压力表来指示试验力的大小，适用于管径较大的管道直段，焊缝两侧错口量小于 1mm 的焊接接头、转子或其他大型铸锻件；剪销式锤击布氏硬度计采用锤击方式动态施加试验力，利用剪销控制试验力的大小，适用于三通、管道弯头 / 弯管、焊缝两侧错口量大于 1mm 及以上的焊接接头及其他大型铸锻件；C 型布氏硬度计采用夹持部件固定，用螺杆和一个已校准的弹性体静态施加试验力，并通过测量弹性体的变形量确定试验力的大小，适用于锅炉受热面间距较大的管段、悬吊管及夹持管。

布氏硬度检测需要使用光学仪器测量压痕尺寸，传统的检测方法是检测人员使用读数显微镜，测出压痕直径，查表获得布氏硬度值，这种方法效率低，检测人员容易疲劳，且由于现场检测条件的影响，容易造成人为测量误差。近年来，一种先进的压痕测

(a)磁力式布氏硬度计

(b)剪销式锤击布氏硬度计

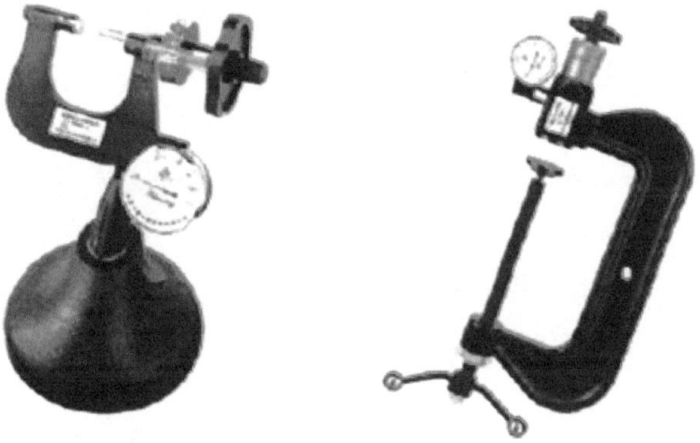

(c)C型布氏硬度计

图 B-7　现场采用的布氏硬度测量仪器

量装置逐步被采用，该装置通过图像处理软件，对压痕进行自动测量（见图 B-8）。只需将测量头放置在压痕部位，显示器会显示出压痕图像，并直接显示压痕直径和布氏硬度值。对于现场布氏硬度压痕测量，该方法减少了人为读数造成的测量误差，具有较好的测量重复性。DL/T 1719—2017 中推荐采用带有 CCD（charge couple device）光学测量镜头的布氏压痕自动测量装置直接获取布氏硬度值。

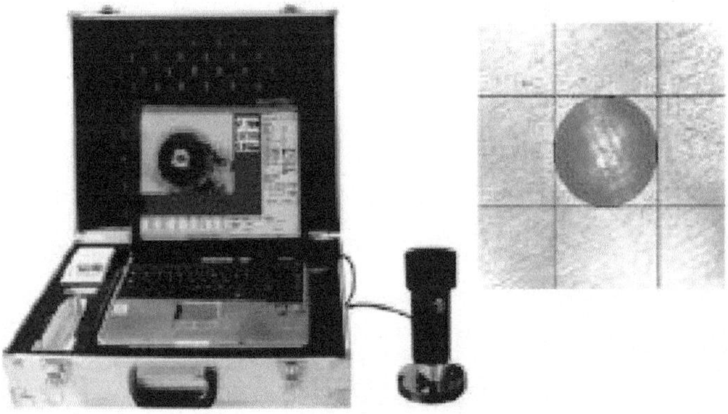

图 B-8　硬度自动压痕测量装置

美国材料试验学会于 2002 年颁布实施了 ASTM E110《采用便携式硬度计测试金属压痕硬度的试验方法》。表明在现场对部件硬度的检测中，采用便携式布氏硬度计可获得准确可靠的测量结果，可为部件材质状态和使用安全性评价提供重要的技术依据。

对于锅炉受热面屏间距较小的管段，采用 C 型布氏硬度计也难以检测硬度，可对里氏硬度计检测的低于标准规定的不同硬度值的管段分档，根据测量值的硬度范围分布，选择 1～2 个档次的低值硬度值管段取样，在实验室台式布氏硬度计上检测，然后与现场里氏硬度计检测结果进行比较，给出其差值，根据差值对现场里氏硬度计检测结果进行修正。

五、金属部件硬度异常的处理

硬度偏高的部件可重新回火改善；硬度偏低的部件需重新淬火（正火）+ 回火，因表面脱碳造成的硬度不足无法用再次热处理的方法改善。美国 ASME SA-450《碳钢、铁素体钢和奥氏体钢管通用技术条件》（*Specication for genereal requirements for cabon、ferritic alloy and austenitic alloy steel tubes*）、ASME SA999《碳钢、合金钢和奥氏体钢管通用技术条件》（*Specification for general requirements for alloy and stainless steel pipe*）、ASME SA1016《铁素体钢、奥氏体钢和不锈钢管通用技术条件》（*Specication for genereal equirements for ferritic alloy steel*, *austenitic alloy steel and stainless steel tubes*）中规定：若材料的性能不满足相关技术标准，可重新进行热处理，但热处理次数不超过两次。DL/T 438—2016 中规定："钢管硬度高于本标准的规定值，通过再次回火；硬度低于本标准的规定值，重新正火 + 回火处理不得超过 2 次"。JB/T 11017—2010《1000MW 及以上火电机组发电机转子锻件技术条件》、JB/T 11018—2010《超临界及超超临界机组汽轮机用 10Cr 型不锈钢铸件技术条件》、JB/T 11019—2010《超临界及超超临界机组汽轮机用高中压转子锻件技术条件》和 JB/T 11020—2010《超临界及超超临界机组汽轮机用超纯净钢低压转子锻件技术条件》中对汽轮机、发电机转子锻件、铸件的重新热处理，均明确规定：不包括回火在内的重新性能热处理次数不得超过两次。文献 [24] 研究了多次焊后回火对 P91 钢焊缝性能的影响。试验管段取自日本川崎制铁株式会社生产的 ϕ273×25.4mm 钢管，试件数量 2 组。焊丝 9CrMoV-N（ϕ2.4）、焊条 9MV-N（ϕ2.5、ϕ3.2、ϕ4.0）为英国曼彻特公司产品，采用 GTAW+SMAW 焊接工艺。焊前预热、层间温度控制，焊后回火工艺如图 B-9 所示。焊接完成后冷却至 80～100℃，保持 2h 以使焊缝完全马氏体化；然后在 750～770℃恒温 4.5h。

在焊后回火的基础上，对焊件切成 5 片，再用箱式热处理炉对其中四片分别进行 2、3、4 次和 5 次回火。回火温度 750～770℃，恒温时间 4.5h。

不同回火次数后焊缝及母材的拉伸、冲击和硬度见表 B-12。由表 B-12 可见：第 1 次回火由于工艺措施不当焊缝硬度高、断后伸长率低，相应的冲击吸收能量也低，第 2 次回火后，焊缝的抗拉强度略降，但断后伸长率、冲击吸收能量明显提高，硬度合格并处于较好水平；第 3 次回火后，焊缝的抗拉强度略降，断后伸长率略有增加，但冲击吸收能量增加显著，硬度合格并处于较好水平；第 4 次回火后焊缝的抗拉强度、硬度降低

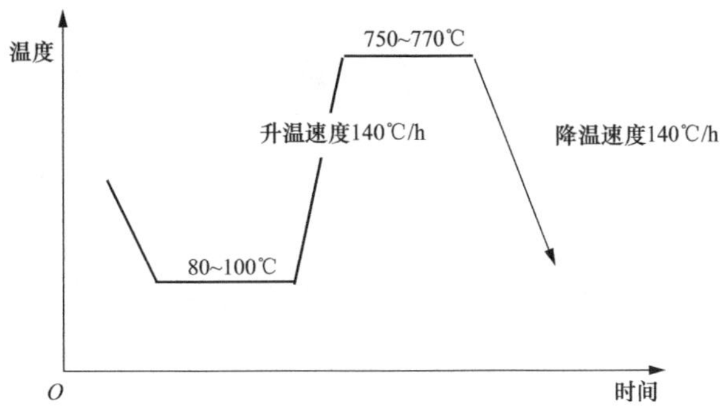

图 B-9　焊后热处理曲线图

较为明显，断后伸长率略有增加，但冲击吸收能量基本不变；第 5 次回火后，焊缝的抗拉强度明显下降，断后伸长率相对于 2、3、4 次回火也下降，但冲击吸收能量增加显著，硬度仍处于较好水平。

表 B-12　　不同回火次数后焊缝及母材的拉伸、冲击和硬度

热处理次数	抗拉强度（MPa）	断后伸长率（%）	冲击吸收能量（J）		硬度（HBW）	
			母材	热影响区	母材	焊缝
1	710 710	17 17	46 48 50	40 28 34	233	290
2	710 705	21 22	130 112 108	84 74 78	213	245
3	705 705	22 23	126 120 140	136 128 126	205	230
4	690 695	24 23	126 136 138	132 134 120	198	209
5	675 675	17 16	158 160 168	138 150 140	195	201
	≥585	≥20	≥27	≥41	180-250	180-270

注　母材、焊缝的硬度为平均值。

不同回火次数后焊缝及母材的组织均为回火马氏体，且无晶粒长大现象。根据试验结果，文献［24］认为 P91 钢焊后回火次数控制在 4 次以内。DL/T 869—2012 中 6.6.3 条规定，需要补焊消除缺陷时，可采取挖补方式返修。但同一位置上的挖补次数不宜超过三次，耐热钢不应超过两次。根据以上相关规程规定，作者认为，9%～12%Cr 钢母材的回火和焊后热处理不应超过 3 次。

附录 C

发电机与电气设备清洁度不良及控制

发电机及电气设备在制造、安装、运行及检修过程中，常发现异物进入发电机及电气设备。大型发电机及电气设备构造复杂、部件紧凑、制造工序环节繁多、异物一旦进入很难查找，为发电机及电气设备的安全运行埋下隐患。因此在发电机及电气设备的制造、安装、运行及检修阶段应严格监控预防异物进入设备内部。异物会导致发电机及电气设备故障，甚而产生严重的运行安全事故。

一、异物对发电机及电气设备的损害

异物进入发电机及电气设备，可导致部件和设备机械损伤、局部发热、局部放电、改变局部电场强度、阻碍散热通道等非正常工况，加速设备内部的绝缘老化。例如异物会磨损绝缘或直接撞击绝缘造成破损，降低绝缘性能。一些金属异物在电磁场的作用下，严重发热，对部件的绝缘造成破坏或加速绝缘老化。金属异物发热程度与异物的体积大小、形状以及所在位置的磁通密度大小有关。一些异物会改变设备的局部电场强度，例如变压器油箱内进入金属颗粒或水珠等，会使油中的电场发生改变，油中的金属颗粒会使油中最大电场强度增大至原来的 3 倍左右，其他的杂质也会根据自身介电常数的不同增大油中电场强度，介电常数越大的杂质增大局部电场强度的倍数也就越大，变压器工作时，局部放电会加速变压器油老化。

发电机及一些大容量电气设备都会采用水、氢气来冷却运行中的发热部件，异物会阻碍冷却介质的流通，造成局部过热，导致该处绝缘性能劣化，严重时发生电击穿，常见的如异物堵塞发电机定子冷却水系统、堵塞发电机转子通风孔等。

二、异物的来源

发电机及电气设备在制造、安装、运行及检修过程中，由于部件质量缺欠、零部件脱落、工序操作不当、工作环境较差及人为因素导致异物进入发电机及电气设备。例如：①发电机引水管接头漏水，SF_6 封闭电气因焊接或密封不良，运行时外界水分子侵入，降低了内部绝缘介质的强度。②设备零部件在制造或安装过程中固定不牢靠，或者因外力作用松动最终脱离应在的位置。零部件的脱落改变了设备内部的结构，极易引发运行安全事故。③设备在制造、装配过程中操作不当使异物留在设备内，如变压器和发电机转子的铜线焊接焊渣不慎留在设备内，清理不彻底对设备运行造成事故隐患。④电气设备在制造、安装或者检修过程中，对环境要求比较严格，如湿度、温度、空气中尘埃含量、地面清洁度等。现场工作环境不洁净，一些异物很容易进入设备内部，为设备运行造成安全隐患。超高压电气设备的制造车间通常是全密封空调环境，操作人员必须身穿洁净的防护服。⑤电气设备具有人工工序比重大、工序种类繁多，所以人为因素对异物的进入非常重要。如在发电机定子装配时，操作工人穿戴不洁净的工作服或使用不符合要求的工具，甚至将工具遗忘在设备体内等，这种由于人员粗心大意造成的异物带入不易被发现。

三、案例分析

以下简要介绍一些工程中发现的异物对发电机定子、发电机转子、电力变压器和 SF_6 封闭电气的损害，以期对其他电气设备提供借鉴。

1. 对发电机定子的影响

大型汽轮发电机定子因遗留的金属异物发生的事故比较常见，定子端部电磁力随着发电机容量的增大而增大，某些端部构件固定零部件因设计或工艺不良而脱落。有的是在制造及安装、检修中因管理不严，异物掉入后也没及时认真检查。

金属异物引起故障的位置一般在发电机定子两侧端部渐开线处，在两侧顶部 12 点钟位置（包括 1 点钟和 11 点钟位置）和下部 6 点钟位置附近。此处一般为制造、现场安装和大修时外来金属异物易掉落的位置，也是端部固定元件运行中掉落后最容易被窝藏的地方。这些金属异物在电磁力的作用下不断发热或不断振动破坏线棒绝缘。下面通过几个案例分析异物对发电机定子的影响。

（1）某电厂型号为 QFSN-600-2YH（G）的 4 号发电机运行一段时间后发生定子接地短路，停机后打开浸胶玻璃布绑扎带，发现在汽轮机端 11 点钟位置的上层线棒 A 相的第 20 号至第 21 号之间有一个金属螺钉（见图 C-1）。金属螺钉的存在首先破坏了线棒出槽口处的防晕层，使得该处场强增大。另外在电和热的共同作用下，金属螺钉周围的绝缘强度降低，甚至向主绝缘内部发展，最终发展为树枝状放电直到击穿。线棒表面绝缘强度的降低以及该处主绝缘的破坏造成一根线棒导体对铁芯的放电通道，最终产生接地。事故分析推断，这枚螺钉是在制造过程中遗留在发电机定子端部。

图 C-1　发电机定子端部线棒间的金属螺钉

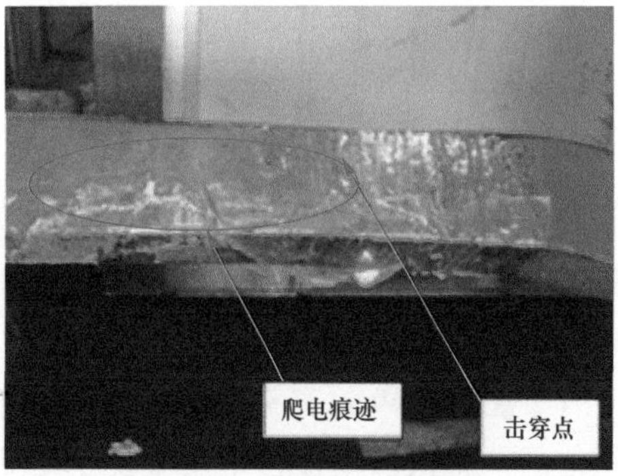

图 C-2　线棒击穿点的位置

（2）某电厂型号为 QFS-330-2 的 4 号发电机于 2008 年 10 月完成增容改造，2009 年 2 月 9 日，当负荷为 250MW 时，发电机定子 B 相接地，保护动作。检查发现 41 号槽距出槽口 300 mm 处的下层线棒表面有一道细长的凹槽，紧靠凹槽处的垫块被击穿（见图 C-2），线棒上表面爬电迹象明显。通过对这根线棒的解剖，发现线棒主绝缘贯穿性击穿，在击穿点处用磁铁吸附到几颗微小的铁磁性颗粒。

事故分析推断，由于在现场绑扎过程中带入了铁磁性金属异物，附着在线棒表面，发电机运行期间该异物在磁场和鼓风相互作用下，逐渐磨损线棒绝缘，随着线棒主绝缘的逐渐减薄，最终导致线棒绝缘击穿。

类似的案例还有，某电厂 2 号发电机（QFSN–600–2 型）在制造过程中，绑扎定子端部汽侧线棒时，绑带落入铁磁性物质，运行中对线棒绝缘磨损，造成定子线棒接地，导致保护动作，跳闸停机。

（3）2005 年，某电厂二期 300MW 新建 4 号发电机在 168h 试运行中，当机组带满负荷时出现定子线棒上下层间 11 号和 33 号测温元件温度指示值高达 120℃（高出设计值 40℃）的异常情况，由于未及时停机处理，最终造成定子接地保护动作，导致机组跳闸。检查发现，11 号槽上层线棒和 33 号槽下层线棒严重过热，线棒主绝缘间发生膨胀、变形、位移和裂损，导致定子接地。检查发现，此事故是由于在装配绝缘引水管时未将线棒上的橡胶帽拆卸掉遗留在定子水系统中，运行时造成定子水系统堵塞，导致线棒绝缘接地短路。损坏的线棒和堵塞物如图 C-3 所示。

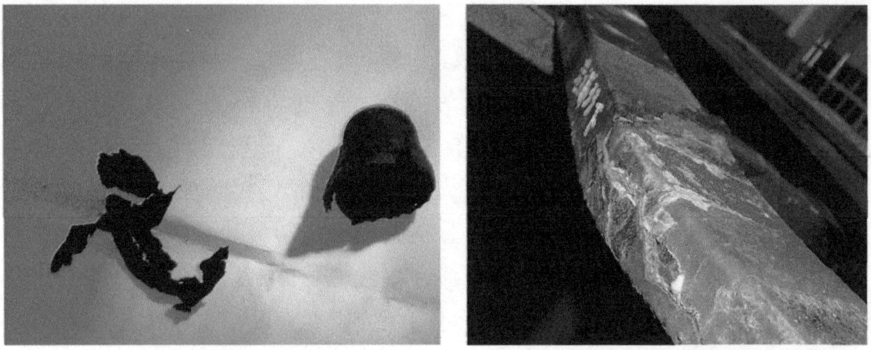

(a)堵塞水系统的橡胶帽　　(b)因过热导致线棒绝缘裂纹

图 C-3　水系统受堵造成线棒绝缘接地

2. 对发电机转子的影响

异物对汽轮发电机转子的影响主要是通过直接短路、发热等方式破坏转子绕组的匝间绝缘和对地绝缘，有的异物还可通过堵塞转子的通风孔，降低局部散热效果，引发转子局部过热。

（1）2006 年 9 月，某电厂新建 300MW 机组的 2 号汽轮发电机在完成试运行后停机检修后，再次启动过程中发生转子绕组接地，被迫停机。经检测发现，励端护环 4、5 号线圈端部直线部分存在接地现象，揭开励端护环发现励端 4、5 号线圈间横轴垫块局部烧损后炭化［见图C-4（a）］，扇形绝缘瓦局部烧损炭化并形成孔洞［见图C-4（b）］，励磁端护环内壁相对应部位被烧出一个凹坑，4、5号线圈上层有三四匝绝缘烧损。

(a)护环线圈间横轴垫块局部烧损并炭化　　(b)被烧穿的绝缘瓦

图C-4　转子绕组端部烧损形貌

根据转子损坏部位和宏观表象，事故是由线圈处产生的弧光烧损护环绝缘，导致转子绕组接地。采用磁铁对熔化的金属检查发现，其中有铁磁物质，所以推断有金属异物遗留或落入转子护环下，引起4、5号线圈之间产生弧光烧损护环绝缘，从而导致转子绕组接地。

（2）2007年2月，某台投运不久的600MW机组汽轮发电机在停机检修中对转子实施两极电压试验，发现电压差9V（通电110V AC）。后测量转子绕组直流电压分布，2号及6号线圈的4、5匝间存在短路。处理6号线圈4、5匝弧部绝缘时发现一处焊渣将绝缘刺破，并出现灼烧炭化痕迹。焊渣是在转子嵌线过程中不慎落入嵌线槽内部，但由于出厂检验未发现，导致发电机运行中线圈匝间短路。

（3）某电厂新建600MW机组发电机转子进行出厂前波形法动态匝间短路试验，当转速由3000r/min降至2700r/min时，对应9号和24号槽的波形幅值明显偏低，表明9号和24号槽有动态匝间短路。拔下两端护环，在汽轮机侧端部8号线圈上层通风孔处发现有一长约40mm，宽约5mm，卷成一圆圈状的铝屑，造成对应的9号槽和24号槽动态匝间短路。

（4）2009年9月1日，某电厂3号发电机转子超速试验和交流阻抗试验合格后，开始对发电机转子升压，当电压升到3600V左右时，电压表回零。再对转子绕组进行升压，当电压升至3000V左右时，突然转子励端护环内有放电声响。检查发现转子有大量碳粉进入励端绕组，造成励端在交流耐压时放电。制造厂对转子励端进行擦拭清理，并进行交流耐压试验，试验电压为4550V，保持1min无异常。试验后进行绝缘电阻检查值是80MΩ，试验合格。但是在超速试验后，又发现转子通风孔有碳粉，制造厂决定拆除护环和绕组，对转子内部附着的碳粉进行彻底清理。

3. 对电力变压器的影响

大型电力变压器因结构紧凑，电磁分布复杂，对密封性能有较高要求，所以在制造过程中的各个环节，对工作区域的清洁度要求非常高。特别是对大容量、高电压等级的变压器更是如此。比如参与750kV设备制造的国内企业，所拥有的超高压生产车间和装配车间都实现了全空调、全密封环境。

然而，一些制造厂由于净化设备性能不佳，防尘措施执行不到位，仍不能满足环境的净化要求（750kV电气产品降尘量要求小于每天20mg/m^3）。制造厂在加强净化管理措施落实的同时，在关键制造环节上应采取二次防尘净化措施，对于加工时间长、环境条件要求高的线圈绕制工序，要求单独加装防尘罩。

在电力变压器制造过程中，常发现一些不规范操作。例如，某电厂新建300MW机组1号高压厂用变压器在完成器身装配后，发现器身某相线圈外侧底部有大面积污染。污染物以泥土为主，分析为操作工人在对器身搬运过程中鞋上带有泥土。在变压器做完出厂试验后的吊芯检查过程中，在升高座内壁上还发现不少杂质（见图C-5），如油箱内壁上的漆屑、碎木屑、绝缘纸屑等。

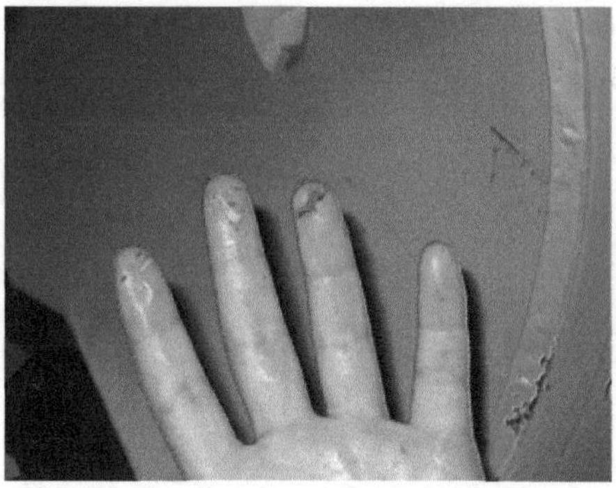

图C-5　高压引线升高座内部的杂质

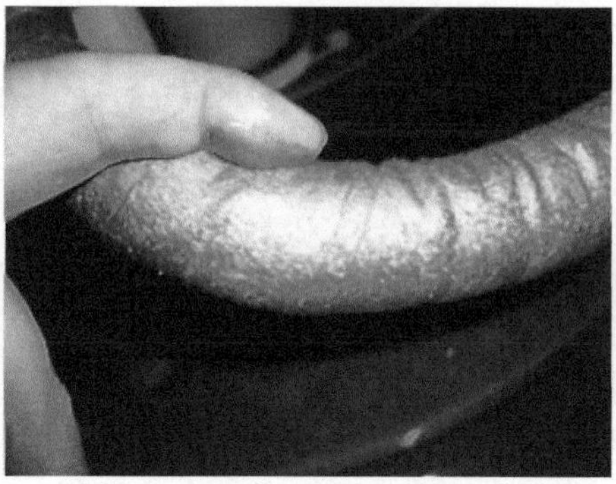

图C-6　分接开关引线上的金属粉末

2008年4月，某电厂新建400MW燃气机组的高压启备变压器在安装现场进行交接试验时，局部放电试验不合格，取油样分析化验，发现高压启动备用变压器油乙炔超标，含量为1.7ppm。在对变压器器身进行检查时发现本体内部线圈、铁芯夹件以及底部油沉积大量的带金属粉末的油泥。调查发现，电力安装公司的一台滤油机齿轮泵齿轮由于磨损产生大量金属粉末。使变压器整个器身都受到污染，安装现场又无法处理，只能将变压器返厂。器身污染情况如图C-6所示。

4. 对SF_6封闭电气的影响

SF_6封闭电气对密封性能要求非常高，水汽的侵入会对设备的安全运行构成严重威胁，SF_6气体水分含量高是引发绝缘子或其他绝缘件闪络的主要原因。运行中的SF_6气体泄漏的同时，外部的水汽也向电气气室内渗透，致使气室内SF_6气体水分含量增高。

运行经验表明，SF_6封闭电气内部不洁净，运输中的意外碰撞和绝缘件质量不合格等都可能引起内部放电。文献［27］举例：某供电局某 SF_6 组合电气变电站发生内部一相接地故障，解体检查发现制造厂在安装施工时误将工具遗留在箱体内，造成母线对工具放电形成接地。

在 SF_6 封闭电气制造过程中，对环境清洁度的要求也非常高，尽管生产车间和装配车间都实现了全空调、全密封环境，关键零部件加工车间工人必须身穿洁净的工作服和鞋套，但仍然会遭到“异物”入侵。某电厂新建机组的 GIS 的 F2 间隔（启动备用变压器进线）进行出厂耐压试验。试验要求对地相间电压为 460kV，维持 1min；在 160kV 电压下的放电量小于 1pC。但在升压过程中，发现 A 相 QSF2 断口至Ⅱ母线有放电现象。随后拆掉密封装置，检查内壳体，然而没有检查出异物。检验人员还是对壳体内部进行仔细擦拭，随后耐压试验和局部放电顺利通过。这说明一些异物小到检查人员很难发现，但经过仔细擦拭便能够去除异物的影响。

电气设备在制造、安装、检修过程中应严防异物特别是金属异物进入设备体内，设备的零部件加工和固定要符合相关工艺标准，同时也应该确保工作环境的洁净。制造厂要加强各个环节的质量管理，加强对工作人员的清洁度要求和安全教育。机组运行后的检修，要定期检查易松动部件的固定，防止松动或脱落。

参 考 文 献

[1] 张晓昱，欧阳杰，郭立峰，等. 18-8奥氏体钢锅炉管高温运行后失效原因分析［J］. 热力发电，2007(9)：92-94.

[2] 李益民，范长信，杨百勋，等. 大型火电机组用新型耐热钢［M］. 北京：中国电力出版社，2013.

[3] 王彩侠，贾建民，赵慧传，等. 加热温度对奥氏体不锈钢管内壁喷丸处理效果的影响［J］. 热力发电，2011，40（12）.

[4] 毛敏，徐在林，张燕飞，谢汝良. P92钢焊缝表面黑色影线试验研究［C］. 成都：第九届电站金属材料学术年会，2011.

[5] GB/T19624-2004，在用含缺陷压力容器安全评定.

[6] 杨华春，毛世勇，等. 大型电站锅炉汽包钢板的应用及演变［C］. 太原：中国电机工程学会金属材料专委会第一届学术年会，2015.

[7] 李全义，李太江. 进口350MW机组除氧器焊缝重大裂纹缺陷的检测发现与挖补处理［C］. 黄山：第八届电站金属材料学术年会，2008.

[8] 李益民，杨百勋，崔雄华，等. 9%～12%Cr马氏体耐热钢母材及焊缝的硬度控制［J］. 热力发电，2010，39（3）.

[9] 蔡文河，赵卫东，王智春，等. P91钢蒸汽管道软化机理与热处理工艺控制［J］. 热力发电，2013，42（1）.

[10] 周江，赵彦芬，张路. 1000MW锅炉低硬度F92管件运行后取样研究［C］. 太原：中国电机工程学会金属材料专委会第一届学术年会，2015.

[11] K. MAILE，A. KLENK，A. KUSSMAUL. Chracterisation of creep damage development in pipe bends，LIFE MANAGEMENT AND LIFE EXTENSION OF POWER PLANT，ICOLM’2000 CHINA，IN XIAN，05/2000.

[12] 张金昌. 锅炉、压力容器的焊接裂纹与质量控制［M］. 天津：天津科学技术出版社，1985.

[13] 中国电机工程学会电站焊接专业委员会. 电站焊接专业发展报告［R］. CSEE学术系列报告，CSEE-ACN4-R3-2016-06，北京：中国电力出版社.

[14] 林志华，孔雁，徐强，等. HR3C钢采用Thermanit 617和YT-HR3C焊丝焊接接头高温短时强度性能试验［C］. 成都：第九届电站金属材料学术年会，2011.

[15] 王梅英，张小伍，李兴东，等. 高压外缸开裂原因分析［C］. 成都：第九届电站金属材料学术年会，2011.

[16] 匡振邦，顾海澄，李中华. 材料的力学行为［M］. 北京：高等教育出版社，1998.

[17] 康大韬，叶国斌. 大型锻件材料及热处理［M］. 北京：龙门书局，1998.

[18] 中国电力百科全书编辑委员会. 中国电力百科全书火力发电卷［M］. 北京：中国电力出版社，2014.

[19] 张艳艳，韩光炜，邓波. In783 合金的相组成和组织结构 [J]. 钢铁研究学报，2007，19 (4).
[20] 郑坊平，崔雄华，崔锦文，等. 600MW 超超临界机组高旁阀门螺栓失效分析 [C]. 成都：第九届电站金属材料学术年会，2011.
[21] Jeff Herry. High Temperature Materials and the ASME Code：A Review of Interest to Code User [C]. 西安：CSEE 和 ASME 超 (超) 临界火电机组 P91/P92 钢技术研讨会 (Seminar on the Use of P91/P92 Steels in Supercritical/Ultra- Supercritical Units. 2010.
[22] 李益民，史志刚，贾建民，等. P91 主蒸汽管道焊缝断裂韧度与其他力学性能的关系 [J]. 中国电机工程学报，2005，25 (3).
[23] [美] EPRI. Effect of Soft-Zone Size on the Creep Performance of Grade 91 Piping Components, 2011.
[24] 郭国均，刘谋训，张学锋. P91 钢厚壁管多次热处理试验研究 [C]. 成都：第九届电站金属材料学术年会，2011.
[25] 冯复生. 大型汽轮发电机定子遗留金属异物故障的特征分析 [J]. 电网技术，2000 (8)：23-26.
[26] 孙强. 我国首批 750kV 变压器、电抗器监造的探讨与小结 [J]. 高压电气，2006 (5)：397-400.
[27] 李耐心，陈静元. SF_6 组合电器运行中若干问题的探讨 [J]. 华北电力技术，2004 (10).